数学建模的实践

（下册）

裘哲勇　潘建江　主编

西安电子科技大学出版社

内 容 简 介

　　本书是从杭州电子科技大学近十年来参加全国大学生数学建模竞赛获得一等奖的论文和参加美国大学生数学建模竞赛与交叉学科建模竞赛获得特等奖的论文中精选出的 20 篇论文加工整理而成的。

　　下册选自 CUMCM2008—B 题、CUMCM2011—B 题、CUMCM2012—A 题、CUMCM2012—B 题、CUMCM2013—B 题、CUMCM2014—A 题、CUMCM2015—A 题、CUMCM2016—A 题、CUMCM2016—B 题，共 10 篇论文。每篇论文都按照竞赛论文的写作要求，包括摘要、问题重述、问题分析、模型假设与符号说明、模型的建立与求解、模型的分析与检验、模型的评价与改进等内容。书中论文几乎完整地保持了参赛论文的原貌，同时在每篇论文后给出了点评。

　　本书可供参加全国大学生数学建模竞赛和参加美国大学生数学建模竞赛的大学生学习和阅读，也可作为数学建模课程教学和竞赛培训的案例教材，还可供从事相关学科教学和研究工作的科技人员参考。

图书在版编目(CIP)数据

数学建模的实践．下册 / 裘哲勇，潘建江主编．—西安：西安电子科技大学出版社，2019.10)(2020.7重印)

ISBN 978－7－5606－5363－1

Ⅰ. ① 数…　Ⅱ. ① 裘…　② 潘…　Ⅲ. ① 数学模型—文集　Ⅳ. ① O22－53

中国版本图书馆 CIP 数据核字 (2019) 第 137150 号

策划编辑　陈　婷
责任编辑　武翠琴　陈　婷
出版发行　西安电子科技大学出版社(西安市太白南路2号)
电　　话　(029)88242885　88201467　　　邮　　编　710071
网　　址　www.xduph.com　　　　　　　电子邮箱　xdupfxb001@163.com
经　　销　新华书店
印刷单位　咸阳华盛印务有限责任公司
版　　次　2019 年 10 月第 1 版　2020 年 7 月第 2 次印刷
开　　本　787 毫米×1092 毫米　1/16　印张　14.5
字　　数　341 千字
印　　数　1001～2000 册
定　　价　36.00 元

ISBN 978－7－5606－5363－1/O

XDUP 5665001－2

前　　言

　　数学建模教学作为培养创新型人才的重要手段已经得到各个高校的广泛认同，并在各校大力推行。作为一所地方性大学，杭州电子科技大学开展数学建模活动始于 1995 年，在随后的 20 多年时间里，无论是在数学建模教学中还是在数学建模竞赛中都取得了优异的成绩，得到了全国组委会、省教育厅以及省内外兄弟高校的高度评价。截至 2018 年，杭州电子科技大学在全国大学生数学建模竞赛中共获得国家一等奖 46 项，二等奖 89 项；2006 年后参加美国大学生数学建模竞赛与交叉学科建模竞赛，获得二等奖以上奖项 118 项，并于 2010 年获得特等奖。

　　在数学建模竞赛方面，杭州电子科技大学起初以参赛为主要目的，后经过多年的发展，将数学建模课程的指导思想确定为培养学生的创新实践能力，让尽可能多的学生受益。数学建模活动不断走向深入，由阶段性活动转为日常教学活动与课外科研活动。在教学方面，数学建模教学已经形成了多个品种、多种层次、多种方式的教学格局。对于不同层次，理论教学学时分别为 32、48、64 学时，并辅以上机实践训练和课外建模实践。此外，还面向全校开设了数学建模实验选修课以及数学建模课程设计。由于有着丰富完善的课程体系，每年吸引 1500 多名学生修读此课。在竞赛方面，2000 年起每年举办校内竞赛，之后参加全国竞赛，再到来年参加美国竞赛。在学生科技方面，学生从参加竞赛发展到与教师一起做课题、撰写学术论文或参加新苗人才计划与创新杯等。

　　2003 年，杭州电子科技大学"数学建模"课程被评为首批省级精品课程，数学建模团队于 2008 年被评为浙江省省级教学团队，数学建模活动相关成果分别获得 1997 年、2001 年、2009 年浙江省教学成果二等奖，《数学建模》教材 2014 年入选"十二五"国家级规划教材，并被评为浙江省普通高校"十二五"优秀教材。这是多年来杭州电子科技大学从事数学建模的同仁们共同努力的结果，也是对我们的鞭策和鼓励。

　　为了对学校数学建模的成果进行总结，进一步提高数学建模水平，并提高所有参加数学建模活动的同学们的参赛水平,我们搜集整理了近十年来优秀的获奖论文,汇编成书。

本书(上、下册)收录了2007—2016年杭州电子科技大学参加全国大学生数学建模竞赛部分获得一等奖的论文和参加美国大学生数学建模竞赛与交叉学科建模竞赛获得特等奖的论文,共20篇。本书对收录的论文进行了统一的编排整理、点评,但论文的主体内容、建模方法、文章结构、计算结果等基本保持了原来的面貌。这样可使读者真实地看到获奖者在三天(美国数学建模竞赛是四天)比赛期间的论文成果,借鉴参赛论文的写作风格和方式,提高自己撰写论文的能力。

每篇论文的程序和详细数据见数字课程网站——http://moocl.chaoxing.com/course/95314349.html。

本书的出版得到了杭州电子科技大学教务处的全力支持,同时得到了省级数学建模教学团队负责人陈光亭教授的关心,以及沈灏、张智丰、李炜、程宗毛、李承家、章春国等各位指导老师的支持,可以说,没有他们的大力支持,本书是难以出版的。在此,还要感谢理学院领导与同事们的关心与支持,感谢所有参加过数学建模竞赛的同学们,感谢他们的辛勤努力!愿本书的出版能够给大学生数学建模活动带来积极的推动作用!

由于编者水平有限,书中难免有不妥之处,诚望读者批评指正。

编者

2019 年 6 月

目　　录

第 1 篇　高等教育学费标准探讨[①]

队员：贾宏涛（自动化），徐益江（通信工程），王佳（电子信息工程）
指导教师：数模组

摘　　要

高等教育学费标准问题是影响我国高等教育事业普及的重要制约因素，根据从国家统计局等权威统计网站收集到的数据资料，本文建立了数学模型，对高校学费标准问题进行探讨。

首先，我们以教育成本和教育质量为基础，提出了两阶段最小二乘法模型，得出了不同地区中央属高校和地方属高校的学费标准随地区经济的发达程度而变化的结论。经济发达地区的学费较高，如北京（地方属）4836 元/学年、浙江（地方属）4797 元/学年、浙江（中央属）4426 元/学年、山东（中央属）4424 元/学年；中等发达地区次之，如陕西（地方属）4012 元/学年、重庆（地方属）3980 元/学年、天津（中央属）4359 元/学年、吉林（中央属）4328 元/学年；欠发达地区最低，如青海（地方属）2936 元/学年、贵州（地方属）2768 元/学年、河北（中央属）4100 元/学年、宁夏（中央属）4061 元/学年。地方属高校的学费波动较大，中央属高校则比较平稳，这主要是由国家教育资金的扶持程度不同造成的。

在此基础上，根据不同的经济发展水平，分别计算了东、中、西部省区各学科类学校的折算系数，得出了各学科类院校的学费标准：文艺类学费最高，财经类次之，农林类最低。

考虑地区经济差异、家庭可支配收入和学校教育成本，提出了基于抱怨度的 Logistic 回归模型，对上述学费标准进行了家庭和学校二者的抱怨度分析，结果发现：东部省区的抱怨度较小，西部省区的抱怨度最高；经济发达地区的抱怨度较小，如上海的家庭和学校抱怨度分别为 0.1169、0.0196；欠发达地区的抱怨度则较大，如西藏的家庭和学校抱怨度分别为 0.6144、1.000。影响家庭抱怨度差异的主要指标是家庭可支配收入的地区差异，学校抱怨度差异则是由学校的教育成本和国家教育拨款的多寡引起的。

其次，对于差别性收费，考虑各行业的不同收益情况，提出了收益论模型，得出了不同门类专业的学费标准：金融类专业最高，农林类专业最低。

最后，我们综合了教育成本、地区经济差异、家庭承受能力和学校可持续发展等方面的因素，提出了多目标规划的推广模型。

根据分析和计算结果，我们认为合理的学费标准应该以居民承受能力、教育成本和学校的可持续发展为基础进行定价，并实行专业和地区差别收费。对于地区经济差异，应实

[①] 此题为 2008 年"高教社杯"全国大学生数学建模竞赛 B 题（CUMCM2008—B），此论文获该年全国一等奖。

行以助学贷款为主、各项奖学金和助学金为辅的调节机制。此外,加大政府和社会对高等教育的投入,才是解决我国高等教育公平性和可持续发展的关键。最后,以短文形式向相关部门阐述了我们的合理化建议。

关键词:两阶段最小二乘法;收益论;Logistic 回归模型;抱怨度;多目标规划

1　问题重述

1.1　问题背景

高等教育事关高素质人才培养、国家创新能力增强、和谐社会建设的大局,因此受到党和政府及社会各方面的高度重视和广泛关注。培养质量是高等教育的一个核心指标,不同的学科、专业在设定不同的培养目标后,培养质量需要有相应的经费保障。高等教育属于非义务教育,其经费在世界各国都由政府财政拨款、学校自筹、社会捐赠和学费收入等几部分组成。对适合接受高等教育的经济困难的学生,一般可通过贷款和学费减、免、补等方式获得资助,品学兼优者还能享受政府、学校、企业等给予的奖学金。

学费问题涉及每一个大学生及其家庭的切身利益,是一个敏感而又复杂的问题,过高的学费会使很多学生无力支付,过低的学费又使学校财力不足而无法保证培养质量。学费问题近来在各种媒体上引起了热烈的讨论。

1.2　问题提出

(1)根据中国国情,收集诸如国家生均拨款、培养费用、家庭收入等相关数据,并据此通过数学建模的方法,就几类学校或专业的学费标准进行定量分析,得出明确、有说服力的结论。其中,数据的收集和分析是数学建模的基础和重要组成部分。

(2)根据建模分析的结果,给有关部门写一份报告,提出具体建议。

(3)论文必须观点鲜明、分析有据、结论明确。

2　问题分析

经济的高速发展拉大了不同地区的贫富差距,即使是同一地区,人们的收入水平也有很大的差别,基于教育的公平性原则,高校学费与人均国民收入比是反映家庭经济承受力的一个重要指标。据国家统计局、国家发改委公布的数据显示,2005 年中国人均国民收入为 1740 美元,约合人民币 13572 元。以 2005 年平均约 5000 元/学年的学费为依据,中国现阶段高校学费与人均国民收入比已达到 36.8%,在农村,这一比例更高达 154%,二者都为世界最高水平。目前我国高等教育日常运行成本是每学生每年约 1.4 万元,实际上每生分摊比例达 44%,而国外通常在 15% 左右。学费的高标准已经偏离了中国经济发展的整体现状,超出了大部分学生的支付能力,背离了能力支付原则。

目前,我国高校学费主要依据生均培养成本来定价,而很少考虑承受能力,以致出现了学费增长过快、定价过高、差别太小等问题,而学费援助体系还不完善,使学费成了很多贫困学生接受高等教育的主要障碍,有违教育公平。

　　综合以上论述，我们认为我国目前高校学费定价主要存在四个方面的问题：① 学费应占培养成本的比例模糊；② 学费定价过高偏离了居民承受能力；③ 学费定价没有体现应有的差别；④ 学费援助体系不够完善。学费援助体系的建立和完善需要国家政策和社会信用体系的不断完善，因此我们只考虑前三个方面的影响因素。

2.1　关于影响学费因素的初步讨论

　　高等教育有别于其他的公共产品，其学费不是高等教育服务的价格，而是高等教育服务的成本分担。高校培养学生的成本以及由多数居民的收入水平决定的支付能力，是确定学费标准的基本依据。同时助学金、奖学金、助学贷款等学生资助政策也可在一定程度上缓解高等教育机会不公平的现状。

　　现在我们要讨论的是从目前高校收费标准的情况及如何合理地制定高等教育学费来解决教育机会不公平的问题。

　　首先，确定学费标准的一个最主要的因素就是教育成本。所谓教育成本，就是高等教育服务者即高校培养学生的成本，这里不应该包括学生支付的个人教育成本，也不应该包括社会和受教育者的间接教育成本。然而，目前对于教育成本并不明确，主要表现在学校和政府没有提供准确而系统的成本信息，以及在一些教育成本计算中包括了学校支出中与培养学生无关的费用，使得学生的教育成本被提高了。

　　其次，确定学费标准的主要相关因素中还包括居民的收入水平。一个家庭的收入水平直接决定其支付能力，这也是一个学生能否上得起学的最主要的方面。在市场经济中，居民的收入水平存在巨大的差异，呈现非均衡状态。如果学费水平过高，超出了多数居民的支付能力，将导致教育机会的不公平。对于我国的现状而言，居民收入分配的基尼系数不断增大，甚至达到了国际上公认的警戒线水平，因此，在确定学费标准时，必须充分考虑居民的支付能力。

2.2　数据收集

　　分析各个高校的学费需要大量的数据，而这些数据需要自己收集，因此数据的来源及其内容非常重要，数据的真实性与否会使问题的结果有非常大的差异。在数据收集时，由于许多学校和地区 2007 年的相关数据还没有公布，因此为了减少不必要的误差，我们选择以 2006 年的数据来进行分析，以期得到一个比较全面且有代表性的结论。具体数据来源于中国统计年鉴、国家统计局、中国教育年鉴等一些权威统计资料。

3　基本问题假设

　　本文的研究内容基于以下基本假设：

　　（1）收集的数据真实可信；

　　（2）不考虑诸如军校等特殊类型的学校；

　　（3）只考虑高等院校中本科生的学费标准。

　　其余假设在文中说明。

4   不同属性高校的区域性学费标准

从问题分析中我们知道,高校学费作为高等学校收入的一部分,它的决定因素不止一种,其中教育成本是最主要的因素。因此,我们在分析高校学费高低时,应该将多个因素综合考虑,不能只看一个绝对指标的大小,更不能舍弃教育成本的主导地位,而应该联系高校的经费支出尤其是事业性经费支出来进行分析。

4.1   高校属性的分类

根据中国教育年鉴中不同学校的经费投入统计数据可以发现,国家重点高校的事业性教育经费投入普遍比一般高校的多。高校学费的收取和政府教育经费的投入关系密切,为了使确定的学费标准合理,我们将学校按不同属性进行分类,分别考虑它们的学费标准。

首先确定中央属和地方属高校的分类标准,把中央部委直接管理的高校作为中央属高校,全国其他非部委直属的普通高校作为地方属高校。据统计,截至 2006 年中央属高校共有 114 所。表 1 所示为 2006 年中国教育年鉴中关于中央属高校的部分名单。

表 1   中央属高校名单

地 区	高 校	地 区	高 校
北京	北京大学、清华大学	福建	厦门大学
天津	南开大学、天津大学	山东	山东大学
河北	华北电力大学(保定)	湖北	武汉大学、华中科技大学
辽宁	大连理工大学	湖南	湖南大学、中南大学
吉林	吉林大学	广东	中山大学、华南理工大学
黑龙江	东北林业大学	重庆	重庆大学
上海	复旦大学、同济大学	四川	四川大学
江苏	南京大学、东南大学	陕西	西安交通大学
浙江	浙江大学	甘肃	兰州大学
安徽	合肥工业大学	宁夏	西北第二民族学院

由于全国高校数量庞大,统计比较困难,且关于各个高校教育成本、教育经费拨款等相关数据难以收集,考虑到同一地区高校的各项指标相关性比较高,经济状况也比较一致,现分别将中央属高校和地方属高校以地区为单位作为总体计算其平均值,将问题进行简化。依据查阅的相关资料[1],我们将同一地区同一属性的高校汇总,列出了不同属性的高校所在地,分类如表 2 所示。

从表 2 中我们可以看出,有些地区(如广东、浙江等)既出现在中央属高校栏中,又出现在地方属高校栏中,这是因为这些地区的高校中同时有这两个属性的高校,虽然地点重复了,但是在模型计算求解时,我们仍然是把这个地区所包含的同一类高校作为考虑对象,这一点对问题的解决没有影响。

表 2　不同属性的高校所在地分类

分类	高校所在地
中央属高校	广东、北京、重庆、上海、甘肃、河北、四川、陕西、辽宁、江苏、湖南、安徽、吉林、湖北、宁夏、山东、黑龙江、福建、天津、浙江
地方属高校	浙江、上海、黑龙江、广东、湖南、河北、山西、北京、天津、福建、湖北、辽宁、山东、江西、新疆、重庆、吉林、海南、陕西、江苏、四川、甘肃、安徽、河南、广西、内蒙古、贵州、云南、西藏、宁夏、青海

4.2　学费影响因素的进一步分析

由高等教育的分担性可知教育成本在高等教育学费标准确定中的重要性,教育经费的支出在教育成本中占了很大的比重。事业性经费的支出和预算内事业性经费拨款占了普通高校教育经费的绝大部分,2006 年所占比重为 73%,预算内事业性经费和学费共同承担高等教育培养成本的主要部分,因此学费标准与生均事业性经费支出、生均预算内事业性经费拨款、教育经费收入和事业性收入中非学费收入有关。

培养质量是衡量高等教育的一个重要指标,它与学校各方面的软硬件设施、师资队伍和科研项目等有着密切的联系。培养质量需要有相应的经费来保证,过低的学费往往会使学校的经费不足而导致其培养质量的下降。政府出台的高等教育学费标准被认为足以保证高校的培养质量,因为 2000 年以来学费标准是恒定的,所以我们将这个学费标准作为衡量培养质量的一个量化指标,如图 1 所示。

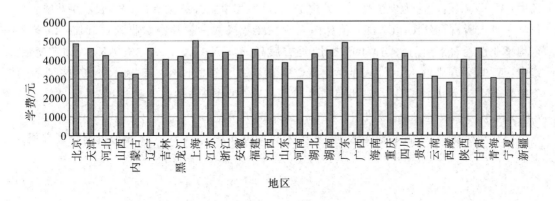

图 1　2000 年以来学费标准

由问题分析中的初步了解可知,学费的确定和家庭收入关系密切,进而可以延伸到与人均 GDP 有一定关系。由 2003 年各个不同属性高校实际收取的学费和当年各高校所在地区人均 GDP 的相关系数结果[2]可以得出结论:中央属高校生均实际学费与地区人均 GDP 无关;地方属高校生均实际学费与地区人均 GDP 相关。由题目附录 1 中表格数据的分析可以得出,地方属高校学杂费用最高的五个地区中,有三个属于东部,有两个属于中部;学杂费最低的五个地区中,有四个属于西部,有一个属于东部。可见东部地区学费普遍较高,西部地区学费普遍较低,这说明地方属高校的学费与当地经济发展水平有关。

结合以上的分析可以得出,高校学费的主要影响因素有事业性经费支出、预算内事业性经费拨款占教育经费收入比重、事业收入非学费收入所占比重、培养质量和生均事业性经费支出占人均 GDP 之比(地方属高校)等。

4.3 普通高校学费模型——两阶段最小二乘法

4.3.1 两阶段最小二乘法的思想

两阶段最小二乘法是方程识别中的一种好方法,特别适用于过度识别的方程。它将"间接最小二乘法对简化型方程的估计式"作为工具变量,因为这些估计式是模型中全部预定变量的线性组合,所以工具变量利用了全部预定变量的观测值,然后进行模型参数的估计。

两阶段最小二乘法是一种单方程估计方法,每次只适用于对联立方程模型中的一个方程进行估计,并能给出结构参数估计值的满意结果。首先介绍三个概念。

(1) 内生变量:在联立方程模型中,其值随方程式中其他变量的变化而变化的变量,它是这个模型系统所决定的变量。

(2) 外生变量:在联立方程模型中,其值不随方程式中其他变量的变化而变化的变量,它是这个模型系统之外的因素所决定的变量。

(3) 工具变量:用来对方程进行辅助解释修订的变量。

4.3.2 高校学费标准的两阶段最小二乘法模型

先建立最小二乘法基本方程进行估计:

$$Y_1 = b_{12}Y_2 + b_{13}Y_3 + b_{14}Y_4 + b_{15}Y_5 + \gamma_{11}X_1 + \gamma_{12}X_2 + \gamma_{13}X_3 + \gamma_{14}X_4 + \gamma_{15}X_5 + u_1 \quad (1)$$

式中:Y_2、Y_3、Y_4、Y_5 为内生变量,其中 Y_2 表示生均事业性经费支出,Y_3 表示事业收入中非学费收入所占百分比,Y_4 表示预算内事业性经费拨款占教育经费收入百分比,Y_5 表示生均事业性经费支出与人均 GDP 之比(地方属高校);X_1、X_2、X_3、X_4、X_5 为预定变量,其中,X_1 表示事业收入,X_2 表示学杂费,X_3 表示教育经费收入,X_4 表示预算内事业性经费拨款,X_5 表示人均 GDP,它也是外生变量;Y_1 表示需估计的学费标准;b_{12}、b_{13}、b_{14}、b_{15}、γ_{11}、γ_{12}、γ_{13}、γ_{14}、γ_{15} 为回归系数;u_1 表示随机误差。

假定随机误差 u_1 满足零均值、常数方差和零协方差,Y_2,…,Y_5 相应的简化型方程为

$$\begin{cases} Y_2 = \pi_{21}X_1 + \pi_{22}X_2 + \cdots + \pi_{25}X_5 + v_2 \\ \vdots \\ Y_5 = \pi_{51}X_1 + \pi_{52}X_2 + \cdots + \pi_{55}X_5 + v_5 \end{cases} \quad (2)$$

式中,$\pi_{ij}(j=1,2,\cdots,5)$ 为回归系数,$v_i(i=2,\cdots,5)$ 表示误差。

首先,对式(2)的每一个方程应用普通最小二乘法,求得式(2)的估计式为

$$\hat{Y}_i = \hat{\pi}_{i1}X_1 + \hat{\pi}_{i2}X_2 + \cdots + \hat{\pi}_{i5}X_5 \quad (i=2,\cdots,5)$$

其中 $\hat{\pi}$ 是 π 的最小二乘估计量。因此就有 $Y_i = \hat{Y}_i + e_i(i=2,\cdots,5)$,这里 e_i 是最小二乘估计的残差。

然后,将这个式子代换到式(1)右边的内生变量,得到

$$Y_i = b_{12}\hat{Y}_2 + \cdots + b_{15}\hat{Y}_5 + \gamma_{11}X_1 + \cdots + \gamma_{15}X_5 + u_1^* \quad (3)$$

其中:$u_1^* = u_1 + b_{12}e_2 + \cdots + b_{15}e_5$,显然 u_1^* 仍然满足零均值、常数方差与零协方差。对变

换后的式（3）应用最小二乘法，可以求得结构参数的估计量，这就是两阶段最小二乘估计。

由上面的分析可以看出，两阶段最小二乘估计法是分作两个阶段来完成的，每个阶段都应用普通最小二乘估计法，即：

第一阶段，对简化型方程应用最小二乘法，求出内生变量 Y_i 的估计量，这样可以得到 $Y_i = \hat{Y}_i + e_i (i=2, \cdots, 5)$；

第二阶段，将第一阶段得到的 $Y_i = \hat{Y}_i + e_i$ 代入被估计的结果方程中，第二次应用普通最小二乘法，求得结构参数的估计值。

4.4　普通高校学费标准的确定

4.4.1　地方高校学费标准的计算

从影响高校学费标准的因素分析中我们已经知道与学费相关的具体因素，我们查找中国教育年鉴中 2006 年地方属高校所在地区的教育经费投入情况，用于计算合理的高校收费标准。表 3 所列为变量数据部分统计表。表中，生均事业性经费支出是未改动数据，事业收入中非学费收入所占百分比由事业收入与学费收入计算得出，预算内事业性经费拨款占教育经费收入百分比由预算内事业性经费拨款和教育经费收入计算得出，生均事业性经费支出与人均 GDP 之比由生均事业性经费支出和人均 GDP 计算得出。原始数据取自中国统计数据库——中国 2006 年分地区地方普通高等学校教育经费支出明细统计。

表 3　变量数据部分统计表

地区	生均事业性经费支出/元	事业收入中非学费收入所占百分比	预算内事业性经费拨款占教育经费收入百分比	生均事业性经费支出与人均 GDP 之比
北京	27 242	0.34	0.64	0.60
天津	11 832	0.36	0.51	0.33
河北	8957	0.06	0.35	0.60
山西	9916	0.17	0.44	0.83
内蒙古	7642	0.17	0.48	0.48
辽宁	13 101	0.20	0.39	0.70
吉林	9904	0.16	0.47	0.74
陕西	8827	0.22	0.31	0.89
甘肃	8241	0.19	0.48	1.14
青海	10 719	0.06	0.69	1.06

将表 3 中的数据利用统计分析软件 SPSS 15.0 进行两阶段最小二乘法分析，可得出 R^2 和调整后的 R^2 都为 0.986，接近于 1，说明拟合程度较好；F 检验值为 6.491，对应的 P 值为 0.001，说明拟合程度好；回归系数的 t 检验值为 8.206，对应的 P 值为 0，通过检验，说明回归系数显著。由此得到回归方程式为

$$Y_1 = 4654 + 0.044 \times Y_2 + 2093 \times Y_3 - 1696 \times Y_4 - 1084 \times Y_5 \qquad (4)$$

利用式(4)可计算得出地方属高校所在地区的估测学费,如表4所示。

表4　地方属高校估测学费标准

地区	估测学费/元	地区	估测学费/元
北京	4836	湖北	4167
天津	4707	湖南	3925
河北	3935	广东	4430
山西	3812	广西	3636
内蒙古	4013	海南	4176
辽宁	4241	重庆	3980
吉林	3840	四川	4086
黑龙江	4112	贵州	2768
上海	4617	云南	3111
江苏	4557	西藏	3502
浙江	4797	陕西	4012
安徽	3935	甘肃	3360
福建	4160	青海	2936
江西	4091	宁夏	3273
山东	4322	新疆	4149
河南	3765		

从表4中可以看出,各个地区的学费标准波动范围大致在3000~5000元,而且地区差异非常明显,贵州和青海的学费标准最低,北京和浙江的学费标准最高。

根据各地区经济发展情况,各取六个发达和不发达地区的估测学费标准与现行的学费标准进行比较,直方图如图2、图3所示。整体比较如图4所示。

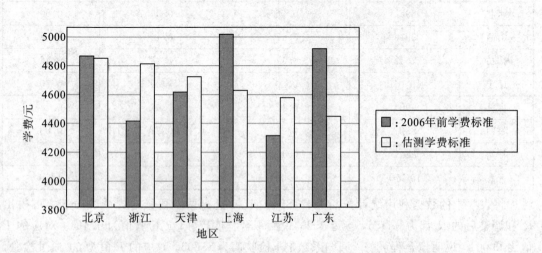

图2　六个经济发达地区地方属高校现行学费标准与估测学费标准比较

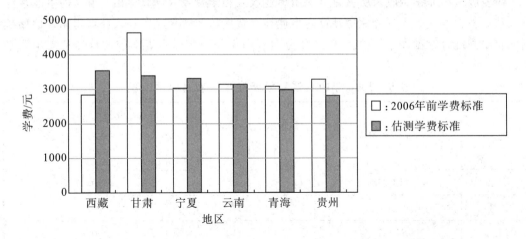

图 3　六个经济不发达地区地方属高校现行学费标准与估测学费标准比较

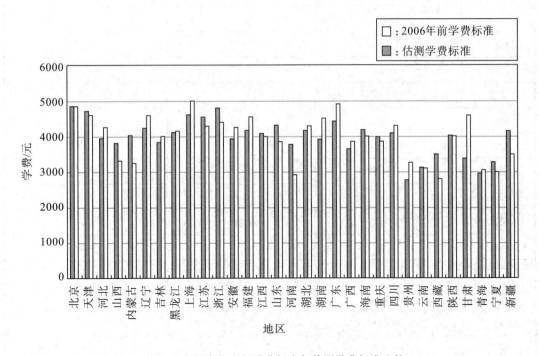

图 4　地方属高校现行学费标准与估测学费标准比较

图 2、图 3、图 4 中将计算的学费标准与现行的学费标准比较,总体有两个特点:① 近几年现行的学费标准随地区的变化非常明显,而估计的学费标准相对比较平稳;② 最小二乘法估计的学费标准普遍比现行的学费标准低,部分地区诸如浙江、天津、江苏等地,因为人均 GDP 较高,所以估算的学费标准也偏高。

4.4.2　中央属高校学费标准的计算

表 5 所示为中国教育年鉴中关于中央属高校所在地区的生均事业性经费支出、事业收入中非学费收入所占百分比和预算内事业性经费拨款占教育经费收入百分比的数据统计资料。

事业收入中非学费收入所占百分比由事业收入和学费收入计算得出,预算内事业性经费拨款占教育经费收入百分比由预算内事业性经费拨款和教育经费收入计算得出。原始数据取自中国统计数据库——中国 2006 年分地区中央部门普通高等学校教育经费支出明细统计。

表 5 2006 年中央属高校所在地区教育经费情况

地区	生均事业性经费支出/元	事业收入中非学费收入所占百分比	预算内事业性经费拨款占教育经费收入百分比
北京	12 168	0.59	0.47
天津	7583	0.52	0.47
河北	5497	0.1	0.45
辽宁	8228	0.46	0.42
吉林	9506	0.45	0.6
黑龙江	9763	0.65	0.29
上海	11 725	0.37	0.48
江苏	11 015	0.58	0.5
浙江	13 182	0.62	0.55
安徽	25 174	0.43	0.68
福建	10 006	0.58	0.52
山东	8067	0.6	0.5
湖北	11 951	0.32	0.47
湖南	7553	0.46	0.5
广东	13400	0.26	0.42
重庆	6107	0.3	0.44
四川	6972	0.58	0.4
陕西	12 066	0.4	0.59
甘肃	9815	0.2	2.96
宁夏	13 067	0	0.76

将表 5 中的数据利用统计分析软件 SPSS 15.0 进行两阶段最小二乘法分析,可得出 R^2 和调整后的 R^2 都为 0.991,接近于 1,说明拟合程度较好;F 检验的 P 值为 0,说明拟合程度好;回归系数的 t 检验值为 3.853,对应的 P 值为 0.001,通过检验,说明回归系数显著。由此得到回归方程式为

$$Y_1 = 3575 + 0.028 \times Y_2 + 901 \times Y_3 + 96 \times Y_4 \tag{5}$$

利用式(5)可计算得出中央属高校所在地的平均学费标准,如表 6 所示。

表 6　中央属高校估测学费标准

地区	估测学费/元	地区	估测学费/元	地区	估测学费/元
北京	4402	江苏	4399	广东	4191
天津	4359	浙江	4426	重庆	4220
河北	4100	安徽	4324	四川	4390
辽宁	4318	福建	4401	陕西	4294
吉林	4328	山东	4413	甘肃	4368
黑龙江	4424	湖北	4236	宁夏	4061
上海	4270	湖南	4326		

　　从表 6 中可以看出，中央属高校的学费标准比较平稳，全部都在 4000～5000 元之间，地区的经济差异在学费标准上体现得不明显。

　　同样将模型估计的学费标准与现行的学费标准进行比较，部分比较结果以直方图给出，如图 5、图 6 所示，其余比较见图 7。

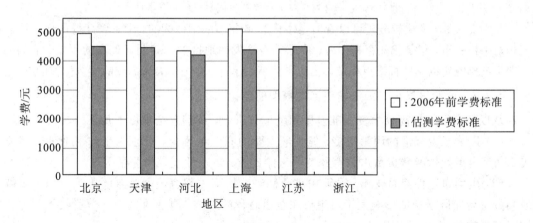

图 5　六个经济发达地区中央属高校现行学费标准与估测学费标准比较

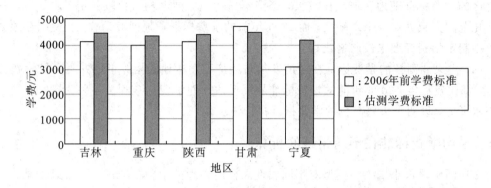

图 6　五个经济不发达地区中央属高校现行学费标准与估测学费标准比较

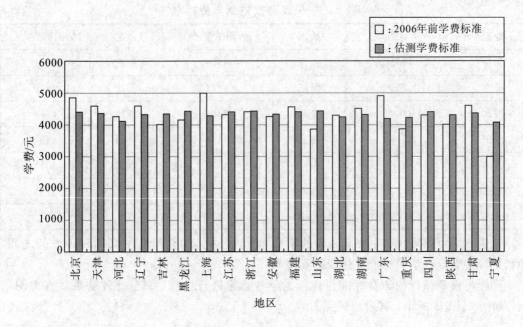

图 7　中央属高校现行学费标准与估测学费标准比较

从图 5～图 7 的比较分析可以看出，对于 2006 年前的学费标准，中央属高校比地方属高校相对平稳一点，但是仍然存在上海、广东等经济发达地区的学费明显偏高的现象。估测的学费标准比既定的学费标准更稳定，波动非常小，有利于全国中央属高校的学费标准的统一。

4.4.3　两阶段最小二乘法学费标准模型的结论

从以上不同属性高校学费标准模型和结果分析中，我们总结出以下几条结论：

(1) 影响学费标准的因素很多，但是最主要的有三个因素，分别为生均事业性经费支出、预算内事业性经费拨款占教育经费收入的比重、事业性收入中非学费收入所占比重。

(2) 生均事业性经费支出、预算内事业性经费拨款占教育经费收入的比重对地方属普通高校生均实际学费的影响大于对中央属普通高校的影响；事业收入中非学费收入所占比重对其影响相当。

(3) 从地方属高校经济发达地区与经济不发达地区学费标准比较图中可以看出经济发达地区的学费标准随地区波动比较大，经济不发达地区波动相对比较稳定，估测学费标准的变化范围大致处在一个水平上，而 2006 年前的学费标准随地区波动较大，说明在地方属高校中制定学费标准未被严格执行。

(4) 中央属高校的学费标准在经济发达与经济不发达地区相对于地方属高校学费标准而言，都比较稳定，2006 年前的学费标准与模型估计的学费标准相关不大，都处于同一个价格水平上，说明中央属高校的学费标准执行情况较好。

4.5　平均学费标准在不同学科的折算

上述两阶段最小二乘法模型对不同属性高校所在地的学费标准进行了合理的估计，得出的是一个地区的平均学费。由于不同学科培养成本的差别，每个专业应收的学费应该是不同的，如果按照同一标准收取，会造成培养成本高的学科培养质量得不到保证，这是必须要避免的。

对于不同学科的培养成本,其具体计算比较困难,我们参考以前高校各学科不同专业的学费收取情况,发现不同学科学费的大致趋势为

艺术类＞医科类＞理工类＞文史类

我们考虑这种不同学科学费的固定趋势主要是由各个专业类别的培养成本不同所引起的。由此利用各个地区相同学科的平均学费与当地已知的平均学费之比作为成本的学费折算率,继而利用 4.4 节中估计的地区平均学费可以求出各个学科学费标准。计算公式如下:

$$I = \lambda \times Y_1 \tag{6}$$

式中,I 表示各个学科的学费标准;λ 表示各学科的学费折算率;Y_1 表示两阶段最小二乘法估算的平均学费标准。

不失一般性,分别在东部、中部、西部的三个地区(北京、陕西、四川)进行分析,根据收集的 2008 年北京、陕西、四川的地方属高校各个专业学费的差异比,先求出每个学科的学费折算率,然后根据式(6)求得各学科的学费标准。三个地区不同学科的现平均学费与学费标准比较直方图如图 8~图 10 所示。

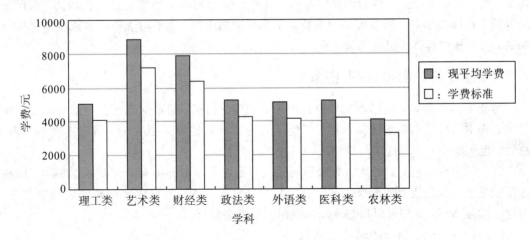

图 8　北京现平均学费与学费标准比较

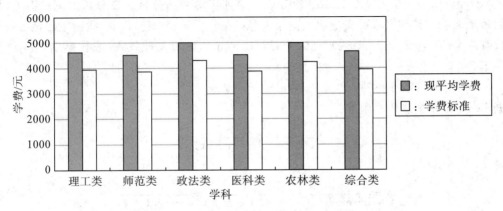

图 9　陕西现平均学费与学费标准比较

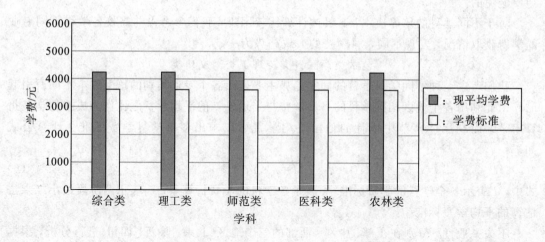

图 10　四川现平均学费与学费标准比较

从图 8～图 10 中可以看出，现平均学费与学费标准比例都大于 1，说明现平均学费标准偏高，各个学科的学费折算率都在 1 上下波动，北京艺术类比农林类平均学费高出 4700 多元，这不可能完全是由偶然因素引起的，只能解释为艺术类的培养成本比较高，为保证培养质量而提高学费。根据现平均学费与学费标准的比例，现平均学费或多或少地都有所偏高，可以根据具体情况适当地下调。

4.6　抱怨度的 Logistic 回归模型

抱怨度是衡量对一个已发生事件是否满意的量化指标。通常抱怨度会与面临的实际情况和心理对这件事的期望有关，当实际情况与心理的期望相差很大时，抱怨度就会很高。总之，抱怨度是一个对现实与期望之间落差的度量。

经济的地区性差异，必然会导致不同地区对相应的学费标准有不同的承受能力，而抱怨度就是衡量承受能力的标准，它是由家庭的可支配收入、教育成本和地区差异决定的。对这一度量指标，我们可以通过 Logistic 回归模型来分析。

4.6.1　Logistic 回归模型

Logistic 回归是指因变量为二级计分或一类评定的回归分析。在分析家庭抱怨度时，我们考虑地区差异和家庭可支配收入两个变量；在分析学校抱怨度时，我们考虑地区差异和教育成本两个变量。设 x_1 表示地区差异，x_2 表示家庭可支配收入(或教育成本)，则有线性组合

$$z = a + b_1 x_1 + b_2 x_2$$

根据 Logistic 单变量概率函数：

$$p = \frac{1}{1 + \exp[-(a+bx)]} \tag{7}$$

可得

$$p = \frac{1}{1 + \exp[-(a + b_1 x_1 + b_2 x_2)]} = \frac{1}{1 + \exp(-z)} \tag{8}$$

变形后得

$$z=\ln\left(\frac{p}{1-p}\right)=a+b_1x_1+b_2x_2 \tag{9}$$

式中：a 为截距；b_1、b_2 为回归系数。

这就是说，事件概率的非线性表达可以转化为事件概率的函数，用自变量来线性表达。在上述线性表达式中，对有关事件概率的各种函数作以下命名和定义：事件发生的概率为 p，事件不发生的概率为 $1-p$，则相对风险（事件发生的概率与不发生的概率之比）（odds）为 $\frac{p}{1-p}=\Omega$，事件发生的概率 p 即为抱怨度。

做 logit 变换后，可以得到 Ω 和 p 的直接联系，即

$$\ln\left(\frac{p}{1-p}\right)=\ln\Omega=\mathrm{logit}\ p \tag{10}$$

这样 logit 就可以作为回归的因变量使自己与自变量之间的依存关系保持到传统回归中的模式，即

$$\mathrm{logit}\ p=a+b_1x_1+b_2x_2 \tag{11}$$

因此，我们就可以用 Logistic 函数形式 $p=\dfrac{1}{1+\exp[-(a+b_1x_1+b_2x_2)]}$，先根据估计的学费标准、地区经济差异、教育成本和家庭可支配收入求解偏回归系数，再利用 Logistic 函数的已知数学性质对 Logistic 回归的参数估计进行统计推断，最后进行 logit 变换，即可把自变量和回归系数进行线性表示。

4.6.2　抱怨度的计算

1）家庭抱怨度

表 7 所示为全国 31 个地区的家庭主观抱怨和学费与家庭收入比。其中将各地区按东部、中部、西部进行分类，分别赋值为 1、2、3。家庭主观抱怨则根据人均 GDP 进行衡量，以 10 000 元/年为界划分，人均 GDP＞10 000 元/年时定义为不抱怨，赋值为 0；人均 GDP＜10 000 元/年时定义为抱怨，赋值为 1。

表 7　各地区家庭抱怨度相关指标

地区	不同地区标记	家庭主观抱怨	学费与家庭收入比	地区	不同地区标记	家庭主观抱怨	学费与家庭收入比
北京	2	0	0.24	湖北	2	1	0.43
天津	2	0	0.33	湖南	2	1	0.37
河北	2	0	0.38	广东	1	0	0.28
山西	2	0	0.38	广西	2	1	0.37
内蒙古	2	0	0.39	海南	1	0	0.44
辽宁	2	0	0.41	重庆	2	1	0.34
吉林	2	0	0.39	四川	2	1	0.44
黑龙江	2	0	0.45	贵州	2	1	0.3
上海	1	0	0.22	云南	2	1	0.31

地区	不同地区标记	家庭主观抱怨	学费与家庭收入比	地区	不同地区标记	家庭主观抱怨	学费与家庭收入比
江苏	1	0	0.32	西藏	3	1	0.39
浙江	1	0	0.26	陕西	2	1	0.43
安徽	1	1	0.4	甘肃	3	1	0.38
福建	1	0	0.3	青海	3	0	0.33
江西	1	0	0.43	宁夏	3	1	0.36
山东	1	0	0.35	新疆	3	0	0.47
河南	2	0	0.38				

利用统计软件 SPSS 15.0 对表 7 中的数据进行分析,求得 $a=-2.03$, $b_1=-1.393$, $b_2=6.336$,将其代入式(11),得

$$\text{logit } p=-2.03-1.393x_1+6.336x_2$$

进行 logit 变换后,得

$$p=\frac{1}{1+\exp(2.03+1.393x_1-6.336x_2)} \tag{12}$$

将表 7 中的数据代入式(12)计算出家庭抱怨度。用 SPSS 15.0 软件求得的部分数据如表 8 所示。

表 8　部分地区家庭抱怨度

地区	抱怨度	客观抱怨	地区标记	地区	抱怨度	客观抱怨	地区标记
上海	0.1169	0	1	河北	0.4827	0	2
江苏	0.2	0	1	山西	0.48	0	2
浙江	0.1452	0	1	西藏	0.6144	1	3
北京	0.2777	0	2	甘肃	0.5917	1	3
天津	0.4011	0	2	青海	0.5126	1	3

部分地区家庭抱怨度直观图如图 11 所示,各地区家庭抱怨度直方图如图 12 所示。

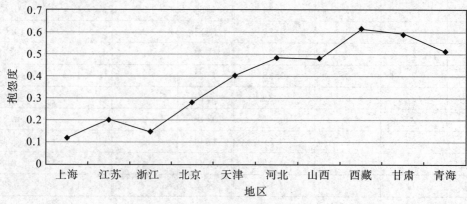

图 11　部分地区家庭抱怨度

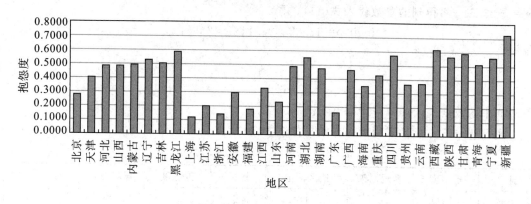

图 12　各地区家庭抱怨度直方图

2）学校抱怨度

表 9 所示为全国 31 个地区的学校主观抱怨和学费与学校支出比。其中不同地区的标记方法与家庭抱怨度的标记方法相同，即将各地区按东部、中部、西部分别赋值为 1、2、3。学校主观抱怨按照预算事业性经费拨款进行衡量，以 15 亿元/年为界划分，拨款大于 15 亿元/年时认为是不抱怨的，赋值为 0；拨款小于 15 亿元/年时认为是抱怨的，赋值为 1。

表 9　各地区学校抱怨度相关指标

地区	不同地区标记	学校主观抱怨	学费与学校支出比	地区	不同地区标记	学校主观抱怨	学费与学校支出比
北京	2	0	0.18	湖北	2	0	0.47
天津	2	0	0.4	湖南	2	0	0.48
河北	2	0	0.44	广东	1	0	0.29
山西	2	0	0.38	广西	2	1	0.42
内蒙古	2	1	0.53	海南	1	1	0.57
辽宁	2	0	0.32	重庆	2	1	0.42
吉林	2	0	0.39	四川	2	0	0.48
黑龙江	2	0	0.42	贵州	2	1	0.32
上海	1	0	0.22	云南	2	0	0.25
江苏	1	0	0.41	西藏	3	1	0.25
浙江	1	0	0.23	陕西	2	0	0.45
安徽	1	0	0.58	甘肃	3	1	0.41
福建	1	0	0.36	青海	3	1	0.27
江西	1	1	0.57	宁夏	3	1	0.3
山东	1	0	0.51	新疆	3	1	0.43
河南	2	0	0.43				

对表 9 中的数据利用统计软件 SPSS 15.0 进行分析，求得 $a=17.82$，$b_1=-24.14$，

$b_2 = -23.51$，将得到的参数代入式(11)，得

$$\text{logit } p = 17.82 - 24.14x_1 - 23.51x_2$$

进行 logit 变换后，得

$$p = \frac{1}{1 + \exp(-17.82 + 24.14x_1 + 23.51x_2)} \tag{13}$$

将表 9 中的数据代入式(13)计算出学校抱怨度。

用 SPSS 15.0 软件求得的部分数据如表 10 所示。

表 10　部分地区学校抱怨度

地区	抱怨度	客观抱怨	地区标记	地区	抱怨度	客观抱怨	地区标记
上海	0.0196	0	1	河北	0.2791	0	2
江苏	0.1325	0	1	山西	0.1778	0	2
浙江	0.023	0	1	西藏	1	1	3
北京	0.0235	0	2	甘肃	1	1	3
天津	0.1995	0	2	青海	1	1	3

部分地区学校抱怨度直观图如图 13 所示，各地区学校抱怨度直方图如图 14 所示。

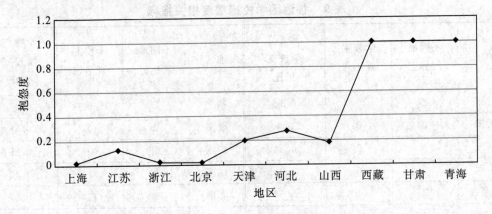

图 13　部分地区学校抱怨度

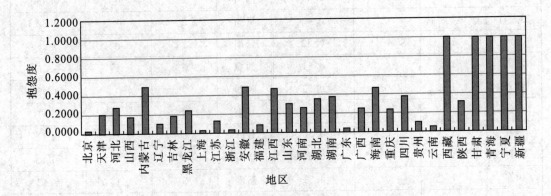

图 14　各地区学校抱怨度直方图

用 Logistic 回归方程求解参数时，采用的是最大似然估计方法，因此整体检验是检验其似然函数值。似然函数值表达的是一种概率，这个值较小，为了数据处理方便，通常对似然函数值先取自然对数再乘以－2后使用。SPSS 软件中这一指标，标志为－2LogLikelihood，该值越小，意味着回归方程的似然值越大，模型的拟合程度越好。在模型完全拟合观测值的情况下，似然函数值等于1。

用 SPSS 软件分析出的家庭抱怨度的－2LogLikelihood 为 9.624，学校抱怨度的－2LogLikelihood 为 12.548，表明这个模型拟合程度较好，可以用来反映抱怨度。

4.6.3　Logistic 回归模型评价

Logistic 回归模型在抱怨度评价中利用最大似然估计法，对模型中的参数进行估计，并且可以直接检验似然函数的拟合程度，能够及时对模型的不足予以改进。Logistic 回归模型经过一系列变换后最终可以化简成线性函数，该模型不仅适用于抱怨度的计算评价，还能推广到其他多因素的经济评价问题中。

然而，由于模型中的参数是采用估计的方式求出的，难免会局限在现有的数据上，不能对潜在的因素进行分析，对于一些变化没有规律的数据估计会产生较大的误差，这一点在实际应用中应多加注意，即先对数据进行分析，考虑模型是否适用。

5　不同专业的收益论模型

5.1　问题假设

在建立不同专业的收益论模型时，基于以下基本假设：

(1) 各个行业的工资年均标准可以决定这个行业人才的供求关系；

(2) 高等院校中各个专业的热门程度只与该专业在市场中的发展趋势和供求关系相关；

(3) 各个专业的学生毕业后，大部分从事与其专业相关的行业的工作；

(4) 只考虑全国非营利性的学校，并假设为公立学校。

5.2　我国高校学费标准分析

目前，我国公立普通高校没有收费标准的制定权限，热门专业同一般专业之间的学费差别也不大。为此，应充分发挥价格杠杆作用，进一步拉大不同地区、不同学校、同一学校不同专业之间的收费标准，既能体现"受益者负担"的原则，也有利于促进高校之间的竞争和办学质量的提高[3]。

上海地区不同院校相同专业和不同专业的学费标准比较如表 11 所示。

从表 11 中的数据可以看出，上海地区各高校艺术类专业和普通专业的学费标准有很大差异，但是普通专业的学费基本都是一致的。

表 11　2006 年上海若干大学相同专业和不同专业学费情况

学　校	普通专业学费/元	艺术类专业学费/元	特殊专业学费/元
复旦大学	5000～6500	10 000	
同济大学	5000	10 000	中德工程学院专业 15 000
上海外国语大学	5000		应用法语 13 000
华东理工大学	5000	10 000	中德工学院专业 15 000
东华大学	5000	10 000	中德合作轻化工程专业 12 000
上海师范大学	5000	10 000	中外合作专业 12 000～15 000
上海应用技术学院	5000	10 000	中外合作专业 12 000～15 000
上海政法学院	5000～6500		中外合作专业 15 000
上海商学院	5000	10 000	

对于全国不同地区相同专业的学费标准，由于全国 31 个省、市、自治区(除港、澳、台地区)高等院校的数量太大，因此我们只选择有代表性的几所大学的相关数据来比较分析。现列举北京理工大学、重庆大学、吉林大学、海南大学等四所大学在杭州招生的各个专业的学费情况。从四个学校各专业学费对照中可以看出，在现行的学费标准中，同一类专业的学费基本上是相同的。以上四所学校，来自全国不同的地区，体现了各个地区的经济状况的差异，可以从总体上代表全国的经济发展水平，而且学校中的各个专业也涵盖了经济社会中的各行各业，但是相同专业的学费标准却没有明显的差异。因此，我们可以依据专业分类对普通高校的学费标准进行划分。

5.3　收益论思想的相关分析

收益论的主要思想是：以个人回报率的高低来确定学费，学费应反映个人利益获得的程度，个人回报率高的学生应该多承担一些成本。

按照收益论的观点，名牌大学以及热门专业的学生的个人收益率较高，应缴纳更高的学费，以和其较高的收益相匹配；就业前景较差的学校和专业的学生个人收益率较低，应收取较低的学费；另外，社会回报率较高、个人回报率较低的专业，由于其"公共物品"的性质突出，故这些专业的学费也应保持在一个较低的水平。我国分行业的职工平均工资直方图如图 15 所示，折线图如图 16 所示。

由图 15 可见，不同行业的工资差别较大，有些工资水平较高的行业甚至高出工资水平较低行业的 3～4 倍。工资较高的行业有信息传输、计算机服务和软件业，金融业，科学研究、技术服务和地质勘查业等行业；工资水平较低的有农、林、牧、渔业，住宿和餐饮业等行业。

由图 16 可以看出，不同年份的平均工资也不尽相同，大体上随着年份的增长呈增长趋势，而且不同行业的增长幅度也不尽相同。

不同行业的工资水平基本上可以反映不同专业学生毕业后的个人收益率水平。因此，不同的个人收益率水平必然要求不同的学费，这是符合市场经济规律的。

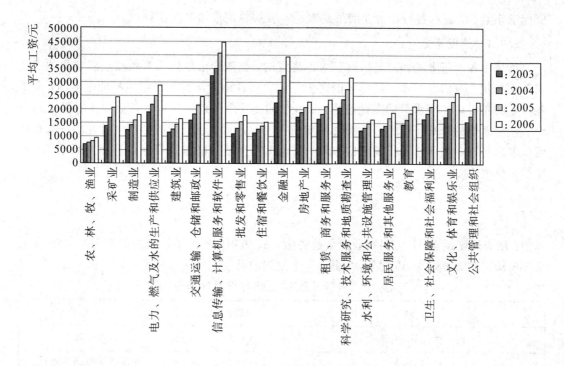

图 15　2003—2006 年我国分行业的职工平均工资直方图

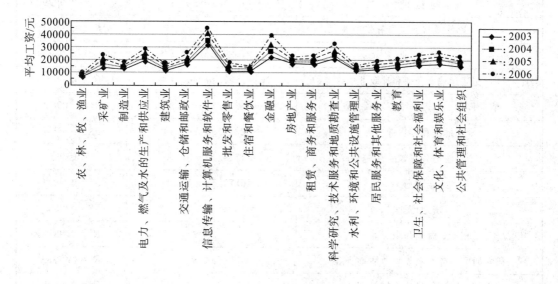

图 16　2003—2006 年我国分行业的职工平均工资折线图

5.4　基于收益论的学费定价模型

根据前面收益论的相关分析，可以建立如下模型：

$$T = a \times R \times G \times Q \times M \tag{14}$$

式中：T 表示要求的学费标准；a 表示学费基准；R 表示各学科热度系数；G 表示各行业工

资标准系数；Q 表示各行业就业前景系数；M 表示各院校知名度系数。

5.4.1　热度系数

市场中各个行业的"热门""冷门"是不确定的，会随着市场供求关系和经济结构的变化而不断变化。我们对行业"冷""热"的区分是建立在各行业年平均工资的基础之上的，分析各行业的年平均工资水平的变化趋势，发现它的变化率可以体现这个行业的热门程度。

热度系数的计算可以用一元线性回归的方法对各行业进行回归分析。首先用一元线性回归求出各行业随年份增长的回归方程，见表 12；然后，根据式(15)计算热度系数 R，具体结果见表 13。

$$R = \frac{F}{\frac{1}{4} \times \sum X_{ij}} \times 10 \tag{15}$$

其中：R 为热度系数；F 为各行业发展趋势值；X_{ij} 为不同行业不同年份的年人均工资，i 表示年份取值在 2003～2006 之间，j 表示各个不同的行业。

表 12　各行业线性回归方程及残差表

行业	线性回归方程	残差平方和
农、林、牧、渔业	$y = 808.1x - 2 \times 10^6$	$R^2 = 0.9807$
采矿业	$y = 3571.1x - 7 \times 10^6$	$R^2 = 0.9987$
制造业	$y = 1813.4x - 4 \times 10^6$	$R^2 = 0.9929$
电力、燃气及水的生产和供应业	$y = 3330.7x - 7 \times 10^6$	$R^2 = 0.9981$
建筑业	$y = 1635.2x - 3 \times 10^6$	$R^2 = 0.9887$
交通运输、仓储和邮政业	$y = 2892.1x - 6 \times 10^6$	$R^2 = 0.9955$
信息传输、计算机服务和软件业	$y = 4312.7x - 9 \times 10^6$	$R^2 = 0.985$
批发和零售业	$y = 2270.9x - 5 \times 10^6$	$R^2 = 0.9974$
住宿和餐饮业	$y = 1369.1x - 3 \times 10^6$	$R^2 = 0.9996$
金融业	$y = 5571.5x - 1 \times 10^6$	$R^2 = 0.9894$
房地产业	$y = 1805.7x - 4 \times 10^6$	$R^2 = 0.9965$
租赁、商务和服务业	$y = 2430.2x - 5 \times 10^6$	$R^2 = 0.9877$
科学研究、技术服务和地质勘查业	$y = 3766x - 8 \times 10^6$	$R^2 = 0.9919$
水利、环境和公共设施管理业	$y = 1355.2x - 3 \times 10^6$	$R^2 = 0.9992$
居民服务和其他服务业	$y = 2059.5x - 4 \times 10^6$	$R^2 = 0.9827$
教育	$y = 2239.8x - 4 \times 10^6$	$R^2 = 0.9938$
卫生、社会保障和社会福利业	$y = 2506.9x - 5 \times 10^6$	$R^2 = 0.9972$
文化、体育和娱乐业	$y = 2872.9x - 6 \times 10^6$	$R^2 = 0.9928$
公共管理和社会组织	$y = 2494.6x - 5 \times 10^6$	$R^2 = 0.9964$

表 13　各行业的热度系数

行业	年人均工资/元	发展趋势值/元	热度系数
农、林、牧、渔业	8079.75	808.1	1.00
采矿业	18 879.25	3571.1	1.89
制造业	15063	1813.4	1.20
电力、燃气及水的生产和供应业	23 598.75	3330.7	1.41
建筑业	13748	1635.2	1.19
交通运输、仓储和邮政业	20 082.25	2892.1	1.44
信息传输、计算机服务和软件业	38 138.25	4312.7	1.13
批发和零售业	14 209.75	2270.9	1.60
住宿和餐饮业	13 170.25	1369.1	1.04
金融业	30 236.75	5571.5	1.84
房地产业	19 763.25	1805.7	0.91
租赁、商务和服务业	19 818	2430.2	1.23
科学研究、技术服务和地质勘查业	25 893	3766	1.45
水利、环境和公共设施管理业	14 081	1355.2	0.96
居民服务和其他服务业	15 657.25	2059.5	1.32
教育	17 570	2239.8	1.27
卫生、社会保障和社会福利业	19 978.75	2506.9	1.25
文化、体育和娱乐业	21 752.25	2872.9	1.32
公共管理和社会组织	19 132.5	2496.6	1.30

5.4.2　工资标准系数

工资标准系数 G 可以参照式(16)计算，计算结果见表14。

$$G = \frac{Z_h}{Z_g} \tag{16}$$

其中：Z_h 表示各行业年人均工资；Z_g 表示全国人均工资。

表14所示为根据2006年数据由式(16)求得的不同行业的工资标准系数。

表 14　2006年各行业工资标准系数

行业	2006年各行业年人均工资/元	2003—2006年各行业年人均工资/元	全国人均工资/元	工资标准系数
农、林、牧、渔业	9430	8079.75	19 413.26	0.42
采矿业	24 335	18 879.25	19 413.26	0.97
制造业	17 966	15 063	19 413.26	0.78
电力、燃气及水的生产和供应业	28 765	23 598.75	19 413.26	1.22

行业	2006年各行业年人均工资/元	2003—2006年各行业年人均工资/元	全国人均工资/元	工资标准系数
建筑业	16 406	13 748	19 413.26	0.71
交通运输、仓储和邮政业	24 623	20 082.25	19 413.26	1.03
信息传输、计算机服务和软件业	44 763	38 138.25	19 413.26	1.96
批发和零售业	17 736	14 209.75	19 413.26	0.73
住宿和餐饮业	15 206	13 170.25	19 413.26	0.68
金融业	39 280	30 236.75	19 413.26	1.56
房地产业	22 578	19 763.25	19 413.26	1.02
租赁、商务和服务业	23 648	19 818	19 413.26	1.02
科学研究、技术服务和地质勘查业	31 909	25 893	19 413.26	1.33
水利、环境和公共设施管理业	16 140	14 081	19 413.26	0.73
居民服务和其他服务业	18 935	15 657.25	19 413.26	0.81
教　育	21 134	17 570	19 413.26	0.91
卫生、社会保障和社会福利业	23 898	19 978.75	19 413.26	1.03
文化、体育和娱乐业	26 126	21 752.25	19 413.26	1.12
公共管理和社会组织	22 883	19 132.5	19 413.26	0.99

5.4.3　就业前景系数

根据就业市场需求和毕业生专业分布情况,可对未来几年高校毕业生在各行业的就业前景作出预测。

1)需求趋升、职位较多的行业

未来几年,计算机、通信、电子等信息类专业,生命科学、高新技术等行业人员需求大,大学生就业增长空间较大。师范类毕业生仍会供不应求,环境科学类、应用数学、法律服务、交通运输类以及工科的仪表类、纺织类等专业需求都会增大,外语类中的复合人才及石油、煤炭、冶金等行业的需求都会有不同程度的增长,但有些行业的容量有限。

2)需求大体保持不变的行业

未来几年,机械类、材料类、外语类大语种、医学类、管理学、经济学、财政学、统计学、价格学、国民经济计划以及金融、财经等专业的需求不会有大的增加,比较平稳。其中有些专业,如医学类专业的毕业生,需要重点移往中小城市、农村及城市基层。计算机、通信、电子等信息类专业虽然需求量较大,但人才培养规模也不断增大,两长相消,信息类专业的就业场面难再火爆。

3)需求趋降的行业

从行业上看,主要是农、林、牧、渔业及制造业、建筑业,尤其是农林类毕业生就业仍然相对困难。但也不能一概而论,以上各行业高素质专业人才仍需求较旺。建筑类虽有相当需求,但目前仍处于劳动密集型状态,吸纳的主流仍为劳力型人员,对专业人才的需求并不旺。

从学科类型看，对文、史、哲类人才的社会需求趋减。哲学、社会学、历史学、人口学、宗教学等毕业生未来几年的就业形势仍难见好[4]。

根据以上各类行业就业前景的分析，结合大量行业分析报告中关于各种待业、就业前景状况的评价，我们分别对三种就业前景，即就业前景良好、一般、不好，赋以不同的系数值，表15给出了各行业的就业前景系数。

表15　各行业就业前景系数

行　业	就业前景系数	行　业	就业前景系数
农、林、牧、渔业	0.8	金融业	1
采矿业	1.2	房地产业	0.8
制造业	0.8	租赁、商务和服务业	1
电力、燃气及水的生产和供应业	1	科学研究、技术服务和地质勘查业	1.2
建筑业	0.8	水利、环境和公共设施管理业	1
交通运输、仓储和邮政业	1.2	居民服务和其他服务业	1
信息传输、计算机服务和软件业	1.2	教　育	1.2
批发和零售业	1.2	卫生、社会保障和社会福利业	1
住宿和餐饮业	1	文化、体育和娱乐业	1
公共管理和社会组织	1		

5.4.4　各院校知名度系数

学校的知名程度，在我们的求职就业过程中也占有相当重要的作用。在现实生活中，持有名牌大学学位证书的学生往往比持有一般大学学位证书的学生拥有更好的工作条件、机遇和薪酬待遇。

根据中国教育网给出的《中国大学排行榜2007》各个高校的排名情况及大量统计资料的分析，确定知名度系数为：排名在1~10的院校知名度系数为1.5，排名在20~50的院校知名度系数为1.2，排名在50~200的院校知名度系数为1.0。部分院校知名度系数如表16所示。

表16　部分院校知名度系数

大学名称	综合排名	知名度系数	大学名称	综合排名	知名度系数
清华大学	1	1.5	中国人民大学	9	1.5
北京大学	2	1.5			
复旦大学	3	1.5	南开大学	10	1.5
南京大学		1.5	中山大学		1.5
浙江大学	5	1.5	四川大学	13	1.2
中国科学技术大学	6	1.5	吉林大学	21	1.2
上海交通大学	7	1.5	北京理工大学	24	1.2
北京师范大学	8	1.5	海南大学	267	0.8

5.5　收益论模型结果分析

根据 5.4 节中确定的机遇收益论的高校学费标准模型，可以求得每一所高校不同专业的学费标准，我们在此只选取清华大学、四川大学和海南大学三所高校的相关专业，求解其学费标准，并以表格形式列出，予以比较，如表 17 所示。

表 17　清华大学、四川大学和海南大学各个专业学费标准

行　业	学　科	清华大学学费标准/(元/学年)	四川大学学费标准/(元/学年)	海南大学学费标准/(元/学年)
农、林、牧、渔业	农学、工学、农业工程类	2116.8	1693.44	1128.96
采 矿 业	工学地矿类	13 859.75	11 087.8	7391.866
制 造 业	工学机械类、工学仪器仪表类	4717.44	3773.952	2515.968
电力、燃气及水的生产和供应业	电气工程	10 837.26	8669.808	5779.872
建 筑 业	工学土建类	4258.296	3406.637	2271.091
交通运输、仓储和邮政业	工学交通运输类	11 212.99	8970.394	5980.262
信息传输、计算机服务和软件业	工学电气信息类	16 743.89	13 395.11	8930.074
批发和零售业	物流管理类	8830.08	7064.064	4709.376
住宿和餐饮业	食品科学与工程	4455.36	3564.288	2376.192
金 融 业	经济学	18 083.52	14 466.82	9644.544
房 地 产 业	管理学、工商管理	4678.128	3742.502	2495.002
租赁、商务和服务业	国际贸易	7903.98	6323.184	4215.456
科学研究、技术服务和地质勘查业	理学	14 579.46	11 663.57	7775.712
水利、环境和公共设施管理业	工学水利类	4415.04	3532.032	2354.688
居民服务和其他服务业	医学	6735.96	5388.768	3592.512
教 育	教育学	8737.092	6989.674	4659.782
卫生、社会保障和社会福利业	管理学、公共管理	8111.25	6489	4326
文化、体育和娱乐业	文学、历史学	9313.92	7451.136	4967.424
公共管理和社会组织	管理学	8108.1	6486.48	4324.32

由表 17 可以看出，由于学校知名度不同，对于同一个专业，清华大学的学费标准普遍高于四川大学和海南大学，同样的，在同一个学校，不同专业的学费标准是不同的，其中清华大学金融专业的学费比农学类专业高出近 15 000 元，这是由于专业的热门程度及未来的就业前景不同造成的，整个计算结果都较好地体现了模型关于收益论的基本思想。

5.6 收益论模型评价

本模型关于当前普通高校学费标准提出了另一种收费标准，即根据潜在的收益多少来确定学费的收取情况，这是一种典型的投资回报的思想方法，也比较能被大众所接受。模型从学校知名度、就业前景及专业热门三个方面进行分析，计算结果也能比较准确地反映模型的思路。

但是，因为模型没有考虑家庭收入、当地经济发展情况等与学生家庭承受能力有关的因素，所以模型具有一定的盲目性。一些知名学校热门专业的学费标准过高，超出了一般家庭的经济承受能力，会在另一方面造成接受教育的不公平，这一点在实际应用时应多加考虑，可加入更多的约束条件，以使学费标准能在一个更合理的范围内。

6 模型的推广——多目标规划模型

以上计算学费标准时，我们主要考虑了与教育成本相关的参数，并没有考虑农村家庭的经济负担能力，但是这一点恰恰对社会的稳定和高等教育的公平性至关重要；在教学质量的保证上，只是以现行的学费标准为参照，但是随着经济的高速发展和我国高等院校扩招政策的不断实施，现行的收费标准往往不能满足高校正常的教育教学和科研需要，更不要说高校的可持续发展了。

6.1 考虑学生的承受能力

在确定高校学费标准的过程中，我们不得不考虑家庭的支付能力和社会的承受限度。因为高等教育面向的对象是社会中的自然人，而在市场经济下不同的个人的收入基准和可支配收入也都是不尽相同的。

学生的承受能力是一个离散的、随机的不定值，因此我们可以定义一个基于学生承受能力的社会抱怨值来表示学生的承受能力。社会抱怨值可以用一个抱怨函数来表示，它包含各个地区的城镇抱怨值和乡村抱怨值，即

$$Q = \sum F_i(n) + \sum G_i(n) \tag{17}$$

其中：Q 为社会抱怨值；$F_i(n)$ 为各个地区的城镇抱怨值；$G_i(n)$ 为各个地区的乡村抱怨值；n 为基尼系数，表达式如下：

$$n = \frac{学费}{各个地区家庭年均可支配收入}$$

通常把 0.4 作为收入分配差距的"警戒线"[5]。根据统计学原理，我们可以得出抱怨值与基尼系数的函数关系：

$$F(n) = a^{10(n-0.4)} \tag{18}$$

其中，a 为抱怨基数，可以通过统计得出。

6.2 考虑学校的培养质量和可持续发展

培养质量是一个综合指标，从影响培养质量的因素来界定内涵。影响培养质量的因素是多方面的，包括：① 教师业务水平、教学态度和教学方法；② 学生的入学基础、智力水平和学习态度；③ 学校教学环境、实验设备、教材与图书资料等教学条件；④ 教学管理水平。

高等院校是培养高技术、高素质人才的摇篮。高等院校的培养质量不仅仅关乎学校的发展和生源的优劣，也是国家发展和民族兴旺的重要影响因素之一。因此高校的预算支出中应该考虑拿出一部分资金(我们简称"发展资金")来满足正常培养质量和可持续发展的需要。

发展资金主要由国家拨款和学费两部分承担，二者各占相应的比例。发展资金虽然会加重学生的经济负担，但是良好的培养质量和学习环境又可以给学生带来较高的收益，因此发展资金和学生负担的学费是相互影响、相辅相成的。

同时，我们也可以引入教育满意值这一概念，来表述高校的可持续发展与学费之间的关系，即

$$M = S(l) \tag{19}$$

$$T = E \times \beta_1 \times \beta_2 \tag{20}$$

$$S = L(t, \beta_3, \beta_4, \beta_5) \tag{21}$$

其中：M 为满意值；$S(l)$ 为满意度函数；T 为高校学费标准；E 为生均培养成本；β_1、β_2 分别为学费比例系数、发展比例系数；t 为教育投资基数；β_3、β_4、β_5 分别为培养质量系数、学校发展趋势系数、学校知名程度系数；$L(t, \beta_3, \beta_4, \beta_5)$ 为教育收益函数。

由式(17)、式(19)可以写出学费标准的多目标规划模型如下：

目标函数为

$$\min\left[\sum F_i(n) + \sum G_i(n) \right]$$
$$\max S(l)$$

约束条件为

$$\begin{cases} 0 < t_i < T_{i\max} \\ i = 1, 2, \cdots, 31 (我国 31 个省、市、自治区的编号) \\ T_{i\max} \text{为各省、市、自治区在 GDP 约束下的最高允许学费} \end{cases}$$

发展比例系数、培养质量系数等数值需要通过分析大量专业的统计数据才能求出，而我们收集到的数据资料内容有限，无法对其进行求解，故在此只给出具体模型，不对模型进行求解。

中国高等教育学费标准调整的几点建议

我国现行高校的教育成本主要包括国家拨款和学费两个方面，其中国家拨款占教育成本的大部分，学费收入只是补偿性收入。我国高校的学费标准基本上采用"一刀切"的制

度，即国家确定学费上限作为指导价，各省市、自治区的学校可以在其范围内做适当的调整。可是在实际操作中，各地区往往是以指导价来收取学费。教育部全国学生资助管理中心主任崔邦焱说："我国高校学费标准目前平均为 4000 元至 4500 元。"江苏省教育厅厅长王斌泰认为："制定高等教育学费标准应参考多种因素，包括学校培养成本、政府拨款、居民收入、地区差别等。"

我们对与高等教育学费有关的多个影响因素运用数学方法，利用国家生均拨款、培养费用、家庭收入等相关统计数据，通过建立模型和分析计算，得出了以下结论。

1. 基于教育成本的分析

下表列举了不同经济状况的中央属高校和地方属高校的学费标准：

类型		经济发达地区		中等发达地区		欠发达地区	
地方属高校	地区	北京	浙江	陕西	重庆	青海	贵州
	学费/元	4836	4797	4012	3980	2936	2768
中央属高校	地区	浙江	山东	天津	吉林	河北	宁夏
	学费/元	4426	4424	4359	4328	4100	4061

不同地区中央属高校（或地方属高校）的学费标准不同，同一地区中央属高校和地方属高校的学费标准也不同，说明教育成本是学费标准的影响因子；另外，从不同地区中央属高校的学费标准变化平缓，地方属高校的学费标准变化剧烈可以看出，国家拨款在学费标准的制定中有重要的影响。

2. 基于学科折算系数的分析

以下是不同地区、不同学科类的学费标准：

学科分类	地区	学费标准/元	现均学费与学费标准比
理工类	北京	4144	1.23
	陕西	3928	1.17
	四川	4371	1.06
师范类	北京	4024	1.23
	陕西	3847	1.17
	四川	4230	1.06
医科类	北京	4256	1.23
	陕西	3847	1.17
	四川	4700	1.06
农林类	北京	3351	1.23
	陕西	4232	1.17
	四川	3290	1.06

（1）从现均学费与学费标准比这一指标来看，现阶段的学费标准普遍偏高，并且不同地区的高出水平也不相同；

（2）同一学科类，不同地区的学费标准不同；

（3）同一地区，不同学科类的学费标准不同。

3. 基于居民收入的国家生均拨款的分析

下表列举了各个地区在学费标准下的抱怨度：

类型		经济发达地区		中等发达地区		欠发达地区	
家庭	地区	上海	浙江	陕西	湖北	西藏	新疆
	抱怨度	0.1169	0.1452	0.3129	0.3527	0.6144	0.7207
学校	地区	上海	浙江	陕西	湖北	西藏	青海
	抱怨度	0.0196	0.023	0.5634	0.551	1	1

不同地区的家庭抱怨度不同，说明居民的收入可以影响学费标准；不同地区的学校抱怨度也不尽相同，说明国家生均拨款在不同学校的比例也是学费的影响因子。

4. 基于收益度的考虑

通过收益论模型的分析计算，我们发现不同专业的学费标准有较大的差异，金融类专业较高，农林类专业较低；此外，名牌大学的收益较高，相同专业不同学校的学费也有所差异。

综合以上论述，我们得出以下几点启示，希望能对把握与解决当前国内高校的收费问题有所帮助。

（1）国家生均拨款这个指标是最主要的影响因子，因此公办普通高校仍然要继续坚持以政府投入为主，高校收取的费用只是作为办学经费不足的一种补充，不能过分依赖收费来解决我国高校快速发展中存在的问题。

（2）以居民家庭的经济收入和承受能力作为制定合理高等教育收费标准的依据。收费标准要充分顾及社会、学生家长或个人的经济承受能力，并以其为主要标准，办学成本只作参考。

（3）坚持差异性原则。这种差异性一方面表现为专业差异，热门专业和非热门专业的差异；另一方面表现为区域性差异，如东部和西部、南部和北部的高校间的差异，所以学费也应有所区别。

（4）坚持多种补偿形式。我国应实行成本补偿形式的多样化，以利于减轻成本补偿政策实施的阻力。如延长还贷期限、建立贷款减免（现在仅有到西部贫困地区工作的减免）等，还可考虑在中长期建立与收入挂钩的贷款，由商业银行贷收合一改为由社会保险或税收机关代为回收，降低拖欠率。另外，也可引入预付学费制，国家通过利息补贴或利息税减免等政策，鼓励家长为孩子的高等教育费用储蓄，按当前学费价格的一定浮动比例为子女预付学费。

（5）加快高校收费立法进程。建立健全详细、严格和完备的法规，以限制公立大学的收费水平，规范高校拨款的使用渠道，为高等教育经费的来源、使用和监管提供法律依据。

参 考 文 献

[1]　邱雅.我国普通高校学费模型的建立与分析[J].教育与经济,2006,(4):32-34.

[2]　周莹.高校收费标准的探讨[J].科技情报开发与经济,2008,18(3):200-201.

[3]　段治平,周传爱,史向东.国内外高校收费比较与借鉴:以美国、德国、日本为例[J].价格理论与实践,2004,(12):77-78.

[4]　王苏斌,郑海涛,邵谦谦.SPSS 统计分析[M].北京:机械工业出版社,2003.

[5]　百度百科.基尼系数.http://baike.baidu.com/view/186.htm,2008-09-19/2008-09-21.

[6]　中国教育在线.2008 年全国高校收费标准大全.http://gkcx.eol.cn/z/sfbz.html?page=44,2008-09-19/2008-09-21.

[7]　高校财经数据库.中国教育年鉴.http://www.bjinfobank.com/IrisBin/Search.dll?ReSearch,2008-09-19/2008-09-21.

论 文 点 评

该论文获得了 2008 年"高教社杯"全国大学生数学建模竞赛 B 题的一等奖。

1. 论文采用的方法和步骤

该论文综合考虑教育成本、居民承受能力、地区经济与专业差别、培养质量的保证等因素,在充分收集和分析相关数据的基础上,对不同地区中央属高校和地方属高校的学费标准进行了定量分析。首先,以教育成本和培养质量为基础,提出了两阶段最小二乘法模型,给出了不同地区中央属高校和地方属高校的学费标准,在此基础之上,根据不同的经济发展水平,讨论了东、中、西部地区各学科类院校的折算系数,给出了各学科类院校的学费标准。其次,通过考虑地区经济差异、家庭可支配收入和学校教育成本,提出了基于 Logistic 回归模型的抱怨度定义,并进了分析。再次,对于差别性收费,考虑到各行业的不同收益情况,提出了收益论模型,得出了不同门类专业的学费标准。最后,综合教育成本、地区经济差异、家庭承受能力和学校可持续发展等方面的因素,提出了多目标规划的推广模型。

2. 论文的优点

该论文较详细地分析了与高等教育学费相关的教育成本、居民承受能力、收益回报、培养质量等多方面的因素,较深入地分析了收益论学费与所在专业、培养质量、支付学费能力与经济发展水平的关系。通过抱怨度的定义,分析了学费标准对家庭承受能力、学校的教育成本和国家教育拨款的合理性。论文建立了有自己特点的学费标准,总结报告具体,且与模型计算结果密切相关。

3. 论文的缺点

在收益论学费的讨论中没有考虑与学生家庭承受能力有关的因素,对预测结果的进一步挖掘分析还存在不足。

第 2 篇　交巡警服务平台的优化设置与调度[①]

队员： 高宁平(信息与计算科学)，吕骏贤(数字媒体技术)，

姜春峰(信息与计算科学)

指导教师： 数模组

摘　要

本文研究了交巡警服务平台的优化设置与调度问题。

针对问题一，对于交巡警服务平台管辖区分配的问题，我们首先采用贪心的思想，将每个路口分配至离其最近的交巡警服务平台管辖，得到相应的管辖范围，除了 28、29、38、39、61、92 路口，其余位置均可在 3 min 内到达。其次，为了缓解部分平台工作压力，以及出警时间不至于过长，先将离最近交巡警服务平台车程超过 3 min 的路口分配至离其最近的服务平台，然后将剩余路口建立以总工作量最小为第一目标，以各平台工作量方差最小为第二目标，同时以各平台至其管辖路口的车程不超过 3 min 为约束条件的数学模型。再将目标转换为约束，将模型转换成单目标 0-1 规划模型，得到最终的管辖方案。

为了制定"调度全区 20 个交巡警服务平台对进出该区的 13 条交通要道实现快速全封锁"的方案，我们建立了多层规划模型，以 20 个交巡警服务平台至 13 个封锁路口的最长封锁时间最短为下层目标，取该模型最优解中的最长封锁到达时间对应的调配方案作为上一层模型的约束条件，继而求解在上一层的最优调配方案，依此循环建立并求解多层规划模型，最终得到了该区交巡警服务平台的最优调度方案。

对于新增服务平台的设置，我们以出警时间过长的区域最多设置一个新平台及所新设的平台为 2～5 个为约束条件，以各平台最大工作量最小为目标一，以平台总工作量最大为目标二，建立双目标规划模型，并求得该目标的 Pareto 最优解，给出了新增点的位置与个数以及各个服务平台的管辖范围。

针对问题二，我们依据任务均衡原则、警务主导原则、快速出警原则、重大事件应对原则这四个原则分析全市交巡警服务平台的合理性，得到各区在前三个原则上存在着一些不合理性，而重大事件应对原则比较合理。对于不合理的情况进行分析，发现通过增加服务平台，可以解决其存在的不合理性。由于实际情况中政府提供的新增个数有限，故我们采用层次分析法求得各个区的需求权重，以分配有限的服务平台，并求得假设新增服务平台为 20 个时对各区分配管辖点的方案。

对于 P 处发生重大刑事案件的最佳围堵方案，我们采用计算机模拟的方法，将二部图以及最小生成树的思想加入到仿真模拟方法中，设计出基于动态二部图的围堵算法，通过

---

①此题为 2011 年"高教社杯"全国大学生数学建模竞赛 B 题(CUMCM2011—B)，此论文获该年全国一等奖。

编程实现并求解出了犯罪嫌疑人以不同速度驾车逃跑情况下的围堵方案。

关键词：多层规划；双目标规划；层次分析；基于动态二部图的围堵算法；Dijkstra 算法

1　问题重述

"有困难找警察"，这是家喻户晓的一句话。警察肩负着刑事执法、治安管理、交通管理、服务群众四大职能。为了更有效地实施这些职能，需要在市区的一些交通要道和重要部位设置交巡警服务平台。每个交巡警服务平台的职能和警力配备基本相同。由于警务资源是有限的，如何根据城市的实际情况与需求合理地设置交巡警服务平台、分配各平台的管辖范围、调度警务资源是警务部门面临的一个实际课题。

试就某市设置交巡警服务平台的相关情况，建立数学模型，分析研究下面的问题：

问题一，原题附件 1 中的附图 1 给出了该市中心城区 A 的交通网络和现有的 20 个交巡警服务平台的设置情况示意图，相关的数据信息见原题附件 2。请为各交巡警服务平台分配管辖范围，使其在所管辖的范围内出现突发事件时，尽量能在 3 min 内有交巡警（警车的时速为 60 km/h）到达事发地。

对于重大突发事件，需要调度全区 20 个交巡警服务平台的警力资源，对进出该区的 13 条交通要道实现快速全封锁。在实际中，一个平台的警力最多封锁一个路口，请给出该区交巡警服务平台警力合理的调度方案。

根据现有交巡警服务平台的工作量不均衡和有些地方出警时间过长的实际情况，拟在该区内再增加 2～5 个平台，请确定需要增加平台的具体个数和位置。

问题二，针对全市（主城六区 A、B、C、D、E、F）的具体情况，按照设置交巡警服务平台的原则和任务，分析研究该市现有交巡警服务平台设置方案（参见原题附件）的合理性。如果有明显不合理，请给出解决方案。

如果该市地点 P（第 32 个节点）处发生了重大刑事案件，在案发 3 min 后接到报警，犯罪嫌疑人已驾车逃跑。为了快速搜捕嫌疑人，请给出调度全市交巡警服务平台警力资源的最佳围堵方案。

2　符号说明与模型假设

2.1　符号说明

下面对本文研究过程中用到的符号作以下说明：

v_0——警车的时速；

s_{ij}——第 i 个交巡警服务平台到第 j 个路口的距离；

q_j——第 j 个路口的日案发率；

t_{ij}——第 i 个交巡警服务平台到第 j 个路口所需的时间。

其他局部符号在引用时将给出具体说明。

2.2　模型假设

本文的研究基于以下基本假设：

(1) 警力从交巡警服务平台到事发路口沿最短路径方向去处理事件；

(2) 每一个路口有且仅有一个交巡警服务平台管辖；

(3) 各交巡警服务平台仅管辖平台所在城区的路口；

(4) 在搜捕嫌疑人时并不知道其具体的逃跑路线；

(5) 一个交巡警服务平台的警力只能封锁一个路口；

(6) 各路划分到离该路中点最近的交巡警服务平台的管辖范围内。

3 模 型 准 备

基于假设(1)，我们可以认为交巡警从服务平台至事发路口沿最短路径行驶，出于下文模型求解的需要，我们需知道各个路口之间的最短距离矩阵，以方便后续的处理与计算。在这里，我们可以将每个路口作为图论中的节点，而所有的节点组合起来即为加权图 $G(V, E)$，相应两点间的距离可通过各点坐标计算每个相邻路口的欧氏距离 l_{ij} 得出，随后可采用最短距离算法得到相应的最短距离矩阵。

对于最短距离，我们首先想到的是 Dijkstra 算法，求的是两点间的最短距离问题，由于经典的 Dijkstra 算法存在着一些不足，即当节点的数量增加时，会造成大量的计算，从而浪费大量的存储空间和计算时间。对于这一问题，该题中的路口节点有将近 600 个，需要对算法进行优化，王海英[1] 在他的书中提到优化后的 Dijkstra 矩阵算法，通过减少循环数得到对数据的优化，从而得到任意两点间的最短距离矩阵。其算法大致如下：

将加权图 $G(V, E)$ 存储在矩阵 $\boldsymbol{A} = (a_{ij})_{n \times n}$ 里，其矩阵元素定义为

$$a_{ij} = \begin{cases} 0 & \text{若 } i = j \\ l_{ij} & \text{若 } i \neq j, \text{顶点 } v_i \text{ 与顶点 } v_j \text{ 有连边} \\ \infty & \text{若 } i \neq j, \text{顶点 } v_i \text{ 与顶点 } v_j \text{ 无连边} \end{cases}$$

步骤 1：输入加权图，储存在矩阵 $\boldsymbol{A} = (a_{ij})_{n \times n}$ 中。

步骤 2：对矩阵 $\boldsymbol{A}$ 进行操作，将 Dijkstra 算法思想应用在矩阵第 k 行，求出节点 v_k 到其他各点的最短距离，随后将最短距离矩阵仍保存在矩阵 $\boldsymbol{A}$ 的第 k 行，其中 $k = 1, 2, \cdots, n$，直到 n 行遍历结束。

步骤 3：输出矩阵，结束。

通过编程计算，得到了 582 个路口的最短距离矩阵，详见数字课程网站。

4 问 题 的 分 析

4.1 问题一的分析

通过分析，该问题主要可以分成三个小问：

第一小问，根据现有的 20 个交巡警服务平台分配管辖范围。

第二小问，确定"对进出该区的 13 个交通要道实现快速封锁"的警力调度方案。

第三小问，针对工作量及出警时间过长的问题，确定合理增加交巡警服务平台的方案。

4.1.1　问题一第一小问的分析

首先,我们分析了各个路口的案发率情况,发现基本上每天维持在 2 件左右,相比于一天的时间来说,各个案发点在同一时间或比较短的时间内同时发生案件的概率是比较低的,继而我们可以合理地假设交巡警在接到报案后,有能力从所管辖的交巡警服务平台中调配警力解决突发事件,即不存在交巡警服务平台调配警力不足的情况。

其次,通过分析交通事故的特征发现,当交通事故发生时,容易造成路口的围堵与事主的等待,那么迅速地赶到现场应作为调度警力的标准;同时,由于不同的交巡警服务平台的职能和警力配备基本相同,均衡的警力分配也应当作为分配管辖范围时重点要考虑的内容。从而可以从不同角度得到两个不同的要求:

(1) 迅速及时地处理交通案件。

(2) 将均衡的警力分配作为分配交巡警管辖范围的重要参照。

可以看出,这两种要求存在一定的矛盾,要迅速及时地处理交通案件即保证每个案件要尽快地受到处理,必然导致交通管辖范围分配的不均衡。因此,我们考虑用两种方案来设置管辖分配区域。

第一种方案,根据交巡警服务平台在接到案件时有能力从管辖的平台中调配警力解决突发事件的假设,利用贪心的思想,将离每个路口最近的交巡警服务平台作为其所属管辖平台,保证警力能最快到达案发地,从而实现对交巡警服务平台的分配。

第二种方案,我们以交通管辖工作量均衡以及至各管辖路口的路程尽量短为目标,首先分析题意,题中要求尽量能在 3 min 内有交巡警到达事发地,通过分析最短距离矩阵,我们发现路口 29、28、38、39、61、92 这 6 个点至最近的交巡警服务平台的距离均超过了 3 min 的路程。对于超出 3 min 的区域,为了保障交通的顺畅,我们选择将这 6 个点分配由离其最近的服务平台管辖。而对于其他在 3 min 内能到达的服务平台建立 0 - 1 整数规划模型,交通管辖区的工作量指标设定为各个路口的事故发生总量与出警时长,我们考虑用日均出警总路程来代表这两个指标作为交通管辖服务平台的工作量。从而,对于 3 min 车程内存在服务平台的路口,建立以各交巡警服务平台至管辖路口不超过 3 min 出警路程为约束条件,以工作量方差最小为第一目标,以总工作量最小为第二目标的多目标规划模型。考虑到求解的难度,我们将第一目标转换成约束条件,以得到最终的 0 - 1 整数规划模型。

4.1.2　问题一第二小问的分析

题中要求对于重大突发事件,需要尽快合理地调度全区 20 个交巡警服务平台的警力资源,对进出该区的 13 条交通进出口实现全封锁。即,把问题转换成从 20 个交巡警服务平台的警力资源中选出 13 个,能以最快的速度到达 13 个进出该区的交通要道。

首先我们容易想到的是,以总部署警力时间最短为目标,然而该目标存在着明显的不足,即最晚到达部署地区的时间可能会很长,从而在封锁的过程中,由于该最晚到达部署区域的拖累,影响了整体的调度。因此,对于警力部署方案,可以考虑以各个要道的最长部署时间最短为目标建立 0 - 1 整数规划模型。

同时我们考虑到最长部署时间最短模型会使仅次于该模型的分配方案不能达到最优,依此类推。每一个最长部署时间最短模型都不能保证其非最长部署时间最短到达最优。我们以 20 个交巡警服务平台至 13 个封锁路口的最长封锁时间最短为下层目标,取该模型最优解中的最长封锁到达时间对应的调配方案作为上一层模型的约束条件，继而求解在上一层的最优调配方案，依此循环建立并求解多层规划模型。

4.1.3　问题一第三小问的分析

该问主要讨论的是交巡警服务平台工作量不均衡以及部分出警时间过长的问题。其中，造成不均衡的主要原因是部分服务平台所处地区路口以及事件数相对来说比较密集，而现有服务平台又较少；造成出警时间过长的主要原因是部分地区事发路口较为偏远且没有设置交巡警服务平台。

针对题意，新增服务平台后的管辖范围可以认为需要满足以下几点：

(1) 每个服务平台均能在 3 min 内赶到管辖的事发地点。

(2) 新增平台后能缓解原先部分服务平台任务过重的问题。

(3) 平台的总工作量尽可能少。

针对这三个方面，我们可以考虑建立双目标规划模型，以每个服务平台均能在 3 min 内赶到管辖的事发地点为约束条件，以各平台中最大任务工作量最小为一个目标，以总工作量最小为另一个目标，建立双目标规划模型。

4.2　问题二的分析

通过分析，该问题主要分成两个小问：

第一小问，按照设置交巡警服务平台的原则，分析当前平台设置方案的合理性，并针对不合理之处给出解决方案。

第二小问，对发生重大刑事案件时的嫌疑人制定进行围堵的最佳方案。

4.2.1　问题二第一小问的分析

考虑到研究该市现有交巡警服务平台的合理性，通过查阅多方资料，我们基于以下四个原则进行合理性分析。

(1) 任务均衡原则。

(2) 警务主导原则。

(3) 快速出警原则。

(4) 重大事件应对原则。

针对任务均衡原则，通过求各区每个服务平台平均所要处理的案件数，即将各区中的案发数除以总服务平台数，若某区的结果与其他区相差较大，则说明该区相对于其他区在任务均衡方面的分配存在不足，否则即为合理。

针对警务主导原则，为评判"根据各区人口密度设置相应的服务平台"是否合理，提出交通缓解度的概念，即将服务平台数除以相应的人口密度，代表该地区交通压力的缓解情况。该值越小，说明该区在针对警务主导原则上不合理的程度就越大。

针对快速出警原则，可以用现有交巡警服务平台 3 min 到达路口的覆盖率来反映。覆盖率越低，说明在快速出警原则下平台设置越不合理。

针对重大事件应对原则，当市区发生重大事件时，用警力到达各封锁路口的最短时间来反映，若时间越小，则说明针对该原则的布置越合理。

最后，通过以上四个原则分析其合理性。对于不合理不均衡的情况，需要增加新的交巡警服务平台来解决。考虑在实际情况中增加的交巡警服务平台个数有限，我们采用层次分析法确定相应各区的需求权重，依据权重系数与实际新增交巡警服务平台数实现对新增交巡警服务平台的分配。

4.2.2　问题二第二小问的分析

根据模型的假设(4)、(5)，在搜捕嫌疑人时并不知道其确切的逃跑路线，即其可能会向事发地以外的任何一点逃跑。题中要求为了最快搜捕嫌疑人，需要给出警力资源的最佳调度方案，即在接到报警 3 min 后，如何调配布置警力，以尽可能快的速度，在尽可能小的范围内，对嫌疑人所有可能即将到达的下一路口全部设卡完成，即为要求的最佳围堵方案。

由于在该问中嫌疑人的逃跑速度未知，考虑到模型的复杂性和动态性特征，我们对交巡警围堵方案建立仿真算法求解。由于嫌疑人的行车方式未知，故其行车路线存在着非常大的不确定性，要实现对嫌疑人的围堵，即可转换成对嫌疑人在所有可能到达的路口实现围堵。于是，我们将嫌疑人的逃跑路线视为扩散问题，可以比作嫌疑人每到达一个交叉路口，就会分散出新的嫌疑人向各个路口逃跑。在这里，需要警察在尽可能短的时间内，在所有嫌疑人到达下一路口之前，对路口进行围堵。

再经过仔细分析不难发现，在某一个时刻，我们可以将上述全部区域分成两组，一组为嫌疑人可能到达过的区域，另一组为嫌疑人当前时刻内未到达的区域，即可将该围堵问题转换成了图论中的二部图的形式。由于时刻随着时间的增加不断地变化，一些未到达的路口随着嫌疑人的到达，相应的路口从二部图的第二组进入了二部图的第一组，其实际上可认为是一个动态的二部图形式，选取下一路口的动态过程与最小生成树中 Prim 算法的生成过程相似，在这里选取两集合内连接最短的边所对应的第二组的节点为下一个时刻放置到第一组中的节点。根据以上分析，可实现动态二部图的动态推进，从而制定出相应的计算机仿真算法。在这里，我们将该算法命名为基于动态二部图的围堵算法。

5　基于贪心原则划分管辖范围

5.1　贪心原则的基本思想与方法

根据问题的分析与假设，我们在该模型中采用贪心原则来划分各个区域的管辖范围，即在突发情况下，以保证最快出警时间为原则来划分管辖范围，归结成算法大致如下所述。

步骤 1：取第一个路口节点；

步骤 2：找到离该路口节点最近的交巡警服务平台；

步骤 3：将该路口纳入该交巡警服务平台的管辖范围；

步骤 4：判断所有路口节点是否取完，若没取完，取下一个路口节点，转步骤 2；否则结束。

5.2　基于贪心原则划分管辖范围的求解

基于以上算法，通过 MATLAB 编程确定了各交巡警服务平台分配管辖范围，各交巡警服务平台分配管辖范围表详见数字课程网站，分配后的结果绘制成 A 区分配地图，如图 1 所示，图中，相同形状的符号为同一服务平台管辖，大圈代表各服务平台。

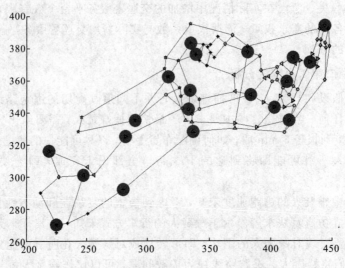

图 1　A 区交巡警服务平台分配管辖图

5.3　结果分析

　　根据最终分配的管辖图可以看出,当警力充足时,服务平台能派出警力在最短的时间内赶到事发地点,可以迅速有效地舒缓交通事故带来的交通压力。同时,我们也可以看到,处于 A 区右上方的服务平台所承担的路口明显多于处于 A 区左下方平台所承担的路口,说明存在着任务分担不均的情况。

6　基于均匀分配工作量的平台混合分配模型

6.1　模型的建立

　　我们首先对离最近服务平台不超过 3 min 车程的路口,建立均衡工作量分配模型。对离最近服务平台超过 3 min 车程的路口,按就近原则分配至相应的最近交巡警服务平台管辖。

6.1.1　交通管辖服务平台工作量的确定

　　对于交通管辖区的工作量,其指标为各个路口的事故发生总量与出警时长尽量得少,由于警车的时速恒定,可视为常数,根据距离-时间公式:

$$s = v_0 t$$

即出警距离的增加必然导致出警时长的增加。因此,我们可以用出警的距离来代表出警的时长。

　　进一步,日均出警总路程公式表示为

$$w_i = \sum_{j=1}^{92} s_{ij} \cdot q_j \cdot x_{ij} \qquad i = 1, 2, \cdots, 20$$

其中,x_{ij} 为第 i 个交巡警服务平台是否管辖第 j 个路口的决策变量,其表示为

$$x_{ij} = \begin{cases} 1 & \text{第 } i \text{ 个交巡警服务平台管辖第 } j \text{ 个路口} \\ 0 & \text{第 } i \text{ 个交巡警服务平台不管辖第 } j \text{ 个路口} \end{cases}$$

日均出警总路程包含了各平台的出警距离与日案发率，且均呈正相关关系，进而 w_i 可以表示为服务平台工作量。

6.1.2　约束条件的确定

依照问题的分析，我们需要对 A 区离交巡警服务平台小于 3 min 的区域进行工作量的均衡分配，为了让每个交巡警服务平台能在规定的时间 t_0 内到达该平台所管辖的事发路口，约束条件可表示为

$$d_{ij} \cdot \frac{x_{ij}}{v_0} \leqslant t_0 \qquad i = 1, 2, \cdots, N; j = 1, 2, \cdots, N'$$

同时，根据模型假设(2)，可得

$$\sum_{i=1}^{N} x_{ij} = 1 \qquad j = 1, 2, \cdots, N'$$

6.1.3　目标函数的确定

目标函数可以从两个方面进行考虑，首先是各交巡警服务平台的工作量尽量均衡，我们以方差来衡量其均衡性，方差越小则各平台的工作量越均衡，分配就越合理，因此得到第一个目标模型如下：

$$\min \sum_{i=1}^{N} \left(w_i - \frac{1}{N} \sum_{i=1}^{N} w_i \right)^2 / N$$

其次，考虑到在执行任务时让各个平台所分配到的工作量尽量小，我们以所有交巡警服务平台总工作量最小为目标，从而得到第二个目标模型如下：

$$\min \sum_{i=1}^{N} \sum_{j=1}^{N'} w_j d_{ij} x_{ij}$$

6.1.4　模型的建立

基于均匀分配工作量的平台分配模型如下：

$$\min \sum_{i=1}^{N} \left(\sum_{j=1}^{92} s_{ij} \cdot q_{ij} \cdot x_{ij} - \frac{1}{N} \sum_{i=1}^{N} \sum_{j=1}^{92} s_{ij} \cdot q_{ij} \cdot x_{ij} \right)^2 / N$$

$$\min \sum_{i=1}^{N} \sum_{j=1}^{N'} w_j d_{ij} x_{ij}$$

$$\text{s. t.} \begin{cases} d_{ij} \cdot \dfrac{x_{ij}}{v_0} \leqslant t_0 & i = 1, 2, \cdots, N; j = 1, 2, \cdots, N' \\ \displaystyle\sum_{i=1}^{N} x_{ij} = 1 & j = 1, 2, \cdots, N' \\ x_{ij} \in \{0, 1\} & i = 1, 2, \cdots, N; j = 1, 2, \cdots, N' \end{cases}$$

6.1.5　模型的简化

由于得到的模型为多目标 0-1 整数规划模型，其求解会变得非常困难，因此可以考虑将第一个目标转换成约束，即将均衡的思想转化为保证每个交巡警服务平台的工作量均不超过 D，即得到约束条件：

$$\sum_{j=1}^{N'} s_{ij} \cdot q_{ij} \cdot x_{ij} \leqslant D$$

从而问题就被转化成了单目标 0 - 1 整数规划模型,如下:

$$\min \sum_{i=1}^{N} \sum_{j=1}^{N'} w_j \, d_{ij} \, x_{ij}$$

$$\text{s. t.} \begin{cases} d_{ij} \cdot \dfrac{x_{ij}}{v_0} \leqslant t_0 & i = 1, 2, \cdots, N; \, j = 1, 2, \cdots, N' \\[2mm] \sum_{i=1}^{N} x_{ij} = 1 & j = 1, 2, \cdots, N' \\[2mm] \sum_{j=1}^{92} s_{ij} \cdot q_{ij} \cdot x_{ij} \leqslant D & i = 1, 2, \cdots, N \\[2mm] x_{ij} \in \{0, 1\} & i = 1, 2, \cdots, N; \, j = 1, 2, \cdots, N' \end{cases}$$

在该模型中,计算复杂度被大大地简化了,并可以求出最优解。

6.2 模型的求解

对于离最近交巡警服务平台时长超过 3 min 的路口,由于按就近原则划归到相应的最近交巡警服务平台进行分配,因此经过筛选后需要安排的路口数缩小为 86 个,即 $N'=86$,设置的交巡警服务平台为 20 个,即 $N=20$。根据题意,让管辖点的安排尽量不超过 3 min 车程,那么这里的 $t_0 = 3$。同时,为了使结果比较均衡,D 的设置比较重要,这里先通过 LINGO 计算求解,求出最大存在的 D 值为 8.725 57,考虑到目标模型,需要将 D 的值设为 9,通过 LINGO 求解,可得到 20 个交巡警服务平台对 86 个路口的管辖范围。

最后,加入其余 6 个按照就近原则分配的管辖方案,最终得到 20 个交巡警服务平台对 92 个路口的分配方案,见数字课程网站。

6.3 模型结果的分析

通过与贪心算法的结果进行对比,我们发现两者的解完全相同,这反映了用均衡算法很难实现对现存管辖布局的均衡,即反映了现有网络的服务平台设置在任务量均衡方面存在着明显的缺陷,例如编号为 14、10 的交通设置,由于其到路口的车程均超过 3 min,仅仅只能承担所处路口的突发事故,故受管辖时间限制,其所承担的任务量很小;而对于 2、15、20 路口,由于其所在的交通区域为路口与突发事件的密集区,而相应的服务平台又较少,导致所对应的服务平台工作量很大,这也从一定程度上说明了增加交巡警服务平台的必要性。

7 基于多层规划的警力调度模型

7.1 基本模型的建立

首先,构造第 i 个交巡警服务平台是否调动警力至第 j 个 A 区进出路口进行封锁的决策变量如下:

$$x_{ij} = \begin{cases} 1 & \text{第 } i \text{ 个交巡警服务平台调动警力至第 } j \text{ 个进出路口} \\ 0 & \text{第 } i \text{ 个交巡警服务平台不调动警力至第 } j \text{ 个进出路口} \end{cases}$$

为计算方便，其中对 j 进行了重新标号，即 A 区 M 个进出路口按编号从小到大依次重编为 $1, 2, 3, \cdots, M$。

根据模型的分析可得，要保证所有警力在最短时间内到达各进出路口，那么其首先要保证最晚到达路口的时间必须要最短，即要安排警力，使其到达各个封锁路口所需的最长时间为最短，即

$$\min\left[\max_{i=1, 2, \cdots, N} \sum_{j=1}^{M} t_{ij} \cdot x_{ij} \right]$$

同时，我们要保证每个交巡警服务平台至多只能向一个进出路口点派遣警力，即

$$\sum_{j=1}^{M} x_{ij} \leqslant 1 \qquad i = 1, 2, \cdots, N$$

并且，每个交通路口均有警力派出部署，即

$$\sum_{i=1}^{N} x_{ij} = 1 \qquad j = 1, 2, \cdots, M$$

继而得到以警力部署最长到达时间最短为目标的 $0-1$ 整数规划模型：

$$\min\left[\max_{i=1, 2, \cdots, N} \sum_{j=1}^{M} t_{ij} \cdot x_{ij} \right]$$

$$\text{s. t.} \begin{cases} \sum_{j=1}^{M} x_{ij} \leqslant 1 & i = 1, 2, \cdots, N \\ \sum_{i=1}^{N} x_{ij} = 1 & j = 1, 2, \cdots, M \\ x_{ij} \in \{0, 1\} & i = 1, 2, \cdots, N; j = 1, 2, \cdots, M \end{cases}$$

7.2　多层模型的建立

由上一模型，我们可以得到警力部署最优情况下最长到达封锁路口的时间，以及在最优情况下最长时间到达路口所对应的交巡警服务平台。然而该模型的结果允许那些"从服务平台到自己相对应的进出路口的时间不超过最长部署时间但同时也不是最优"的分配情况存在，即求得的最长时间到达所对应的路线方案是最优的，而其余的分配方案并非最快最优。

下面我们举一个例子，如图 2 所示，这里的 A、B、C 三个点可以假设成交巡警服务平台，D、E、F 为所要前往的封锁路口，按照 7.1 建立的模型，我们就有可能得到符合模型的调配方案为 B→E，A→F，C→D，此种情况虽然保证了最长时间最优的调配策略（如 B→E），却没有保证 A、C 与 D、F 之间分配最优。在实际警力合理调配时，也应当保证 A、C 与 D、F 之间分配最优，即到达每一个封锁点的警力都尽量得快。

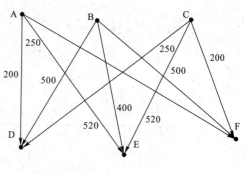

图 2　举例

考虑到最长时间最短满足了每一级最长时间的短，根据问题的分析便可以建立多层规划的警力调度模型。

最下层的模型即为 7.1 中所列模型，如下所示：

$$\min\left[\max_{i=1,2,\cdots,N}\sum_{j=1}^{M}t_{ij}\cdot x_{ij}\right]$$

$$\text{s. t.}\begin{cases}\sum_{j=1}^{M}x_{ij}\leqslant 1 & i=1,2,\cdots,N\\\sum_{i=1}^{N}x_{ij}=1 & j=1,2,\cdots,M\\x_{ij}\in\{0,1\} & i=1,2,\cdots,N;\ j=1,2,\cdots,M\end{cases}$$

将下层模型求得的使目标值最小的最长调度时间 t_{ij} 赋值为 0，其余相邻范围内赋值为无穷，即保证该点为必选点且保证不对最大调度时间产生影响，从而代入上一层同样模型，求仅次于该最大值的最优调配方案，依此循环，直到到达最上层，所得到的结果即为最优的警力部署方案。

7.3　模型的求解

通过 LINGO 软件依次分层计算，从而得到最优调度方案下完成封锁的时间为 8.0155 min，调度匹配方案见数字课程网站。最佳警力调度方案图如 3 所示。图中，调度若存在重合情况，则用不同形状的箭头表示。

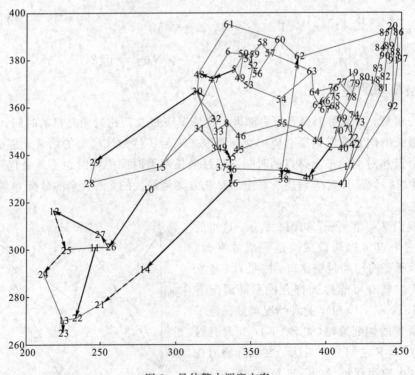

图 3　最佳警力调度方案

8　基于双目标规划的新增平台设置

8.1　模型的建立

8.1.1　约束条件的确定

（1）用 x_{ij} 表示第 i 个交巡警服务平台是否管辖第 j 个路口的决策变量，其表示为

$$x_{ij}=\begin{cases}1 & \text{第 } i \text{ 个交巡警服务平台管辖第 } j \text{ 个路口}\\0 & \text{第 } i \text{ 个交巡警服务平台不管辖第 } j \text{ 个路口}\end{cases}$$

（2）根据问题一的结果，我们发现第 13 个交巡警服务平台的工作量最大，为缓解和均衡工作压力，考虑在其附近的第 21~25 路口新设立交巡警服务平台，即表示为

$$\sum_{i=21}^{25}\max_{j=1,2,\cdots,N'}x_{ij}\leqslant 1$$

（3）同样根据问题一的结果，我们发现第 28、29 路口以及第 38、39 路口离最近的服务平台均超过 3 min 车程，即考虑在其中的一个路口新设立交巡警服务平台，约束可以表示为

$$\sum_{i=28}^{29}\max_{j=1,2,\cdots,N'}x_{ij}\leqslant 1,\quad \sum_{i=38}^{39}\max_{j=1,2,\cdots,N'}x_{ij}\leqslant 1$$

（4）对于服务时间过长的第 61 路口，由于离其最近的路口和服务平台均超过 3 min 车程，故直接将该路口设为新增的交巡警服务平台，其约束可表示为

$$\max_{j=1,2,\cdots,N'}x_{61j}=1$$

（5）对于服务时间过长的第 92 路口，发现该路口密度较高而相近的服务平台又较少，故将离第 92 路口在 3 min 车程以内的路口（87、88、89、90、91、92）作为新增交巡警服务平台，即可以表示为

$$\sum_{i=87}^{92}\max_{j=1,2,\cdots,N'}x_{ij}\leqslant 1$$

（6）题目要求新增设立的交巡警服务平台为 2~5 个，从而转换成约束条件可得

$$\sum_{i=21}^{92}\max_{j=1,2,\cdots,N'}x_{ij}\geqslant 2,\quad \sum_{i=21}^{92}\max_{j=1,2,\cdots,N'}x_{ij}\leqslant 5$$

（7）最后需要保证每个交巡警服务平台至每个管辖路口的距离均小于 3 min 车程，可得约束条件为

$$t_{ij}\cdot x_{ij}\leqslant 3\qquad i=1,2,\cdots,N;j=1,2,\cdots,N'$$

8.1.2　目标函数的确定

目标一：以各交巡警服务平台的最大工作量最小为目标，即

$$\min\left[\max_{i=1,2,\cdots,N}\sum_{j=1}^{N'}t_{ij}\cdot x_{ij}\right]$$

目标二：以所有交巡警服务平台工作量最小为目标，即

$$\min\sum_{i=1}^{N}\sum_{j=1}^{N'}t_{ij}\cdot x_{ij}$$

8.1.3　多目标模型建立

综上所述，得到最终的多目标规划模型如下：

$$\min\left[\max_{i=1,2,\cdots,N}\sum_{j=1}^{N'}t_{ij}\cdot x_{ij}\right]$$

$$\min\sum_{i=1}^{N}\sum_{j=1}^{N'}t_{ij}\cdot x_{ij}$$

$$\text{s. t.}\begin{cases}\sum_{j=1}^{N'}x_{ij}\leqslant 1 & i=1,2,\cdots,N\\[2mm]\sum_{i=1}^{N}x_{ij}=1 & j=1,2,\cdots,N'\\[2mm]\sum_{i=21}^{25}\max_{j=1,2,\cdots,N'}x_{ij}\leqslant 1\\[2mm]\sum_{i=28}^{29}\max_{j=1,2,\cdots,N'}x_{ij}\leqslant 1\\[2mm]\sum_{i=38}^{39}\max_{j=1,2,\cdots,N'}x_{ij}\leqslant 1\\[2mm]\max_{j=1,2,\cdots,N'}x_{61j}=1\\[2mm]\sum_{i=87}^{92}\max_{j=1,2,\cdots,N'}x_{ij}\leqslant 1\\[2mm]\sum_{i=21}^{92}\max_{j=1,2,\cdots,N'}x_{ij}\geqslant 2\\[2mm]\sum_{i=21}^{92}\max_{j=1,2,\cdots,N'}x_{ij}\leqslant 5\\[2mm]t_{ij}\cdot x_{ij}\leqslant 3 & i=1,2,\cdots,N;j=1,2,\cdots,N'\\[2mm]x_{ij}=0\text{ 或 }1 & i=1,2,\cdots,N;j=1,2,\cdots,N'\end{cases}$$

8.2　模型的求解

由于以上是多目标规划问题，传统的方法会难以解决，这里通过约束法求解该多目标模型的 Pareto 最优解，将目标一转化为约束，如下：

$$\max_{i=1,2,\cdots,N}\sum_{j=1}^{N'}t_{ij}\cdot x_{ij}\leqslant D$$

从而将该模型转化成了单目标模型来求解，大大地降低了模型的计算难度。进一步分析取不同的 D 可能会导致不同的分配结果，倘若 D 取得太小，会导致交通总任务的增加；倘若 D 取得太大，会导致分配的不均衡。这里我们将 D 从有可行解开始，取 $D=5.6$，5.7，$\cdots$，9.0，将 D 的步长设为 0.1。通过 LINGO 软件求解，可得到相应约束所对应的目标一，并同时计算得出目标二的值，即得到了非劣解集，见数字课程网站。进一步可绘制出相应的目标曲线图，如图 4 所示。从图 4 可以看出，当约束处于较低范围内时，即，在所要求的均衡性高的情况下，工作总量随均衡性的降低下降得很快，表明当均衡性处于较低范围内时会使总工作量大大地提升；当约束处于较高范围内时，随着均衡性要求的降低，总工作量趋于平稳。我们可以根据图 4，折中地选择趋缓的转折约束点，即将约束 D 值取 6.2 时的安排情况作为合理的分配情况，详见数字课程网站。

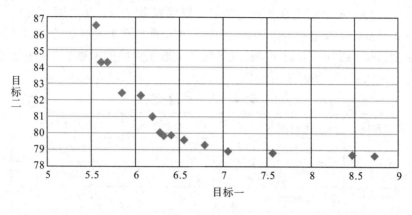

图 4 Pareto 图

9 全市现有交巡警服务平台的合理性分析与改善

9.1 全市现有交巡警服务平台的合理性分析

根据模型假设(3)，基于最近分配管辖范围的原则，我们从各区服务平台日平均处理案件数、城区人口密度与服务平台数、过长出警时间的路口数、紧急情况下对全市进出要道封锁速度情况、各服务平台负担情况等方面进行分析，针对其中的不足与缺陷，制定相应的解决方案。

1）各区服务平台日平均处理案件数

通过分析研究各区的案发率与服务平台设置数之间的关系，可以得到各区平均每个服务平台每日需要处理的案件数，从而判断交巡警服务平台的设置在各区之间是否均衡，同时也反映了相应的治安管理能力。经过数据处理，我们得到各项数据如表 1 所示。

表 1 各区平均每个服务平台处理的日案件数

城区号	案发数	服务平台数	平均每个服务平台处理的日案件数
A	124.5	20	6.223
B	66.4	8	8.30
C	187.2	17	11.01
D	67.8	9	7.53
E	119.4	15	7.96
F	109.2	11	9.93
全市	674.5	80	8.43

可以看出，C 区平均每个服务平台所需处理的案件数相较于其他 5 个城区和全市的都比较大，反映出全市各区服务平台设置数存在不均衡情况，可以考虑对 C 区适当地增加服

务平台数，以缓解高案发率带来的任务压力，同时达到均衡平均任务量的效果。

2) 城区人口密度与服务平台数(交通缓解度)

根据设置交巡警服务平台的原则，交巡警同样承担着缓解交通压力、舒缓交通的任务，那么相对于人口密度高的地区就需要多设置些服务平台，反之则少设置一些服务平台。我们在这里提出了交通缓解度的概念，即将单位面积服务平台数除以城区人口密度作为交通缓解度指标，指标越大表明当前该区缓解交通压力的能力越强。经过数据处理，得到各城区的交通缓解度，如表2所示。

表 2　交通缓解度

城区	人口密度	服务平台数	交通缓解度
A	2.727273	20	7.333333333
B	0.203883	8	39.23809524
C	0.221719	17	76.67346939
D	0.190601	9	47.21917808
E	0.175926	15	85.26315789
F	0.193431	11	56.86792453

从表2中我们发现，A城区的交通缓解度远远小于其他5个城区，表明其所设的服务平台数无法满足高人口密度所需要的缓解交通压力需求，对A城区，需要考虑适当地增加交巡警服务平台来缓解人口密度高所带来的交通压力。

3) 3 min 出警路口覆盖率

对于突发的交通事故，管辖原则保证了每个服务平台至所管辖路口的车程即为每个路口至最近交巡警服务平台的车程，而其中仍然存在出警时间过长的路口。我们将6区中出警时间超过3 min的路口进行统计，得出各城区中3 min内交巡警能赶到的路口覆盖率，如表3所示，以进一步分析交巡警服务平台需要改进的方向。

表 3　各城区 3 min 路口覆盖率

城 区	A	B	C	D	E	F	总计
未能到达路口	6	6	47	12	32	35	138
路口总数	92	73	154	52	103	108	582
3 min 覆盖率	93.48%	91.78%	69.48%	76.92%	68.93%	67.59%	76.29%
各区离服务平台最远路口出警时间/分钟	5.70	4.47	6.86	15.99	19.11	8.48	
平均到达时间/分钟	4.22	3.48	4.49	7.66	5.35	4.55	
路口编号	29	153	207	333	387	582	

通过对比该3 min覆盖率情况，我们得到C、E、F区的3 min路口覆盖率比例远远小于A、B两区，因此，当交通事故发生时，这3个区的服务平台中出警时间长的点会比较多。同时，看到E区的平均出警时间高出其他5个区较多。综合考虑以上情况，需要对C、D、E、F区增加交巡警服务平台，对那些距交巡警服务平台较远的地区合理地设置服务平

台以提高该城区的 3 min 管辖路口覆盖率。

4）重大突发情况下对城市周边进出道路封锁压力分析

交巡警服务平台的设置不仅要考虑到常规的突发事故与缓解交通压力情况，而且要能够应对发生的重大突发事件，能迅速实现对城市进出道路的封锁，这就需要进行相应的分析，以评测交巡警服务平台安置的合理性。

故该问题可以转换成问题一第二小问的基本模型，这里的交巡警服务平台扩展到了全市的 80 个，需要最快封堵的路口为 17 个，即可以将 17 个路口实现全部封锁的最短时间作为评价现有服务平台对突发事件应对合理性的依据。

通过 LINGO 软件编程求解得出，交巡警服务平台最短时间内围堵住所有进出路口所需要的时间为 12.68 分钟。该时间基本在可接受的范围内，故我们认为现今交巡警服务平台对紧急情况下的应对是比较合理的。

9.2　基于层次分析法的改善方案

经过以上对合理性的分析，我们总结出如下结论：

（1）各城区平均每个服务平台处理的日案件数存在着明显的不均衡，其中 C 区平均每个服务平台所需处理的日案件数明显大于其他区。

（2）各城区服务平台的交通管辖压力分布不均衡，其中 A 区的交通缓解度远远小于其他区，对交通的疏导能力较弱。

（3）部分城区存在着明显的出警时间长的问题，降低了突发事故的处理能力，需要对这些城区中离交巡警服务平台较远的路口增加设置服务平台，以缓解出警时间长的问题。

（4）交巡警服务平台最短时间内围堵住所有进出路口所需要的时间为 12.68 分钟。该时间基本在可接受的范围内，故我们认为现今交巡警服务平台对紧急情况下的应对是比较合理的。

根据以上分析可知，对全市存在的平台设置不合理不均衡的问题，可以通过增加交巡警服务平台来解决。然而，由于政府新修建的平台数量是有限的，因而我们需要将新修建的平台数合理地分配到各个区，从而在最大程度上缓解平台设置不合理不均衡的问题。

因此，我们提出合理需求度这一概念，即每个区对服务平台的需求用合理需求度来表示，合理需求度越大，其所应分配到的新增平台数量越多。由于需要考虑到各种造成不均衡情况的原因，故合理需求度这一指标难以确定。于是我们考虑采用层次分析法。层次分析法是由 T. L. Saaty 正式提出的，广泛应用于各项领域并取得了巨大的成功。通过层次分析求得 A、B、C、D、E 对新增平台的需求权重系数，将其作为合理需求度，然后根据合理需求度分配相应各区应增加的交巡警服务平台个数。

9.2.1　层次分析模型的建立与求解

1）层次模型的建立

我们首先将问题分为三个层次：目标层 T、准则层 C 和方案层 P，如图 5 所示。目标层 T 用于安排新增交巡警服务平台；准则层 C 包括 3 min 出警路口覆盖率(C1)、平均每个服务平台日案件处理量(C2)以及交通缓解度(C3)这三个准则；方案层 P 即为 A、B、C、D、E、F 这 6 个待选分配区域，分别记为 P1、P2、P3、P4、P5、P6。

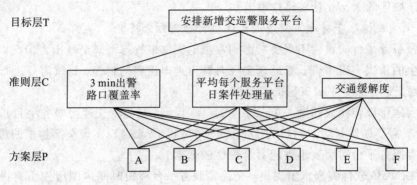

图 5 层次分析图

2) 比较矩阵的确立

层次分析法存在一个比较大的缺点,即主观因素过强。为了尽量保证所选因素的客观性,我们根据实际情况,将数据转换成比较矩阵。

针对 3 min 出警路口覆盖率(C1),若覆盖率越小,则说明相应的出警时间越长,对新增交巡警服务平台的需求就越大。根据覆盖率的数据,我们将各个区按照覆盖率大小进行标度,覆盖率大的所对应的权重越大,得到的比较矩阵如表 4 所示。

表 4 针对准则 C1 的比较矩阵

C1	P1	P2	P3	P4	P5	P6
P1	1	3	5	3	7	3
P2	1/3	1	3	2	5	2
P3	1/5	1/3	1	1/3	3	1/3
P4	1/3	1/2	3	1	5	4
P5	1/7	1/5	1/3	1/5	1	1/3
P6	1/3	1/2	3	1/4	3	1

针对平均每个服务平台日案件处理量(C2),处理量越高,说明该区的任务处理负担越重,对新增交巡警服务平台的需求就越大,所对应的权重也越大,构造比较矩阵如表 5 所示。

表 5 针对准则 C2 的比较矩阵

C2	P1	P2	P3	P4	P5	P6
P1	1	3	7	4	9	5
P2	1/3	1	5	3	7	3
P3	1/7	1/5	1	1/3	3	1/3
P4	1/4	1/3	3	1	5	2
P5	1/9	1/7	1/3	1/5	1	1/3
P6	1/5	1/3	3	1/2	3	1

针对交通缓解度(C3),交通缓解度的值越小,说明其处理交通行车疏导的工作量越大,从而对新增交巡警服务平台的需求就越大,相应的标度也越大,得到的比较矩阵如表6 所示。同样我们要确定针对准则层的比较矩阵,我们主观地确定比较矩阵如表 7 所示。

表 6　针对准则 C3 的比较矩阵

C3	P1	P2	P3	P4	P5	P6
P1	1	1/2	1/7	1/5	1/7	1/7
P2	2	1	1/7	1/5	1/7	1/7
P3	7	7	1	3	1	1
P4	5	5	1/3	1	1/3	1/3
P5	7	7	1	3	1	1
P6	7	7	1	3	1	1

表 7　针对准则层的比较矩阵

T	C1	C2	C3
C1	1	1/3	1/5
C2	3	1	1/3
C3	5	3	1

3）权重系数的求解

经过 MATLAB 编程求解，最终得到各区对新增交巡警服务平台的需求权重系数如表 8 所示，权重系数值越大，所代表的需求程度也就越大。

表 8　6 个城区需求情况的权重系数

A	B	C	D	E	F
0.176365	0.109919	0.192449	0.130647	0.183492	0.207128

4）一致性检验

需要对比较矩阵的一致性进行检验，最终得到 4 个比较矩阵的一致性比率分别为 $CR^{(1)}=0.06246$，$CR^{(2)}=0.04227$，$CR^{(3)}=0.02414$，$CR^{(4)}=0.036106$。

9.2.2　新增交巡警服务平台的分配

通过求解合理需求度，我们可以根据实际提供的新增交巡警服务平台数进行合理的分配。我们不妨假设政府将提供 20 个交巡警服务平台投入到市区，为了使现有的不合理情况得到优化，我们可以依照不同区域的合理需求度分配各个区新增的交巡警服务平台个数。在实际分配中，将合理需求度乘以提供平台数，得到的分配平台数可能为小数，我们采用最大剩余法（GR）使其分配尽量公平，从而得到 20 个新增交巡警服务平台的名额分配如表 9 所示。

表 9　新增 20 个交巡警服务平台的各区分配方案

A	B	C	D	E	F
3	2	4	3	4	4

对于各区内新增交巡警服务平台的安置，在确定各区名额后，其模型基本与问题一的第三小问一致，不再重复讨论。

10   基于动态二部图的围堵算法

10.1   仿真算法的实现

根据问题的分析,我们建立相应的基于动态二部图的围堵算法如下所述。

1) 局部符号说明

t——当前时刻;

R——t 时刻已有交警设卡的路口的集合;

P——t 时刻嫌疑人可能经过的所有路口的集合(不包含 R 中的元素);

P'——t 时刻嫌疑人不可能到达的路口的集合(不包含 R 中的元素);

Ω——整个区域,且 $\Omega = P \cup P' \cup R$;

Q——P' 集合中与 P 集合直接相邻的路口的集合;

P_{OL}——t 时刻还未分派任务的交警服务平台的集合;

v_i——编号为 i 的路口;

$\varnothing$——空集。

2) 算法的步骤

步骤 1:在 $t = 0$ 时刻,即案发时刻,将所有的路口划分到 P 和 P' 两个集合里,$P = \{v_{32}\}$,$P' = \Omega - P$,$R = \varnothing$,P_1 为 P 集合中与 P' 集合直接相邻的路口的集合,嫌疑人最快到达 v_{32} 点的时间 $T_{32} = t$。

步骤 2:$t = t_i$(t_i 为 P 集合到达 P' 集合(即集合 P_1 到达集合 Q)的时刻),设 t 时刻 P 集合能到达 P' 集合的路口为 v_i,则嫌疑人最快到达这个点的时间为 $T_i = t$。

步骤 3:若 $t \leqslant 3$ min,将 v_i 点划分到 P 集合,并且将 v_i 从 Q 集合中移除,即 $P = P \cup \{v_i\}$,$Q = Q - \{v_i\}$。

步骤 4:若 $t > 3$ min,设 P_{OL} 集合中有在 $t - 3$ min 时间内能到达 v_i 的交警平台的集合为 P_v。

步骤 5:如果 $P_v \neq \varnothing$,则在集合 P_v 中任选取一点 v_q 派去 v_i,将 v_q 在集合 P_v 中移除,并将 v_q 划分给集合 R,即 $P_v = P_v - \{v_q\}$,$R = R + \{v_q\}$。

步骤 6:否则 $P_v = \varnothing$,将 v_q 点划分到 P 集合,并且将 v_q 从 Q 集合中移除,即 $P = P \cup \{v_q\}$,$Q = Q - \{v_q\}$。

步骤 7:判断是否达到结束条件。

(1) 达到最大循环次数,即全区最多节点数目;

(2) P 集合中与 Q 集合相邻的集合为空,即 $P_1 = \varnothing$。

若达到终止条件,则跳出循环,否则继续执行步骤 2。

步骤 8:输出警力的分配方案。

10.2   仿真模型的求解与分析

将该算法用 MATLAB 编程实现,可求得嫌疑人在逃跑速度分别为 60 km/h、65 km/h、70 km/h 下的围堵方案(详见数字课程网站),其所对应的最差情况下围堵住的时间均为

9.65 min(该时间表示的是警察出动的时间,即从接到报警开始计算的时间),出现该情况的原因为有一条逃跑路线的路程比较长,导致其成为围堵时间在不同逃跑速度下的最差情况。当嫌疑人逃跑速度超过 75 km/h 时,就有可能在警察到达设卡位置之前逃离该城市。其中警察的围堵速度为题目规定的 60 km/h。

作出嫌疑人以 60 km/h 逃跑时被警方围堵住的情况示意图,如图 6 所示。

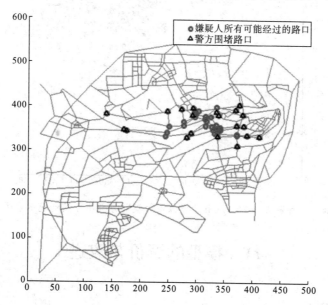

图 6　嫌疑人以 60 km/h 速度逃跑时被警方围堵住的情况示意图

同时,作出嫌疑人以 65 km/h、70 km/h 速度逃跑时被警方围堵住的情况示意图,分别如图 7、图 8 所示。

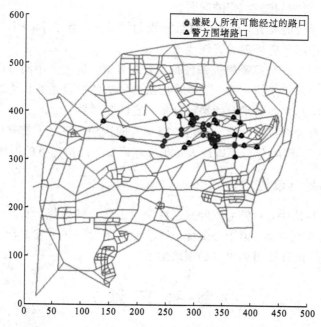

图 7　嫌疑人以 65 km/h 速度逃跑时被警方围堵住的情况示意图

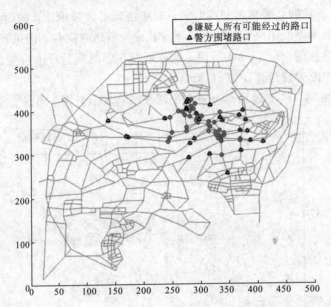

图 8　嫌疑人以 70 km/h 速度逃跑时被警方围堵住的情况示意图

11　模型的评价与改进

11.1　模型的优点

(1) 对于调度 20 个交巡警服务平台的警力,对 13 条交通要道实现快速封锁,采用了多层规划模型进行求解,合理地规避了常规的以调配总时间最短为目标的模型所造成的"最长调配时间长,影响调配效率"的问题。

(2) 对于新增平台的设置,建立了双目标规划模型,求得了 Pareto 最优解集,并通过分析最优解集,筛选出了更合理的管辖范围。

(3) 对于城市现今的交巡警服务平台布置分配方案,从 4 个不同方面进行了合理度分析,并且对分析结果的需求进一步探讨,将层次分析法的权重系数作为新增交巡警服务平台的分配权重,对实际交巡警平台的增设具备一定的参考意义。

(4) 对于发生重大刑事案件驾车逃跑的嫌疑人的围堵,建立了仿真围堵算法,并通过 MATLAB 编程实现。同时分析了嫌疑人驾车逃跑速度不同情况下的围堵方案。

11.2　模型的不足与改进

在仿真围堵的算法中,对警力调度的选择采用了贪心的思想,该方法尽管能较快并且较优地求得相应的匹配方案,但未必最优,可以考虑在每一时刻建立动态优化模型,对围堵的匹配进行改进,或许能得到更好的围堵结果。

参 考 文 献

[1]　王海英,黄强,李传涛,等.图论算法及其 MATLAB 实现[M].北京:北京航空航天

大学出版社，2010.

[2] 谢中华. MATLAB 统计分析与应用：40 个案例分析[M]. 北京：北京航空航天大学出版社，2010.

[3] 韩中庚. 数学建模竞赛—获奖论文精选与点评[M]. 北京：科学出版社，2007.

[4] 谢金星，薛毅. 优化建模与 LINDO/LINGO 软件[M]. 北京：清华大学出版社，2005.

[5] 韩中庚. 使用运筹学模型、方法与计算[M]. 北京：清华大学出版社，2007.

[6] 严蔚敏，吴伟明. 数据结构(C 语言版)[M]. 北京：清华大学出版社，2010.

[7] 吴鹏. MATLAB 高效编程技巧与应用：25 个案例分析[M]. 北京：北京航空航天大学出版社，2010.

论 文 点 评

该论文获得 2011 年"高教社杯"全国大学生数学建模竞赛 B 题的一等奖。

1. 论文采用的方法和步骤

论文研究了交巡警服务平台的优化设置与调度问题。

（1）针对问题一，对于 A 区平台管辖范围的合理分配问题，通过给出 A 区路口交通网络赋权和最短距离矩阵，首先采用贪心的思想，将每个路口分配至离其最近的交巡警服务平台管辖，得到相应的管辖范围。其次，基于交通管辖工作量均衡以及至各管辖路口时间尽量短的思想，先将离其最近交巡警服务平台车程超过 3 min 的路口分配至离其最近的服务平台，然后将剩余路口建立以总工作量最小为第一目标，以各平台工作量方差最小为第二目标，同时以各平台至其管辖路口的车程不超过 3 min 为约束条件的双目标优化模型。再将目标转换为约束，将模型转换成单目标 0 - 1 规划，得到了平台的管辖范围方案。关于 A 区 20 个平台对进出该区的 13 条交通要道实现快速全封锁方案的制订，把问题转换成从 20 个交巡警服务平台的警力资源中选出 13 个平台能以最快的速度到达 13 个进出该区的交通要道。以各个要道的最长部署时间最短为目标建立多层规划 0 - 1 整数规划模型。通过 LINGO 软件依次分层计算，从而得到最终的最优调度方案下封锁完成的时间与调度匹配方案。对于 A 区需要新增服务平台的设置，考虑到交巡警服务平台工作量的均衡以及部分出警时间过长的问题，其中出警时间过长的区域最多设置一个新平台，新增服务平台后，需要对 A 区各平台的管辖范围进行重新分配，以各交巡警服务平台的最大工作量最小为一个目标，以所有交巡警服务平台的工作量最小为另一个目标，以每个服务平台均能在 3 min 内赶到管辖的事发地点为约束条件，建立双目标规划模型，并求得该目标的 Pareto 最优解，给出了新增点的位置与个数以及各个服务平台的管辖范围。

（2）针对问题二，全市交巡警服务平台的相关问题，通过分析发现，该问题主要分成两个小问题：① 按照设置交巡警服务平台的原则和任务，要求评价该市六区当前平台设置方案的合理性，如果明显不合理，则给出解决方案；② 若该市 P 处发生重大刑事案件，要求给出调度全市平台警力资源围堵的最佳方案。首先通过从任务均衡原则、警务主导原则、快速出警原则、重大事件应对原则 4 方面定量分析了全市交巡警服务平台的合理性，然后基于层次分析法得到改善方案。其次对于 P 处发生重大刑事案件的最佳围堵方案，通过分析在某一个时刻，可以将全部区域分成两部分，一部分为嫌疑人可能到达过的区域，另一部分为嫌疑人当前时刻内未到达的区域,即可将该围堵问题转换成了图论中的二部图的形式,类似于最小生成树中 Prim 算法的思想,采用了计算机仿真模拟方法,设计出基于动态二部图的围堵算法,通过编程实现并给出了嫌疑人以不同速度驾车逃跑情况下的围堵方案。

2. 论文的优点

该论文从图论角度分析了交巡警服务平台的优化设置与调度问题,建立的优化模型表述较为清楚,思路清晰,容易理解,基本抓住了问题的本质,对每一问都给出了较合理的结果。

3. 论文的缺点

该论文针对问题一 A 区需要增设服务平台的问题,没有考虑建设和运行成本,将这个问题理解为"投入与产出"的问题效果会更好。全市六区提出需要增设平台,但没有考虑增设平台以后效果怎么样。

第 3 篇　葡萄酒的评价[②]

队员：杨帅（电子信息工程），陈婉婷（计算机科学与技术），严叶青（电子信息工程）
指导教师：数模组

摘　　要

葡萄酒的质量评定一般是由评酒员打分确定的，而葡萄酒的质量又与酿酒葡萄有着直接的关系，所以建立相关的葡萄酒评价模型十分重要。

针对问题一，首先对每组评酒员的评分进行正态检验，证明大多数评分基本满足正态分布；对于各酒样的总平均得分，我们采用了应用广泛、操作性强的"截头去尾"法得到。然后，对两组葡萄酒的评分进行了基于成对数据的 t 检验，发现对于红葡萄酒，两组评酒员的评价结果有显著性差异；对于白葡萄酒，两组评酒员的评价结果并无显著性差异。进一步，引入单因素方差分析，对两组评酒员的评分差异性进行验证，得到的结果与 t 检验相同；为选择一组更可信的评价结果，我们分别对评分进行了横向和纵向分析，建立了多因素方差分析模型，对同一组评分进行了酒样品内和酒样品间的方差判断，挑选出对同一酒样所有评酒员评分尽量集中、而对不同酒样同一评酒员评分有区分度的那组。最后，经过 SPSS 分析发现，对红葡萄酒，第二组评酒员更可信；对白葡萄酒，第二组评酒员较第一组评酒员对同种酒样的评分更为集中，但区分度稍弱，经综合考虑，仍旧是第二组评酒员更可信。

针对问题二，我们将酿酒葡萄在外观、气味、口感、整体评价这 4 个方面的得分分别与酿酒葡萄的一级及部分二级指标进行相关性分析，得到 4 个方面各自的相关指标。为进一步验证其分配合理性，我们结合层次聚类法对其归类进行了解释与验证。由于指标在葡萄中含量越稳定，其代表性就越强，我们采用熵值法得到了 4 个方面各自的加权评分，而葡萄总体评分按题目所给评分比例 0.15、0.3、0.44、0.11 对各方面进行加权即可得到。最后我们对各评分进行聚类，得到了各方面及总体的评分等级"好""中""差"。为了验证结论的合理性，我们将指标加权评分与评酒员评分进行了方差分析，发现整体较具一致性，其中红葡萄酒尤为明显，并进行了差异性分析，对异常点作出了解释，得到了非常满意的结果。

针对问题三，为了清楚地了解葡萄和葡萄酒理化指标之间的联系，先建立了基于相关性分析和主成分分析的模型，通过相关性分析，我们可以先从大量的指标中选取出有显著关系的几个指标，再通过主成分分析，我们可以明确得到指标之间联系的主要因素是哪些方面的，从而直观得到两者理论指标之间存在的联系。为定量得到它们之间的关系，引入

---

②此题为 2012 年"高教社杯"全国大学生数学建模竞赛 A 题（CUMCM2012—A），此论文获该年全国一等奖。

了多元回归模型，利用最优逐步回归，求解得到回归方程。由于指标较多，我们重点分析了理化指标中的单宁含量，通过建立模型并分析得到的结果，我们推断出葡萄酒中的单宁含量主要取决于葡萄中的花色苷及自由基的含量，并且得到了多元回归方程。

针对问题四，我们采用了最优逐步回归，发现红葡萄酒质量与葡萄理化指标的回归方程显著，而与葡萄酒理化指标的回归方程不明显，而白葡萄酒与酿酒葡萄和葡萄酒理化指标的回归方程均不明显。考虑到芳香物质是重要的感官指标，我们以红葡萄酒的理化指标为例，将芳香物质和酒的理化指标作为影响因素，重新对红葡萄酒的质量进行最优逐步回归，发现此时回归方程较为显著。并以红葡萄酒的葡萄理化指标对酒质量的评分为例，通过分别对葡萄酒进行排名，将排名划分档次后，对于不同的酒品种，用红葡萄的理化指标对酒质量的评分与评酒员的评分进行对比，发现所划分名次虽然有所变动，但是所进入的档次相同。

关键词： W 检验；基于成对数据的 t 检验；方差分析；相关性分析；主成分分析；层次聚类；最优逐步回归；熵值法

1　问题重述

确定葡萄酒质量时，一般是通过聘请一批有资质的评酒员进行品评。每个评酒员在对葡萄酒进行品尝后，对其分类指标打分，然后求和得到其总分，从而确定葡萄酒的质量。酿酒葡萄的好坏与所酿葡萄酒的质量有直接的关系，葡萄酒和酿酒葡萄的理化指标也会在一定程度上反映葡萄酒和葡萄的质量。原题目中的附件 1 给出了某一年份一些葡萄酒的评价结果，附件 2 和附件 3 分别给出了该年份这些葡萄酒和酿酒葡萄的成分数据。请尝试建立数学模型讨论下列问题：

问题一，分析附件 1 中两组评酒员的评价结果有无显著性差异，哪一组结果更可信？

问题二，根据酿酒葡萄的理化指标和葡萄酒的质量对这些酿酒葡萄进行分级。

问题三，分析酿酒葡萄与葡萄酒的理化指标之间的联系。

问题四，分析酿酒葡萄和葡萄酒的理化指标对葡萄酒质量的影响，并论证能否用葡萄和葡萄酒的理化指标来评价葡萄酒的质量。

2　符　号　说　明

下面对本文在研究过程中用到的符号作以下说明：

(X_n, Y_n)——酒样品 n 的一对评价值；

D_n——第 n 对评价值之差，$D_n = X_n - Y_n$；

$\bar{d}$——$D_1, D_2, \cdots, D_n$ 的样本均值；

s_D^2——$D_1, D_2, \cdots, D_n$ 的样本方差；

x_{ij}——表示第 i 个评酒员对第 j 种葡萄酒的评分值。

3　模　型　假　设

本文所建立的模型基于以下基本假设：

（1）各评委独立打分，即对于同一葡萄酒品种，不同评酒员的评分具有独立性；

（2）同类葡萄酒酿酒工艺相同，所有的酒样品均为同一年生产的。

4　模型准备

4.1　红葡萄酒与白葡萄酒酿制差异

红葡萄酒与白葡萄酒在生产工艺上的主要区别在于，白葡萄酒是用澄清葡萄汁发酵的，而红葡萄酒则是用皮渣（包括果皮、种子和果梗）与葡萄汁混合发酵的。所以，在红葡萄酒的发酵过程中，酒精发酵作用和固体物质的浸渍作用同时存在，前者将糖转化为酒精，后者将固体物质中的单宁、色素等酚类物质溶解在葡萄酒中。因此，红葡萄酒的颜色、气味、口感等与酚类物质密切相关。

白葡萄酒的酿制要注意以下几点：① 果汁澄清，这是必不可少的步骤，须去除悬浮在其中的杂质沉淀，避免败坏酒的味道；② 发酵中的温度控制一般比酿造红酒更严格，须经常冷却，使葡萄汁保持在 20℃ 左右，保证酵母能正常工作；③ 为得到清新爽口的产品，应注意防止会导致酸度降低的乳酸发酵；④ 防氧也是白葡萄酒生产中必须注意的环节，因白葡萄酒中含有多种酚类化合物，它们有较强的嗜氧性，如果被氧化，会使颜色变深，酒的新鲜果香味减少，甚至出现氧化味。

4.2　理化指标的解释

下面对葡萄酒的理化指标作一简单解释。

（1）VC：一种水溶性维生素，具有抗氧化性和保鲜作用，但不稳定。

（2）花色苷：花色苷是以黄酮核为基础的一类物质中能呈现红色的一族化合物，遇醋酸铅试剂会沉淀，并能被活性炭吸附。其颜色随 pH 值不同而改变，在酸性条件下显色较好，呈红色；在中性、近中性条件下呈无色；在碱性条件下呈蓝色。

（3）酒石酸：葡萄酒中主要的有机酸之一，可作为食品中添加的抗氧化剂，可以使食物具有酸味。

（4）苹果酸：味道柔和（具有较高的缓冲指数），有特殊香味，是最理想的食品酸味剂。

（5）柠檬酸：有温和爽快的酸味。

（6）多酚氧化酶活力：多酚氧化酶可以使茶多酚物质氧化，聚合成茶多酚的氧化产物，如茶黄素、茶红素和茶褐素等。

（7）褐变度：用于衡量褐变的程度。褐变是指多酚类物质在多酚氧化酶的作用下被氧化形成醌及其聚合物的反应过程。

（8）DPPH 自由基 1/IC50：阻聚剂，清除 DPPH 自由基的能力与总酚含量呈正相关。

（9）单宁：尤其在红葡萄酒中含量较多，葡萄酒中的单宁一般是由葡萄籽、皮及梗浸泡发酵而来的，富含单宁的红酒可以存放很多年，并且会逐渐酝酿出香醇细致的陈年风味。单宁对葡萄酒的色泽、滋味和口感也都具有重要的作用。

（10）葡萄总黄酮：有很强的抗氧化和消除自由基作用的类黄酮。

（11）白藜芦醇：是葡萄酒（尤其是红葡萄酒）中最重要的功效成分，有抗氧化效能，是一种重要的植物抗毒素,产生后在葡萄皮里存留,是葡萄评价的一项重要指标。

(12) 黄酮醇:有利于植物抵抗紫外线,是植物中果实和花的颜色来源。

(13) 总糖:主要指具有还原性的葡萄糖、果糖、戊糖、乳糖和在测定条件下能水解为还原性单糖的蔗糖(水解后为 1 分子葡萄糖和 1 分子果糖)、麦芽糖(水解后为 2 分子葡萄糖)以及可能部分水解的淀粉(水解后为 2 分子葡萄糖)。

(14) 可溶性固形物:是液体或流体食品中所有溶解于水的化合物的总称,包括糖、酸、维生素、矿物质等。

(15) 可滴定酸:可滴定酸与糖一样,是影响果实风味品质的重要因素。

(16) 固酸比:指果汁的可溶性固形物含量与其可滴定酸含量之比。

(17) 干物质含量:常规法测定水分后所余部分。

(18) 百粒质量:100 粒种子的质量。

由以上对指标的解释,可得与常识性相关的几组指标如下(对后续相关性分析、聚类分析等的合理性检验具有重要的参考意义):

(1) 多酚氧化酶活力、褐变度。

(2) DPPH 自由基 1/IC50、总酚、葡萄总黄酮、花色苷。

(3) 可溶性固形物、可滴定酸、固酸比。

5　检验两组评酒员评分结果差异性的两种方法

两组评酒员在相同的酒样本下分别评分,得到了一批成对的观察值。为了比较两组评酒员的差异,我们首先采用逐对比较的方法进行假设检验,再进一步引入单因素方差分析,对两组评酒员的评分差异性进行验证。在此之前需要进行数据的预处理——正态性检验。

5.1　数据的预处理

5.1.1　夏皮洛-威尔克(Shapiro-Wilk)检验[1]的模型

夏皮洛-威尔克(Shapiro-Wilk)检验又被称为 W 检验,它在完全样本下使用,样本量为 n,$8 \leqslant n \leqslant 50$。小样本($n < 8$)时,此检验方法对偏离正态分布的检验效果不大;大样本($n > 80$)时,所用的数表则难以编制。

W 检验是将 n 个独立的样本进行非降序排序,即 $x_{(1)} \leqslant x_{(2)} \leqslant \cdots \leqslant x_{(n)}$,检验统计量为

$$W = \frac{s^2}{nm_2} \tag{1}$$

其中:$m_2 = \dfrac{1}{n}\sum_{k=1}^{n}(x_{(k)} - \bar{x})^2$ 为样本的二阶中心距;$s = \sum_{k=1}^{d} a_k(x_{(n+1-k)} - x_{(k)})$,当 n 为偶数时 $d = \dfrac{n}{2}$,当 n 为奇数时 $d = \dfrac{n-1}{2}$,a_k 为待定值。

当显著性水平为 α 时,若 $W \leqslant W_\alpha$,即统计量 W 小于其 α 分位点,则拒绝原假设 H_0,认为样本不是正态分布;若 $W > W_\alpha$,则保留原假设,认为这些样本符合正态分布。

5.1.2　数据的正态性检验

先对每组中每一个酒品种的 10 个评酒员的评分进行正态性检验——W 检验。通过 SPSS 对这两类酒的 110 组数据分别进行了 W 检验，且检验的结果表明，这 110 组数据除个别组外都是满足正态分布的（具体的正态检验数值见数字课程网站）。

5.2　基于成对数据 t 检验的评分差异性模型

5.2.1　t 检验问题分析

由于每组都有 10 名评酒员，我们先采用应用广泛、简单实用及操作性强的"截头去尾"法，得到平均分，作为该酒样本的各组最终得分。

一个酒样本对应一对数据，我们看到一对与另一对之间的差异是由各种因素（如葡萄酒的外观、香气、口感等）引起的。由于各样本有广泛的差别，就不能将各组评酒员的评价结果看成同分布随机变量的观测值。再者，对每一对数据而言，它们是各组评酒员对同一个酒样本的评价结果，因此它们不是两个独立的随机变量的观测值，即各组评分总体方差未知且不相等，而同一对中的两个数据的差异则可以看成是仅由两组评酒员的差异所引起的。这样，局限于各对中，对两个数据进行比较，就能排除种种其他因素，而单独考虑由评酒员差异所产生的影响，从而能比较两组评酒员的评价结果是否有显著的差异。

5.2.2　基于成对数据 t 检验模型的建立

设有 n 对相互独立的酒样品评价值：(X_1, Y_1)，(X_2, Y_2)，$\cdots$，(X_n, Y_n)，令 $D_1 = X_1 - Y_1$，$D_2 = X_2 - Y_2$，$\cdots$，$D_n = X_n - Y_n$，则 D_1，D_2，$\cdots$，D_n 相互独立，且它们都由同一因素所引起，可认为它们服从同一分布。假设 $D_i \sim N(\mu_D, \sigma_D^2)$，$i = 1, 2, \cdots, n$，也就是说 D_1，D_2，$\cdots$，D_n 构成正态总体 $N(\mu_D, \sigma_D^2)$ 的一个样本，其中 μ_D、σ_D^2 未知。

假设检验：

$$H_0: \mu_D = 0, \quad H_1: \mu_D \neq 0$$

拒绝域：

$$|t| = \left| \frac{\bar{d}}{s_D / \sqrt{n}} \right| \geq t_{\alpha/2}(n-1) \tag{2}$$

5.2.3　模型的求解

1）红葡萄酒评价

由上述可知，D_1，D_2，$\cdots$，D_n 为大样本中的一小部分，由于其随机性，单对其进行小样本正态性检验是没有意义的，故我们采用了 SPSS 非参数检验的 K - S 检验对其进行正态性检验，$P = 0.121 > 0.05$ 符合正态性，具体结果如图 1 所示。由图可知，$n = 27$（即图中的"N"），$\bar{d} = 2.31$，$s_D = 5.407$。

（1）当显著性水平 $\alpha = 0.05$ 时，查表 1 所示的 t 分布表可知，$t_{\alpha/2}(26) = t_{0.025}(26) = 2.0555$，由

$$|t| = \left| \frac{\bar{d}}{s_D / \sqrt{n}} \right| = \frac{2.31}{5.407 / \sqrt{27}} = 2.220 \geq 2.0555$$

可得 $|t|$ 值落在拒绝域内，故拒绝原假设，认为两组评酒员的评价结果存在显著性差异。

One-Sample Kolmogorov-Smirnov Test		差值
N		27
Normal Parameters[a,b]	Mean	2.31
	Std. Deviation	5.407
Most Extreme Differences	Absolute	.228
	Positive	.162
	Negative	-.288
Kolmogorov-Smirnov Z		1.185
Asymp. Sig. (2-tailed)		.121

图 1　红葡萄酒组间评价差值 K-S 正态性检验

（2）当显著性水平 $\alpha = 0.01$ 时，查表 1 所示的 t 分布表可知，$t_{\alpha/2}(26) = t_{0.005}(26) = 2.7787$，由

$$|t| = \left| \frac{\bar{d}}{s_D/\sqrt{n}} \right| = \frac{2.31}{5.407/\sqrt{27}} = 2.220 < 2.7787$$

可得 $|t|$ 值不落在拒绝域内，故接受原假设，认为两组评酒员的评价结果无显著性差异。

由以上差异分析可知，在不同显著性水平下，得到的结论也不一样。因为显著性水平 α 指的是犯第一类"弃真"错误的概率，当 α 减小时犯第一类错误的可能性降低，但犯第二类"取伪"错误的概率却增加了，故涉及统计检验力问题，在此我们直接选取了显著性水平 $\alpha = 0.05$ 作后续分析。

表 1　t 分布表

α \ n	0.20	0.15	0.10	0.05	0.025	0.01	0.005
26	0.856	1.058	1.3150	1.7056	2.0555	2.4786	2.7787
27	0.855	1.057	1.3137	1.7033	2.0518	2.4727	2.7707
28	0.855	1.056	1.3125	1.7011	2.0484	2.4671	2.7633
29	0.854	1.055	1.3114	1.6991	2.0452	2.4620	2.7564
30	0.854	1.055	1.3104	1.6973	2.0423	2.4573	2.7500

2）白葡萄酒评价

类似红葡萄酒的分析，白葡萄酒的正态性检验如图 2 所示，$P = 0.987 > 0.05$，符合正态性，$n = 28$（即图中的"N"），$\bar{d} = -2.375$，$s_D = 6.071$。

（1）当显著性水平 $\alpha = 0.05$ 时，查表 1 所示的 t 分布表可知，$t_{\alpha/2}(27) = t_{0.025}(27) = 2.0518$，由

$$|t| = \left| \frac{\bar{d}}{s_D/\sqrt{n}} \right| = \frac{2.375}{6.071/\sqrt{28}} = 2.070 \geqslant 2.0518$$

可得 $|t|$ 值落在拒绝域内，故拒绝原假设，认为两组评酒员的评价结果存在显著性差异。

One-Sample Kolmogorov-Smirnov Test		1组	2组	差值
N		28	28	28
Normal Parameters[a,b]	Mean	74.9420	77.31696	-2.37500
	Std. Deviation	4.70759	3.402321	6.070573
Most Extreme Differences	Absolute	.094	.134	.085
	Positive	.066	.071	.083
	Negative	-.094	-.134	-.085
Kolmogorov-Smirnov Z		.497	.707	.451
Asymp. Sig. (2-tailed)		.966	.699	.987

图 2　白葡萄酒组间评价差值 K-S 正态性检验

（2）当显著性水平 $\alpha = 0.01$ 时，查表 1 所示的 t 分布表可知，$t_{\alpha/2}(27) = t_{0.005}(27) = 2.7707$，由

$$|t| = \left| \frac{\bar{d}}{s_D / \sqrt{n}} \right| = \frac{2.375}{6.071 / \sqrt{28}} = 2.070 < 2.7707$$

可得 $|t|$ 值不落在拒绝域内，故接受原假设，认为两组评酒员的评价结果无显著性差异。

由于当显著性水平 $\alpha = 0.05$ 时 $|t|$ 值落在拒绝域内边缘，较为模糊，且统计检验力很小，故在此取显著性水平 $\alpha = 0.01$ 下两组评酒员的评价结果无显著性差异较为合适。（注：显著性差异问题在 SPSS 方差分析中将会再一次检验说明。）

5.3　基于单因素方差分析的评分差异性判断模型

5.3.1　基于单因素方差分析判断评分差异性

因为单因素方差分析用于研究一个控制变量的不同水平是否对观测变量产生了显著影响，所以对于两组评酒员的评分，我们还可以对其作单因素方差分析，即把评酒员看为控制变量，将不同种类的酒看为观测变量，建立判断差异的单因素方差分析模型。此模型中，我们的原假设为不同组的评酒员对酒的评价没有显著差异。我们可以借助 SPSS 方差分析来求解，SPSS 方差分析能自动分解观测变量的变差，计算组间方差、组内方差、F 统计量以及对应的概率值，完成相关的计算。

5.3.2　基于单因素方差分析的评分差异性模型

设控制变量为评酒员，有 k 个水平（$k=10$），x_{ij} 表示第 i 个评酒员对第 j 种葡萄酒的评分值，$x_{ij} \sim N(u_i, \sigma^2)$，$i = 1, 2, \cdots, 10$。

1）指标的定义

定义 1　以 $\bar{x} = \frac{1}{n} \sum_{i=1}^{m} \sum_{j=1}^{n_i} x_{ij}$ 表示所有 x_{ij} 的总平均值，$\bar{x}_i = \frac{1}{n_i} \sum_{j=1}^{n_i} x_{ij}$ 表示第 i 个评酒员所评分的平均值。

定义 2 称统计量 $SST = \sum\limits_{i=1}^{m} \sum\limits_{j=1}^{n_i} (x_{ij} - \bar{x})^2$ 为总离差平方和，它反映了全部数据之间的差异。

定义 3 称 $SSM_A = \sum\limits_{i=1}^{m} \sum\limits_{j=1}^{n_i} (\bar{x}_i - \bar{x})^2$ 为组间离差平方和，它反映了每组数据平均值和总平均值的误差。

定义 4 称 $SSE = \sum\limits_{i=1}^{m} \sum\limits_{j=1}^{n_i} (x_{ij} - \bar{x}_i)^2$ 为组内离差平方和，它反映了组内数据和组内平均值的随机误差。

2）模型的建立

以红葡萄酒为例，则 $i=1, 2, \cdots, 10$；$j=1, 2, \cdots, 27$。评分差异性的单因素方差分析模型可表示为

$$\begin{cases} x_{ij} = u_i + \varepsilon_{ij} & 1 \leqslant i \leqslant 10, 1 \leqslant j \leqslant 27 \\ \varepsilon_{ij} \text{相互独立} \end{cases} \tag{3}$$

其中，u_i 为第 i 个总体的均值，ε_{ij} 为随机误差。

假设检验为

H_0：不同组的评酒员对酒的评价没有显著性差异，为随机误差；

H_1：不同组的评酒员对酒的评价有显著性差异。

构造的检验统计量为

$$F = \frac{SSM_A/(m-1)}{SSE/(n-m)} \tag{4}$$

5.3.3 单因素方差分析的求解和结果分析

在之前的模型准备中，我们已证得每组中每一个酒品种的 10 个评酒员的评分基本上均符合正态分布，且由假设可知，每个评酒员的评分是独立的。

经 SPSS 分析后我们可知，对于红葡萄酒的评分，在显著性水平为 0.05 时，所得到的 F 统计量的观测值为 3.365，对应的概率值为 0.001，小于显著性水平，因此拒绝原假设，认为不同组的评酒员的评价结果是有显著性差异的。同理，对于白葡萄酒，由于 F 统计量对应的概率值为 0.225，大于显著性水平，因此根据此模型我们认为对于白葡萄酒，不同组的评酒员的评价结果是没有显著性差异的（分析结果见数字课程网站）。

6 基于方差分析的可信评酒员组别的选择

6.1 问题分析

在之前的计算中我们发现，对于红葡萄酒，两组评酒员的评价结果有着显著性差异，目前我们所要做的就是选择两组评酒员中较为可信的一组。由于评酒员的评分带有一定的主观性，评价尺度、评价位置和评价方向的差异都会导致不同评酒员对于同一种类的酒的评价差异很大，从而不能真实客观地反映不同酒品种之间的差异。为了较好地、客观地反

映每个葡萄酒品种的质量，我们需要选择评价结果更为可信的一组。在对评酒员的选择上，一方面我们希望评酒员的评分对于不同的酒品种间能有一定的区分度，不要集中在某个分数附近，这样不同酒品种间就能显示出明显的差异性；另一方面对于同一个酒品种，我们又希望同一组不同评酒员间的分数能够尽量接近，这样对葡萄酒的质量好坏争议就不会太大。为了区分出哪一个组别更可信，我们则要进行相应的横向分析、纵向分析，最后综合上述两种分析，进行交叉分析，选取出相对可信的评酒员组别。

（1）横向分析：对于每一个品种的葡萄酒而言，希望每组的各个评酒员的评分能够比较集中，偏差比较小，这样能较集中地反映葡萄酒质量的真实情况。

（2）纵向分析：对于每一个评酒员而言，希望他对不同葡萄酒品种的评分能够有效地区分开，从而体现较明显的高低优劣之分。

（3）交叉分析：即将横向分析和纵向分析有机地结合起来，综合考虑，选取出更可信的评酒员组别。

对于同一类酒，同一组的不同评酒员对于同一个酒品种的评分差异性越小，对不同酒品种的评分差异性越大，则说明这些酒品种的质量评价越准确，且不同酒品种间的区分度越高，这组评酒员就越可信。

对于评酒员的横向与纵向分析，我们可以看成是对于一组评酒员组内和组间的方差判断；对于评酒员的评分差异，我们可以看成是不同评酒员和不同酒品种对其造成的影响。由此我们引入多因素方差分析模型，将评分作为观测变量，将评酒员及酒品种作为控制变量，所以评分的变动受到了以下三方面的影响：

（1）控制变量的独立影响，指单个控制变量独立作用对观测变量的影响，具体指不同评酒员对评分的影响，不同酒品种对评分的影响。

（2）控制变量交互作用的影响，指多个控制变量不同水平相互搭配后对观测变量的影响，具体指评酒员与不同品种的酒交互作用对评分所产生的影响。

（3）随机因素的影响。

6.2　基于多因素方差分析的可信评酒员组别模型的建立

设控制变量为评酒员 A，有 m 个水平（人）；酒品种为 B，有 r 个水平，每个交叉水平下均有 l 个样本，则在评酒员的水平 A_i 和酒品种的水平 B_j 下的第 k 个样本值 x_{ijk} 可以定义为

$$x_{ijk} = u + a_i + b_j + (ab)_{ij} + \varepsilon_{ijk} \quad i = 1, 2, \cdots, m; j = 1, 2, \cdots, r; k = 1, 2, \cdots, l \quad (5)$$

其中，u 为总平均值，a_i 为评酒员（A）i 因素水平的主效应；b_j 为酒样品（B）j 因素水平的主效应；$(ab)_{ij}$ 为评酒员（A）i 因素水平与酒样品（B）j 因素水平的交叉效应；ε_{ijk} 为抽样误差，是服从正态分布 $N(0, \sigma^2)$ 的独立随机变量。如果控制变量 A（或 B）对观测变量没有影响，则各水平的效应 a_i（或 b_j）应全为 0，否则不全为 0。同理，如果控制变量 A 或 B 对观测变量有交互影响，则各水平的效应 $(ab)_{ij}$ 应全为 0，否则不全为 0。

假设检验为

H_0：不同评酒员对评分有显著性差异；

H_1：不同酒品种对评分有显著性差异。

6.3　可信评酒员组别模型的求解和分析

我们借助于 SPSS 软件的方差分析先进行了横向和纵向的方差齐次检验,得到的结果见数字课程网站。

经过分析可知,对于红葡萄酒,其纵向检验概率值小于显著性水平 0.05,而横向检验概率值大于显著性水平 0.05,所以我们可知纵向的总体方差为齐性的,横向的总体方差为非齐性的。再经过 F 检验,可以得到纵向的 F 检验值为 7.45,横向的 F 检验值为 11.394,其对应的概率值均为 0,说明均存在差异,但是通过 F 检验值的大小,我们可以看出横向的差异比较大,即评酒员们之间的评分差异比单个评酒员对不同酒品种的评分差异大,所以第一组的评酒员可信度不高。

同理,我们对第二组的数据进行了处理,经过 SPSS 方差分析(具体结果见数字课程网站),根据第二组的齐次分析及 F 检验,可以得到对于第二组红葡萄酒的评分,其纵向的影响较横向的大,说明同个评酒员对不同酒品种的评分差异大于评酒员之间的评分差异,根据之前的分析,我们认为对于红葡萄酒的评分来说,第二组的评酒员较为可信。

对于白葡萄酒的选择,我们运用了同样的模型去进行处理(具体的处理结果见数字课程网站)。

通过对 SPSS 得出的结果进行分析可知,对于白葡萄酒来说,两组评酒员的评分差异不大,都较为可行,所以我们又进行了白葡萄酒的评分的横向与纵向分组(具体分组结果见数字课程网站)。对于评分的横向分析,第一组可将不同 10 位评酒员的评分分为 5 组,但是第二组却只需要将其分为 3 个子集来考虑,由此可见,对于第二组的评酒员,他们在对于不同种类酒的评分上观点较为统一,比较可信,所以,对于白葡萄酒的评分我们也选择第二组评酒员的结果。

综上所述,我们认为对葡萄酒的评分,第二组评酒员的评分更为可信一些。

7　酿酒葡萄分级模型

7.1　问题分析

先进行数据的预处理,选取一级指标及二级指标中的 H、C 值,当有多个测量值时取平均。在对酿酒葡萄进行分级上,葡萄酒的质量对其具有重要意义。但评酒员对葡萄酒的质量评价具有一定的主观随意性,不能客观反映葡萄酒的真实质量,且由于葡萄酒酿制过程的随机差异性,葡萄酒质量与葡萄质量并不一定呈一一对应的关系,故必须结合酿酒葡萄本身的理化指标进行讨论。

已知主成分分析法是将所有指标归结为少数几个变量,然后再对各变量进行解释,在此,我们已知解释,求变量,故主成分分析法在此不适用。我们先将葡萄酒的质量分为 4 个方面(即外观、气味、口感、整体评价),分别对酿酒葡萄的一级理化指标进行相关性分析,得到各自的相关指标;然后用熵值法客观确定各指标权重,编程计算各模块得分,并从 4 个方面分别对酒样本进行了聚类分级,分"好""中""差"三级指标;最后再以题目所给的葡萄酒各模块评分比重 0.15、0.3、0.44、0.11 对各模块进行加权求和,结合聚类结果得到总体的葡萄综合分级。

7.2　酿酒葡萄分级模型的建立

7.2.1　由葡萄酒各模块质量与葡萄理化指标相关性分析确定模块指标

1) 相关性分析

设现有理化指标 x 和葡萄酒质量模块(外观、气味、口感或整体评价)y。原假设：x、y 之间无显著的线性关系。

相关系数：

$$r_{xy} = \frac{\sum_{i=1}^{n}(x_i - \bar{x})(y_i - \bar{y})}{\sqrt{\sum_{i=1}^{n}(x_i - \bar{x})^2 \sum_{i=1}^{n}(y_i - \bar{y})^2}} \tag{6}$$

检验统计量：

$$t = \frac{r\sqrt{n-2}}{\sqrt{1-r^2}} \sim t(n-2) \tag{7}$$

2) 由葡萄酒各模块质量与葡萄理化指标所确定的模块指标

以红葡萄酒为例,将各酒样本的各模块质量分别与红葡萄理化指标进行 SPSS 相关性分析,结果如表 2～表 5 所示。蛋白质、DPPH 自由基 1/IC50、总酚等在多个方面重复出现,这充分说明了其重要性。对总体的影响,也就是其在各方面作用的叠加,最后也将凸显出来。

表 2　与红葡萄酒外观质量显著相关的红葡萄理化指标

相关性	蛋白质	花色苷	DPPH 自由基 1/IC50	总酚	单宁
外观	0.479	0.507	0.624	0.543	0.585

相关性	还原糖	果皮颜色(a＊)	果皮颜色(b＊)	C
外观	−0.473	−0.624	−0.547	−0.602

表 3　与红葡萄酒气味质量显著相关的红葡萄理化指标

相关性	蛋白质	多酚氧化酶活力	DPPH 自由基 1/IC50	总酚	葡萄总黄酮	pH 值
气味	0.483	−0.403	0.607	0.528	0.639	0.543

表 4　与红葡萄酒口感质量显著相关的红葡萄理化指标

相关性	总酚	葡萄总黄酮	白藜芦醇	pH 值	果皮颜色(a＊)	果皮颜色(b＊)	C
口感	0.517	0.513	−0.469	0.458	−0.531	−0.434	−0.534

表 5　与红葡萄酒整体质量显著相关的红葡萄理化指标

相关性	蛋白质	DPPH 自由基 1/IC50	总酚	葡萄总黄酮	pH 值	果皮颜色(a＊)	C
整体评价	0.514	0.407	0.448	0.504	0.428	−0.435	−0.438

7.2.2　层次聚类法对基于相关性指标分组的检验

我们采用 SPSS 中的层次聚类方法,对酿酒葡萄理化指标进行聚类,将聚类分析所得族与相关性分类进行对比并验证其合理性,其过程如图 3 所示。

图 3   相关性分类与聚类分析的比较

设有数据矩阵

$$\begin{bmatrix} x_{11} & x_{12} & \cdots & x_{1m} \\ \vdots & \vdots & & \vdots \\ x_{n1} & x_{n2} & \cdots & x_{nm} \end{bmatrix}$$

第 j 个指标的平均值和标准差分别记为 $\bar{x}_j$ 和 s_j，用 d_{ij} 表示第 i 个样本与第 j 个样本之间的距离。

欧氏距离：

$$d_{ij} = \sqrt{\sum_{k=1}^{m} (x_{ik} - x_{jk})^2} \qquad i = 1, 2, \cdots, n; j = 1, 2, \cdots, m \tag{8}$$

相关系数：

$$r_{xy} = \frac{\sum_{k=1}^{m} (x_{ik} - \bar{x}_i)(x_{jk} - \bar{x}_j)}{\sqrt{\sum_{k=1}^{m} (x_{ik} - \bar{x}_i)^2 \sum_{k=1}^{m} (x_{jk} - \bar{x}_j)^2}} \tag{9}$$

标准化变换：

$$x'_{ij} = \frac{x_{ij} - \bar{x}_i}{s_i} \qquad i = 1, 2, \cdots, n; j = 1, 2, \cdots, m \tag{10}$$

其中，

$$\bar{x}_j = \frac{1}{m} \sum_{k=1}^{m} x_{jk}, \quad s_j = \sqrt{\frac{\sum_{k=1}^{m} (x_{jk} - \bar{x}_j)^2}{m-1}} \qquad j = 1, 2, \cdots, m \tag{11}$$

求类与类之间的距离可用组间连接法，即把两类所有个体之间的距离都考虑在内。

7.2.3 用熵值法对各模块相关指标客观赋权

熵值法是一种客观赋权方法，它通过计算已确定的指标信息的信息熵，根据指标的相对变化程度对系统整体的影响来决定指标的权重。其与指标的相对变化程度正相关，熵值⇒效用价值⇒权重。

对于酿酒葡萄理化指标权重的设定，我们也是基于这样的原则，如表 6 所示。某指标在葡萄中含量越稳定，表明其越具有代表性，应赋予相当权重。

表 6   系统权重判定简单列表

熵大	越无序	信息少	效用值小	权重小
熵小	越有序	信息多	效用值大	权重大

我们需要对酿酒葡萄的各方面水平进行评定，假设评价指标体系包括 n 个指标，而待评的酿酒葡萄样本有 m 个，用 n 个指标对酿酒葡萄各方面进行综合评价，便可以形成评价体系的 $m \times n$ 阶初始数据矩阵：

$$\boldsymbol{X} = \begin{bmatrix} x_{11} & \cdots & x_{1n} \\ \vdots & & \vdots \\ x_{m1} & \cdots & x_{mn} \end{bmatrix} \text{或} \boldsymbol{X} = \{x_{ij}\}_{m \times n} \qquad 0 \leqslant i \leqslant m, 0 \leqslant j \leqslant n \tag{12}$$

其中，x_{ij} 表示第 i 个酿酒葡萄样本的第 j 项理化指标的数值。

1）数据处理

（1）由于指标的量纲、数量级有差异，在数据统一处理前必须先将数据无量纲化，进行标准化处理如下：

$$x'_{ij} = \frac{x_{ij} - \min\limits_{j} x_{ij}}{\max\limits_{j} x_{ij} - \min\limits_{j} x_{ij}} \tag{13}$$

$$x'_{ij} = \frac{\max\limits_{j} x_{ij} - x_{ij}}{\max\limits_{j} x_{ij} - \min\limits_{j} x_{ij}} \tag{14}$$

其中，$\max\limits_{j} x_{ij}$ 为第 i 个样本第 j 项指标的最大值，$\min\limits_{j} x_{ij}$ 为第 i 个样本第 j 项指标的最小值，x'_{ij} 为标准化值。若所用指标的值越大越好，则选用式（13）；若所用指标的值越小越好，则选用式（14）。

（2）计算第 j 项理化指标下第 i 个葡萄样本指标值的分比重 y_{ij}：

$$y_{ij} = \frac{x'_{ij}}{\sum\limits_{i=1}^{m} x'_{ij}} \qquad 0 \leqslant y_{ij} \leqslant 1 \tag{15}$$

由此，可建立数据的比重矩阵 $\boldsymbol{Y} = \{y_{ij}\}_{m \times n}$。

2）计算指标信息熵值和信息效用值

（1）计算信息熵值：

$$e_j = \frac{-1}{\ln m} \sum_{i=1}^{m} y_{ij} \ln y_{ij} \tag{16}$$

式中，当 $y_{ij} = 0$ 时，规定 $y_{ij} \ln y_{ij} = 0$。

（2）计算信息效用值：

$$d_j = 1 - e_j \tag{17}$$

3）计算酿酒葡萄理化指标权重

第 j 项指标权重为

$$w_j = \frac{d_j}{\sum\limits_{j=1}^{m} d_j} \tag{18}$$

7.2.4　层次聚类法对酿酒葡萄评分分级

各酿酒葡萄在外观、气味、口感、整体评价的评分上总是一方面好，而另一方面偏差，从而下拉了总体评分。为较客观地评价酿酒葡萄，我们应该在各个方面对其进行分级，使对其详细具体的评价一目了然，也可为今后混酿比例的改造提供参考。

故在此，我们先对酿酒葡萄各个方面进行分类，再按评分比例进行总体评分，最后再次利用 SPSS 层次聚类法聚为三类，对各评分划分等级。

7.3 模型求解和检验

7.3.1 红葡萄酒的酿酒葡萄分级模型求解

1) 层次聚类法对基于相关性指标分组的检验

在相关性分析指标归类中，DPPH 自由基 1/IC50 总是与总酚捆绑在一起的，它们同时出现，这与常识性分析相符合。

(1) 外观：蛋白质、花色苷、DPPH 自由基 1/IC50、总酚、单宁、还原糖、果皮颜色(a＊)、果皮颜色(b＊)、C。

(2) 气味：蛋白质、多酚氧化酶活力、DPPH 自由基 1/IC50、总酚、葡萄总黄酮、pH 值。

(3) 口感：总酚、葡萄总黄酮、白藜芦醇、pH 值、果皮颜色(a＊)、果皮颜色(b＊)、C。

(4) 整体评价：蛋白质、DPPH 自由基 1/IC50、总酚、葡萄总黄酮、pH 值、果皮颜色(a＊)、C。

下面利用 SPSS 层次聚类对相关性分析的归类进行检验，聚类过程树状图如图 4 所示。

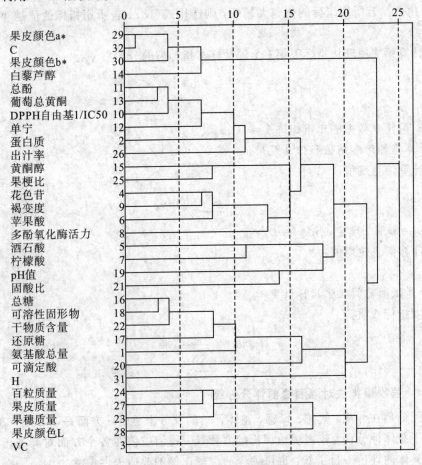

图 4　红葡萄酒的酿酒葡萄各指标层次聚类树状图

（1）外观：由图 4 可见，外观中除还原糖外，其他指标都是聚在一起的，结合相关性分析，可以认定，该聚类基本反映了该酿酒葡萄酿制的葡萄酒的外观水平且证明了相关性分析指标归类的合理性。

（2）气味：在聚类图中，基本可以将按相关性分析归类的指标分为两类，蛋白质、DPPH自由基 1/IC50、总酚为一类，多酚氧化酶活力、pH 值为另一类，所以可以解释为其气味主要受两方面的影响，即酚含量与酶活力，这也完全符合实际，再次相互验证了其归类的合理性。

（3）口感：根据聚类图，相关性口感指标中除 pH 值外其他指标基本可以归为一类，分析同（1）。

（4）整体评价：由相关性分析归类可知，整体评价的指标与气味指标差不多，就多了果皮颜色（a＊）、C，说明两者之间存在比较强的关系。

由相关性分析归类与层次聚类可知，各方面间都存在公共因子，指标相互渗透，说明了外观、气味、口感、整体评价这 4 个方面彼此之间有一定的相关性。

2）熵值法求各模块相关指标权值与模块得分

（1）首先应该区分正相关与负相关，分别对数值进行标准化。

（2）为便于程序的实现，我们设定一个矩阵 d_X，其中 1 表示指数越大越好，0 表示越小越好，如根据表 2 外观指标的排序，$d_X = [1 1 1 1 1 0 0 0 0]$。

（3）根据各酿酒葡萄样本及相应指标值，基于熵值法理论模型用 MATLAB 编程，程序见数字课程网站，对于不同模块只要修改相应的 d_X 与输入指标矩阵 X 即可，解得各模块外观、气味、口感、整体评价的相关指标权值分别为

$$W_1 = [0.1441\ 0.2252\ 0.1467\ 0.1796\ 0.1514\ 0.0735\ 0.0255\ 0.0286\ 0.0254]^T$$

$$W_2 = [0.1823\ 0.0711\ 0.1857\ 0.2272\ 0.2497\ 0.0840]^T$$

$$W_3 = [0.3239\ 0.3560\ 0.0569\ 0.1198\ 0.0459\ 0.0516\ 0.0457]^T$$

$$W_4 = [0.1835\ 0.1869\ 0.2288\ 0.2514\ 0.0846\ 0.0324\ 0.0323]^T$$

其中，外观的各酿酒葡萄指标加权得分与评酒员评分的对照表如表 7 所示，指标加权得分从高到低排列（其他方面及整体评价评分见数字课程网站）。从表可知，指标加权得分与评酒员评分的各自排列次序基本相同，只存在个别的异常点。

（4）关于指标加权得分与评酒员评分差异性的分析。首先我们需要明确，评酒员的评分并不是样本水平的真实客观反映，因为评酒员的评分具有一定的主观随意性，且并不能完全正确地把握评分标准，故评酒员评分小范围差异引起的排名差异可以得到解释，且在聚类分析中不影响最后的评价等级。

对于评酒员评分较高而所得排名却落在后面的较大范围的差异，我们可以这样解释：葡萄水平虽然较高，但由于葡萄酒加工工艺过程的不可测性，仍有一定的可能发生高质量的葡萄酿出低质量的葡萄酒的情况；一些看似低质量的葡萄，最终却酿制出了较高水平的葡萄酒，这可能是由葡萄指标质量测量误差引起的，或者是因为在其加工工艺上得到了弥补，更或是因为一种意外的各指标协调比例使其产生了崭新效果，超出了我们一般的检验标准，为开发新工艺提供了切入点。由于存在种种偶然因素，从另一种角度，这种差异

性的存在更说明了这种排序方法的有效可行性。

针对表 7 中的酒样本 26，评酒员评分较高，但指标加权得分却排在后面，经查题目所给数据可知，酒样本 26 的氨基酸总量为 851.1，相对其他样本，其值非常低，但实际上其影响却不大(这很可能是各种氨基酸达到一种平衡状态即可，不是总量的问题)，且其也不在外观的指标范围内。差异的重要原因其实是其花色苷、总酚等指标值整体都较小，所以这里涉及的也很可能是某些指标间的平衡关系问题，同上述讨论一样较为复杂。在某些问题上，它涉及的又是单个指标，如 9 号样品的蛋白质含量较其他非常高，评酒员评分也很高，呈一定对应关系。

表 7 外观指标加权得分与评酒员评分对照检验表

样本	指标加权得分	评酒员评分	样本	指标加权得分	评酒员评分
9	0.8698	11	25	0.3329	10.3
2	0.7058	10.1	24	0.3291	10.1
1	0.7056	10.7	16	0.3223	10
23	0.6832	11.4	22	0.3111	9.4
8	0.5743	10.2	6	0.3062	8.7
3	0.5397	10.2	26	0.2739	11.1
5	0.483	10.8	20	0.2731	8.4
14	0.4357	10.7	4	0.2659	9.9
19	0.432	10.5	27	0.248	9.9
13	0.4168	9.5	12	0.1788	8.7
21	0.3932	10.2	18	0.1521	7.8
15	0.3706	10	7	0.1336	7.5
17	0.364	10.2	11	0.1055	7
10	0.3613	10.6			

我们对计算得到的外观指标加权得分与评酒员感官得分再进行了方差分析，得到的具体结果见数字课程网站。由此分析得到红、白葡萄酒的外观指标加权得分与评酒员评分无显著性差异，然而白葡萄酒的加权得分与评酒员评分之间的差异较红葡萄酒大，所以红葡萄酒的外观指标加权得分较为可信。

(5) 最终各评分等级划分如表 8 所示，除总体的等级划分外，还列出了外观、气味、口感、整体评价这 4 个子集的分类划分结果，供参考。由表可知，整体评价与总体并不完全一致，因为整体评价只是一个初步整体印象，不可替代总体综合水平。总体评分见数字课程网站。

表 8 红葡萄酒酿酒葡萄等级划分表(含 4 个子集)

红葡萄	总体	外观	气味	口感	整体评价
葡萄样品 1	中	好	差	中	中
葡萄样品 2	好	好	中	好	好
葡萄样品 3	中	中	差	中	中
葡萄样品 4	差	中	差	中	差
葡萄样品 5	中	中	差	中	中
葡萄样品 6	差	中	差	中	差
葡萄样品 7	差	差	差	中	差
葡萄样品 8	中	中	差	差	中
葡萄样品 9	好	好	好	好	好
葡萄样品 10	差	中	差	中	差
葡萄样品 11	差	差	差	差	差
葡萄样品 12	差	差	差	中	差
葡萄样品 13	中	中	差	中	中
葡萄样品 14	中	中	差	中	差
葡萄样品 15	差	中	差	中	差
葡萄样品 16	差	中	差	中	差
葡萄样品 17	中	中	差	中	差
葡萄样品 18	差	差	差	中	差
葡萄样品 19	中	中	差	中	差
葡萄样品 20	中	中	差	中	差
葡萄样品 21	中	中	差	中	差
葡萄样品 22	中	中	差	中	差
葡萄样品 23	好	好	中	好	好
葡萄样品 24	差	中	差	中	差
葡萄样品 25	差	中	差	中	差
葡萄样品 26	差	中	差	中	差
葡萄样品 27	差	中	差	中	差

由表 8 可知,总体好的葡萄样品有 2、9、23;总体中等的葡萄样品有 1、3、5、8、13、14、17、19、20、21、22;总体较差的葡萄样品有 4、6、7、10、11、12、15、16、18、24、25、26、27。

7.3.2 白葡萄酒的酿酒葡萄分级模型求解

白葡萄酒的求解过程同红葡萄酒,现直接将结果列出,如表 9 所示,其各模块质量与葡萄理化指标相关性分析所得模块指标见数字课程网站。在与评酒员评分对照检验的过程中，发现白葡萄酒的指标加权得分与评酒员评分的差异性较红葡萄酒大，这主要是由于白葡萄酒酿制过程中葡萄必须去皮，其工艺要求更加严格，工艺偏差带来的影响加大，使酿酒葡萄水平与酿制的葡萄酒水平一致性减弱。

表 9　白葡萄酒酿酒葡萄等级划分表(含 4 个子集)

白葡萄	总体	外观	气味	口感	整体评价
葡萄样品 1	中	差	好	好	差
葡萄样品 2	中	中	好	中	中
葡萄样品 3	中	中	好	差	好
葡萄样品 4	好	中	好	好	好
葡萄样品 5	好	中	中	好	好
葡萄样品 6	好	差	好	好	中
葡萄样品 7	好	差	好	好	差
葡萄样品 8	差	差	差	差	差
葡萄样品 9	中	中	好	差	好
葡萄样品 10	好	中	好	中	中
葡萄样品 11	差	差	中	差	中
葡萄样品 12	中	中	好	差	差
葡萄样品 13	中	差	好	中	差
葡萄样品 14	好	中	好	好	中
葡萄样品 15	中	差	好	中	差
葡萄样品 16	差	差	差	差	差
葡萄样品 17	中	差	中	中	好
葡萄样品 18	中	差	中	好	差
葡萄样品 19	差	中	中	差	差
葡萄样品 20	好	中	好	好	好
葡萄样品 21	好	中	中	好	好
葡萄样品 22	中	中	好	中	中
葡萄样品 23	好	中	好	中	好
葡萄样品 24	好	中	好	中	好
葡萄样品 25	中	中	中	差	好
葡萄样品 26	中	好	好	中	中
葡萄样品 27	中	中	好	差	中
葡萄样品 28	好	好	好	好	好

由表 9 可知，总体好的葡萄样品有 4、5、6、7、10、14、20、21、23、24、28；总体中等的葡萄样品有 1、2、3、9、12、13、15、17、18、22、25、26、27；总体较差的葡萄样品有 8、11、16、19。

8　基于相关性分析和主成分分析的理化指标联系模型

8.1　问题分析

对于酿酒葡萄和葡萄酒之间的理化指标是否存在联系，我们需要对不同的理化指标分开进行分析。由于葡萄和葡萄酒之间的理化指标数目差异较大，通过查阅资料，我们得知酿酒葡萄在发酵的过程中发生了复杂的化学变化，导致了葡萄与葡萄酒之间理化指标的差异。为了解它们之间的联系，我们要先对葡萄酒的理化指标与葡萄的理化指标进行相关性检验，从而得知影响葡萄酒理化指标较大的一个或是几个葡萄的理化指标，在此基础上再对各个类别的理化指标进行主成分分析，得到理化指标之间的具体联系。

8.2　模型的建立

8.2.1　相关性分析

由问题分析可知，葡萄酒的理化指标与葡萄的理化指标之间的区别主要来自于葡萄发酵过程中的化学变化，为建立它们之间的联系，我们对葡萄酒的各个理化指标分别与葡萄的理化指标进行了相关性分析，具体得到它们之间相关性的强弱。因为相关性分析不需要区分自变量和因变量，各个变量之间是平等的关系，所以通过相关性分析可以了解变量之间的关系密切程度，从而得到葡萄酒的理化指标与葡萄的哪些理化指标之间的联系较为密切。

通过 SPSS 对数据进行相关性分析，我们初步确定了与白葡萄酒的各个理化指标显著相关的几个葡萄的理化指标(具体相关系数见数字课程网站)。

经过相关性分析，我们对理化指标的研究也找到了新的方向。葡萄的各个理化指标对葡萄酒的理化指标影响不同，我们要寻找到它们之间的共同点，直观地来描述理化指标之间的联系。

8.2.2　主成分分析模型

主成分分析法是一种将多项指标重新组合成一组新的互相无关的几个综合指标，根据实际需求从中选取尽可能少的综合指标，以达到能尽可能多地反映原指标的分析方法。所以在此，我们引入主成分分析模型。

记 x_1，x_2，$\cdots$，x_p 为原变量指标，F_1，F_2，$\cdots$，$F_m(m \leqslant p)$ 为新变量指标，则

$$\begin{cases} F_1 = l_{11}x_1 + l_{12}x_2 + \cdots + l_{1p}x_p \\ F_2 = l_{21}x_1 + l_{22}x_2 + \cdots + l_{2p}x_p \\ \vdots \\ F_m = l_{m1}x_1 + l_{m2}x_2 + \cdots + l_{mp}x_p \end{cases} \tag{19}$$

F_m 是与 F_1，F_2，$\cdots$，F_{m-1} 都不相关的 x_1，x_2，$\cdots$，x_p 的第 1、第 2、$\cdots$、第 m 个主成分。

计算相关系数矩阵：

$$R = \begin{bmatrix} r_{11} & r_{12} & \cdots & r_{1p} \\ r_{21} & r_{22} & \cdots & r_{2p} \\ \vdots & \vdots & & \vdots \\ r_{p1} & r_{p2} & \cdots & r_{pp} \end{bmatrix} \tag{20}$$

式中，$r_{ij}(i, j = 1, 2, \cdots, p)$ 为原变量 x_i 和 x_j 的相关系数，$r_{ij} = r_{ji}$，其计算公式为

$$r_{ij} = \frac{\sum_{k=1}^{p} (x_{ki} - \overline{x_i})(x_{kj} - \overline{x_j})}{\sqrt{\sum_{k=1}^{p} (x_{ki} - \overline{x_i})^2 \sum_{k=1}^{n} (x_{kj} - \overline{x_j})^2}} \tag{21}$$

解特征方程 $|\lambda I - R| = 0$，求出特征值，并使其按大小顺序排列：$\lambda_1 \geqslant \lambda_2 \geqslant \cdots \geqslant \lambda_p \geqslant 0$。

分别求出对应于特征值 λ_i 的特征向量 $e_i(i = 1, 2, \cdots, p)$，要求 $\| e_i \| = 1$，即 $\sum_{j=1}^{p} e_{ij}^2 = 1$，其中 e_{ij} 表示向量 e_i 的第 j 个分量。

主成分的贡献率为

$$\frac{\lambda_i}{\sum_{k=1}^{p} \lambda_k} \qquad i = 1, 2, \cdots, p \tag{22}$$

累计贡献率为

$$\frac{\sum_{j=1}^{i} \lambda_j}{\sum_{k=1}^{p} \lambda_k} \qquad i = 1, 2, \cdots, p \tag{23}$$

8.2.3　模型的求解

在分析葡萄酒理化指标与酿酒葡萄理化指标的联系时，使用主成分分析能使指标之间的联系方式更直观，我们可以通过每个葡萄酒理化指标的主成分分析得到该指标与葡萄理化指标之间具体存在哪些方面的联系。

将与葡萄酒花色苷指标具有显著相关的葡萄理化指标经过主成分分析后，得到 3 个主成分，累积贡献率约为 82%，具有统计学上的意义。3 个主成分所包含的成分指标如下所述(具体结果见数字课程网站)。

第一主成分：花色苷、褐变度、DPPH 自由基 1/IC50、总酚、单宁、葡萄总黄酮、果梗比；

第二主成分：苹果酸、多酚氧化酶活力；

第三主成分：黄酮醇。

经过进一步分析可知，影响葡萄酒花色苷指标的主要是葡萄理化指标中的酚类物质。对于影响其他葡萄酒理化指标的葡萄理化指标的具体主成分分析见数字课程网站。可以根据确定的主成分来判断出葡萄理化指标与葡萄酒理化指标之间的联系主要存在于哪几种物质之间。

8.3　葡萄皮中的理化指标对葡萄酒中单宁含量的影响分析

下面我们针对葡萄皮中的理化指标对葡萄酒中单宁含量的影响作进一步深入的讨论。

经过前面的分析，我们可以得出葡萄酒中的单宁含量主要受到蛋白质、色素、酚类等理化指标的影响。

通过对比红葡萄酒与白葡萄酒中的单宁含量及其变化，我们发现红葡萄酒含单宁较白葡萄酒多。从两种葡萄单宁含量的变化来看，由于白葡萄酒是由去籽去皮的葡萄汁液酿制而成的，我们可以认为单宁主要存在于葡萄的皮和籽中，但是在两种葡萄酿制成酒的过程中单宁含量的变化差不多，说明单宁主要是靠葡萄皮和籽中的成分来发生反应，从而改变含量的。因为花色苷主要存在于葡萄皮中，所以我们推断出单宁会与花色苷发生反应，使得单宁和花色苷的含量都减少。由前文可知单宁与两种葡萄的 DPPH 自由基 1/IC50 的相关性都很高，并且两种葡萄自由基的含量并无大的差异，所以我们推断单宁的减少与自由基的数量也有很大联系。通过查阅资料，我们验证了这一点，由于单宁含有酚羟基，具有很强的清除自由基的能力，所以单宁含量越多，对自由基的抑制也就越强。

由此我们得出结论，葡萄酒中单宁的理化指标与葡萄理化指标中的花色苷、DPPH 自由基 1/IC50 等有着很强的联系。

8.4　葡萄理化指标对葡萄酒理化指标影响的定量分析

以葡萄的理化指标对葡萄酒中单宁含量影响的定量分析为例，根据之前的相关性分析和主成分分析可知，葡萄酒中单宁理化指标与葡萄理化指标中的花色苷、褐变度、DPPH 自由基 1/IC50、总酚、单宁、葡萄总黄酮、果梗比等有着很强的联系，所以把这 7 个葡萄理化指标当作葡萄酒中单宁理化指标的影响因素，引入最优逐步回归模型，以对它们进行定量分析。

8.4.1　基于最优逐步回归的葡萄酒质量评价模型

设酿酒葡萄的理化指标为 X，Y_j 为第 j 个酒品种中单宁的理化指标。由于指标较多，我们选取指标的方式取决于指标的重要程度，重要程度分为统计重要性和理论重要性，各个指标依先后次序进入回归方程。对于统计重要性的判断，我们依据指标 X 与 Y 之间的经验级差相关系数，使相关系数最强的指标最先进入回归方程。无论 X 之间的相关系数有多大，X 与 Y 的相关系数较大者总可以说明它比其他指标影响力更大。理论重要性即内容效度和结构效度的程度，两种重要性要综合考虑。最后通过一次次指标的筛选、引入，直至满足方程的负相关系数达到我们的要求并通过了显著性检验，就不用再继续选择指标了，将最后一个指标并入方程，得到回归方程如下：

$$\begin{cases} Y_1 = \beta_0 + \beta_1 X_{11} + \beta_2 X_{12} + \cdots + \beta_p X_{1p} + \varepsilon_1 \\ Y_2 = \beta_0 + \beta_1 X_{21} + \beta_2 X_{22} + \cdots + \beta_p X_{2p} + \varepsilon_2 \\ \quad\quad\quad\quad \vdots \\ Y_n = \beta_0 + \beta_1 X_{n1} + \beta_2 X_{n2} + \cdots + \beta_p X_{np} + \varepsilon_n \end{cases} \tag{24}$$

其中，β_0 为截距，$\beta_j (j=1, 2, \cdots, p)$ 为回归系数；$\varepsilon_i \sim N(0, \sigma)(i=1, 2, \cdots, n)$ 为测量误差，且相互独立。

8.4.2 模型的求解

用 SPSS 进行了最优逐步回归，得到的多元回归方程如下：

$$Y_{单宁} = 0.15X_{黄酮醇} + 0.063X_{可溶性固形物} + 14.356X_{DPPH自由基} + 0.008X_{花色苷} - 12.606 \quad (25)$$

且我们使用 R^2 检验，得到 R^2 为 0.878，所以回归方程很显著。

9 酿酒葡萄和葡萄酒的理化指标对葡萄酒质量的影响

9.1 问题分析

根据问题二，我们已经作了酿酒葡萄理化指标和葡萄酒质量之间的相关性分析，发现蛋白质、DPPH 自由基 1/IC50、总酚、葡萄总黄酮、pH 值、果皮颜色 a*、果皮颜色 b* 这些理化指标与葡萄酒的质量显著相关。而对葡萄酒的理化指标与葡萄酒质量之间的相关性分析，发现葡萄酒质量与葡萄酒的单宁、酒总黄酮、DPPH 半抑制体积、色泽 L* 有着较强的相关性，相关系数如表 10 所示。下面我们引入最优逐步回归模型，对理化指标与葡萄酒质量之间的关系进行定量分析。

表 10 葡萄酒的理化指标与葡萄酒质量之间的相关指标及其相关系数

酒样的理化指标	单宁	酒总黄酮	DPPH 半抑制体积	色泽 L*
与酒质量间的相关系数	0.486	0.518	0.511	−0.454

9.2 模型的建立与求解

基于最优逐步回归的理化指标与葡萄酒质量之间的定量分析模型与模型 8.4 类似，在此就不再重复叙述。

我们通过 SPSS 软件，分别将酿酒葡萄的理化指标与葡萄酒的质量、葡萄酒的理化指标与葡萄酒的质量进行了最优逐步回归。

9.2.1 酿酒葡萄的理化指标对葡萄酒质量的影响评价

1) 红葡萄酒

经计算得到，酿酒葡萄的理化指标与红葡萄酒质量间的回归方程比较显著，其回归方程为

$$Y_{酒质量} = 65.392 + 0.408X_{葡萄总黄酮} + 0.229X_{固酸比} - 0.362X_{苹果酸} - 0.269X_{果皮颜色a*}$$
$$- 0.102X_{多酚氧化物活力}$$

且其 R^2 检验为 $R^2 = 0.837$，而 F 值对应的概率 P 值为 0，在 0.05 的显著性水平下，$0 < 0.05$，达到显著性水平，说明通过检验(具体结果见数字课程网站)。

2) 白葡萄酒

经过同样的分析，发现白葡萄酒的酿酒葡萄的理化指标与葡萄酒质量间的回归方程并不显著，$R^2 = 0.238$(具体结果见数字课程网站)。

9.2.2　葡萄酒的理化指标对葡萄酒质量的影响评价

1）红葡萄酒

红葡萄酒的理化指标与葡萄酒质量间的回归方程并不显著，其 $R^2 = 0.409$（具体结果见数字课程网站）。

2）白葡萄酒

计算结果表明，未选中任何白葡萄酒的理化指标到方程中（具体结果见数字课程网站）。

根据上面的最优逐步回归模型，不难看出葡萄的理化指标能够对葡萄酒的质量进行评价，但是葡萄酒的理化指标则不能对葡萄酒的质量进行评价。

9.3　葡萄酒芳香物质对葡萄酒质量的影响

9.3.1　葡萄酒芳香物质与葡萄酒质量之间的相关性分析

芳香物质作为一种感官指标，与葡萄酒的质量之间也会有一定的关系。以红葡萄酒为例，我们首先用 SPSS 软件对红葡萄酒的质量和其芳香物质进行了相关性分析，发现红葡萄酒芳香物质中的乙醛、3－甲基－1－丁醇、1－己醇与葡萄酒的质量有着较强的相关性，其相关系数如表 11 所示。

表 11　红葡萄酒的芳香物质与酒质量间的相关系数

红葡萄酒的部分芳香物质	乙醛	3－甲基－1－丁醇	1－己醇
与酒质量间的相关系数	−0.474	−0.427	−0.385

9.3.2　芳香物质与葡萄酒理化指标一起考虑时对酒质量的定量分析

根据相关性分析可以看出，酒的芳香物质与酒质量间有关联性，故将芳香物质与葡萄酒理化指标一起考虑，重新进行最优逐步回归，发现此时回归方程的显著性大大增强，其方程为

$$Y_{酒质量} = 75.386 - 1.916X_{丁二酸二乙酯} + 1.033X_{辛酸3-甲基丁酯} - 1.03X_{L*} \tag{26}$$

而它的 R^2 为 0.657（具体的结果见数字课程网站）。

9.4　结论的分析

由以上分析可以看出，在综合考虑了芳香物质时，红葡萄酒的理化指标能够用来评价酒的质量；在不考虑芳香物质时，葡萄酒的理化指标不能用来评价酒的质量；酿红酒的葡萄的理化指标能用来评价酒的质量，而酿白酒的葡萄的理化指标则不能用来评价酒的质量。

以红葡萄酒的葡萄理化指标对酒质量的评分为例，通过回归方程得到的葡萄理化指标对酒质量的评分见表 12，而实际评酒员的评分见表 13。通过对葡萄酒进行排名，可以看出若将排名分为 1 到 10 名、11 到 20 名、21 到 27 名三个档次，对于不同的酒品种，用红葡萄的理化指标对酒质量的评分与评酒员的评分两者所划分名次虽然有所变动，但是所进入的档次相同。由此进一步论证了用红葡萄酒的酿酒葡萄理化指标可以对酒样品的质量进行评价。

表 12 葡萄的理化指标对酒质量的评分

样品号	葡萄的理化指标对酒质量的评分	样品号	葡萄的理化指标对酒质量的评分
8	66.60033261	17	71.32322
7	66.79258438	19	71.60962
11	67.33700789	24	71.70494
1	67.86724797	5	72.0946
18	68.43464149	22	72.17359
15	68.91445518	26	72.49124
6	69.19683075	21	72.5484
12	69.35634717	16	74.30503
4	69.79944473	3	74.70589
25	70.04428863	20	75.86091
13	70.37666467	2	76.06708
27	70.62809998	9	78.07039
14	70.74646431	23	78.29965
10	71.02198328		

表 13 评酒员的实际评分

样品号	评委评分	样品号	评委评分
11	61.6	27	71.5
7	65.3	22	71.6
18	65.4	26	72
15	65.7	5	72.1
8	66	21	72.2
6	66.3	14	72.6
1	68.1	19	72.6
25	68.2	2	74
12	68.3	17	74.5
10	68.8	3	74.6
13	68.8	20	75.8
16	69.9	23	77.1
4	71.2	9	78.2
24	71.5		

10　模型的评价与优化

对于问题一，我们通过两组评酒员对葡萄酒的评分作出了 t 检验和 F 检验，更有力地证明了红葡萄酒打分差异显著，白葡萄酒打分差异不显著。并且在选拔哪一组评酒员更可信时，我们对于同一酒样品由不同评酒员所构成的酒样品内打分和同一组评酒员给不同酒样品评分所构成的酒样品间打分进行了详细的讨论，从横向和纵向两个角度评价一、二两组评酒员的可信度。模型简单实用，但使用该模型的条件是评分的正态性分布，当评分不为正态性分布时，选择可信评酒员组别模型就要改进。

对于问题二，在模型开始前我们先进行了充分的理论准备，由葡萄酒质量评分推出葡萄各方面的相关指标，并结合实际与层次聚类对其进行了较好的验证，在熵值法的应用上也恰到好处，但熵值法评分较为客观，存在"数据欺骗"的可能性，我们可以加入层次分析法，并基于离差平方和最小化，对其进行最优结合的优化，减少加权误差。

对于问题三，由于我们运用了统计学中常见的相关性分析及主成分分析，在求解模型的时候能够直接借助软件求解，节省了计算的时间，并减少了人为的主观影响。在对其中一种理化指标进行具体联系的分析后，通过参考文献[9]，我们验证了结论的正确性，由此也可以验证模型的可信度比较好。

参 考 文 献

[1]　茆诗松，程依明，濮晓龙.概率论与数理统计教程[M].北京：高等教育出版社，2004.

[2]　盛骤，谢式千，潘承毅.概率论与数理统计[M].北京：高等教育出版社，2008.

[3]　胡竹菁.平均数差异显著性检验统计检验力和效果大小的估计原理与方法[J].心理学探索，2010，30(1)：68-73.

[4]　颜素容，崔红新.概率统计基础[M].北京：国防工业出版社，2011.

[5]　薛薇.统计分析与 SPSS 的应用[M].北京：中国人民大学出版社，2011.

[6]　熵值法 PPT.http：//wenku.baidu.com/view/433026b569dc5022aaea00ca.html.

[7]　陈伟，夏建华.综合主、客观权重信息的最优组合赋权方法[J].数学的实践与认识，2007，37(1)：17-22.

[8]　陈建业，温鹏飞.葡萄与葡萄酒中的单宁及其与葡萄酒的关系[J].农业工程学报，2004，20(Z1)：13-17.

[9]　李运，李记明，姜忠军.统计分析在葡萄酒质量评价中的应用[J].酿酒科技，2009(4)：79-82.

论 文 点 评

该论文获得 2012 年"高教社杯"全国大学生数学建模竞赛 A 题的一等奖。

1. 论文采用的方法和步骤

（1）对于问题一，两组评酒员的评价结果有无显著性差异问题。首先通过对每组评酒员给不同红（白）葡萄酒品种的评分进行了正态检验，然后采取两配对样本 t 检验，评价在一定显著性水平下两组评酒员的评分有无显著性差异。其次进一步引入单因素方差分析对两组评酒员的评分差异性进行了验证。最后分别通过对评分进行横向、纵向和交叉分析，建立了基于多因素方差分析的可信评酒员组别的选择模型，得到评价结果。

（2）对于问题二，对酿酒葡萄进行分级。先将葡萄酒的质量分为 4 个方面（外观、气味、口感、整体评价），分别对酿酒葡萄的一级理化指标进行相关性分析，得到各自的相关指标，并用熵值法客观确定各指标权重，从 4 个方面分别对酒样本进行了聚类分级，分"好""中""差"三级指标。最后结合葡萄酒各模块评分比重综合得到总体评分，结合聚类得到总体的葡萄综合分级。

（3）对于问题三，分析酿酒葡萄与葡萄酒的理化指标之间的联系。首先对葡萄中的理化指标进行了相关性分析，选取出有显著关系的几个指标，再通过主成分分析明确得到指标之间联系的主要因素是哪些方面。再进行逐步回归，剔除不显著的变量。最后用这些与葡萄酒中的理化指标显著相关的酿酒葡萄中的理化指标建立线性回归方程并求解。

（4）对于问题四，分析酿酒葡萄和葡萄酒的理化指标对葡萄酒质量的影响。基于问题二对酿酒葡萄的一级理化指标和葡萄酒质量之间的相关性分析结果，发现葡萄酒质量与酿酒葡萄的某些一级理化指标相关性很强。通过引入最优逐步回归模型，对理化指标与葡萄酒的质量之间的关系进行了定量的分析。进一步考虑到芳香物质是重要的感官指标，以红葡萄酒的理化指标为例，将芳香物质和酒的理化指标作为影响因素，重新对红葡萄酒的质量进行最优逐步回归，并以红葡萄酒的葡萄理化指标对酒质量的评分为例进行排名，与评酒员评分排名作了比较。

2. 论文的优点

该论文问题一与问题三的建模思想有一定的特色。问题一对数据是否满足所用统计方法进行了检验，采用了 t 检验与单因素方差分析对评分差异的显著性进行判断，应用多因素方差分析检验评价结果差异显著性及可信性，与大多数论文笼统评价差异性不同。问题三能很好注意到了葡萄酒中所含的理化指标都能在对应的酿酒葡萄的理化指标中找到，通过相关性分析进行了指标的筛选，再进行逐步回归，剔除不显著的变量，抓住了问题主要因素，最后用这些与葡萄酒中的理化指标显著相关的酿酒葡萄中的主要理化指标建立线性回归方程。本文从数据的统计分析开始，思路清晰，所用方法的实际含义较明确，每一部分的结论都比较完整。

3. 论文的缺点

该论文对所给结论、分级和评价结果与实际情况的相符程度没有进行说明与检验。

第4篇　用光伏电池设计太阳能小屋③

队员：强芳芳（通信工程），陈修靖（通信工程），陈鹏（应用物理学）
指导教师：数模组

摘　　要

本文讨论了用光伏电池设计太阳能小屋的问题，通过选择合适的光伏电池材料并对太阳能小屋的外墙面进行铺设，可以实现节能、环保的目标。

对于问题一，提出采用帖附安装方式对小屋铺设光伏电池组件，先建立模型求解出屋面上的太阳辐射强度。考虑到不同面上接受到的太阳辐射强度差异较大，将五个面分两组讨论，一组为东、西、北三个侧立面，另一组为屋顶面和南侧立面，分别建立双目标整数规划模型和单目标整数规划模型。模型通过 MATLAB 编程实现，根据程序运行结果对铺设面逐块分析，确定铺设方案。进一步分析发现，由于北侧立面接受到的太阳辐射总量太小，安装光伏电池不合算，因此我们考虑北侧立面不进行铺设；南侧立面用单晶硅电池虽然能提高年总发电量，但单晶硅的成本高，且受太阳辐射强度的影响较大，因此我们在南侧立面采用薄膜电池铺设。改进后，求得 35 年的总发电量为 4.4194×10^5 kW·h，总经济效益为 3.9524×10^4 元，投资回收年限为 21 年。

对于问题二，结合房屋的实际结构，我们假设只在屋顶面上采用架空的安装方式，而在东、南、西三个侧立面采用帖附的安装方式，因此只需分析屋顶面即可，需求出在屋顶面安装的最佳倾角及方位角。最佳倾角及方位角意味着在这种放置情形下，能够接受到的太阳辐射总量达到最大值。我们采用的思想是：对一年中屋顶面上单位面积接受到的太阳辐射量进行累加，在倾角及方位角的范围内以 1° 为单位改变两角的大小，找到最大的太阳辐射总量值，这种情形下对应的倾角及方位角即为我们所要求的最佳倾角及方位角，结果是倾角为 43°，方位角为南偏西 30°。由于屋顶与电池板都不是在水平面上，这增加了求解电池板分布的难度。为简化求解，我们提出了在投影面上求解的想法，将屋顶斜面与按倾角 43°、方位角南偏西 30° 放置的电池板均投影到水平面上，利用它们的投影面积求解，求解方法与问题一相同。得到最终结果是 35 年的总发电量为 6.6899×10^5 kW·h，总经济效益为 1.2426×10^5 元，投资回收年限为 16 年。

对于问题三，考虑到南侧立面以及屋顶面接受到的太阳辐射值较大，应使这两面的面积之和与小屋外表面的总面积之比尽可能大，我们以此作为目标函数；通过问题二的求解可知，当电池板与水平面夹角为 43° 时全年接受到的太阳总辐射量最大，我们将 43° 的倾角作为新增的约束条件，建立非线性规划模型，求解出小屋各面的结构尺寸，并将电池板全

③此题为 2012 年"高教社杯"全国大学生数学建模竞赛 B 题（CUMCM2012—B），此论文获该年全国一等奖。

部按照帖附的方式对南侧立面及屋顶面进行铺设。这一问题的模型求解主要通过 LINGO 编程及 MATLAB 编程实现。求得 35 年的总发电量为 1.3947×10^5 kW·h,总经济效益为 2.9736×10^4 元,投资回收年限为 8 年。

　　关键词:太阳辐射强度;最佳倾角;最佳方位角;多目标整数规划;投影分析;MATLAB软件;LINGO 软件

1　问题背景与提出

1.1　问题背景

　　在全球能源形势日趋紧张的今天,寻找、开发新能源已成为世界各国维持可持续发展的主流战略。中国作为最大的发展中国家,能源消耗逐年以惊人的速度增长,而建筑作为能耗大户,其节能问题则变得尤其重要。太阳能作为最理想的清洁能源,发展前景十分乐观,太阳能热水器更是走进了千家万户。当前,太阳能光伏建筑物一体化(BIPV)更是成为了 21 世纪建筑及光伏技术市场的热点。

　　太阳能光伏建筑一体化是指将太阳能光伏产品应用到建筑上,这种技术不但具有外围护结构的功能,还能够通过太阳能发电应用到建筑物上,充分体现出节能、环保的作用。

　　太阳能光伏电池可分为晶硅片太阳能电池和薄膜太阳能电池两大类。晶硅组件的光电能量转换效率在 15%～20% 之间,整体性价比较高,目前应用最广泛;而薄膜组件具有生产成本低、便于大面积连续生产等优点,在成本方面具有极大的优势,发展前景十分广阔。

　　在环境污染日趋严重的形势下,大力发展光伏建筑一体化是未来一个新的趋势。太阳能光伏电池组件与建筑物的完美结合,可使建筑物有自己的电源供应,减少二氧化碳的排放,实现节能、环保的可持续发展理念,对像中国这样的能源消耗大国的发展来说具有重要促进作用。

1.2　问题重述

　　在设计太阳能小屋时,需在建筑物外表面(屋顶及外墙)铺设光伏电池,光伏电池组件所产生的直流电需要经过逆变器转换成 220 V 交流电才能供家庭使用,并将剩余电量输入电网。不同种类的光伏电池每峰瓦的价格差别很大,且每峰瓦的实际发电效率或发电量还受诸多因素的影响,如太阳辐射强度、光线入射角、环境、所处地理纬度、所在地区的气候与气象条件、安装部位及方式(贴附或架空)等。因此,在太阳能小屋的设计中,研究光伏电池在小屋外表面的优化铺设问题是很重要的。

　　参考题目附件提供的数据,对下列三个问题,分别给出小屋外表面光伏电池的铺设方案,使小屋的全年太阳能光伏发电总量尽可能大,而单位发电量的费用尽可能小,并计算出小屋光伏电池 35 年寿命期内的总发电量、经济效益(当前民用电价按 0.5 元/(kW·h)计算)及投资的回收年限。在求解每个问题时,都要求配有图示,给出小屋各外表面电池组件铺设分组阵列图形及组件连接方式(串、并联)示意图,也要给出电池组件分组阵列容量及选配逆变器规格列表。在同一表面采用两种或两种以上类型的光伏电池组件时,同一型号的电池板可串联,而不同型号的电池板不可串联。在不同表面上,即使是相同型号的电池也不能进行串、并联连接。应注意分组连接方式及逆变器的选配。

问题一：请根据山西省大同市的气象数据，仅考虑贴附安装方式，选定光伏电池组件，对小屋的部分外表面进行铺设，并根据电池组件的分组数量和容量，选配相应的逆变器的容量和数量。

问题二：电池板的朝向与倾角均会影响到光伏电池的工作效率，请选择架空方式安装光伏电池，重新考虑问题一。

问题三：根据题目附件 7 给出的小屋建筑要求，请为大同市重新设计一个小屋，要求画出小屋的外形图，并对所设计小屋的外表面优化铺设光伏电池，给出铺设及分组连接方式，选配逆变器，计算相应结果。

1.3 名词解释

1）太阳时（t_s）

时间的计量是以地球自转为依据的，地球自转一周，计 24 太阳时，当太阳达到正南处时为 12:00。钟表所指的时间也称为平太阳时（简称为平时），我国采用东经 120°经圈上的平太阳时作为全国的标准时间，即"北京时间"。

2）时角（ω）

时角是以正午 12 点为 0°开始算，每一小时为 15°，上午为负，下午为正，即 10 点和 14 点分别为 $-30°$ 和 $30°$。因此，时角的计算公式为

$$\omega = 15(t_s - 12)/(°) \tag{1}$$

式中，t_s 为太阳时（单位：小时）。

3）赤纬角（δ）

赤纬角也称为太阳赤纬，其计算公式近似为

$$\delta = 23.45\sin\left(\frac{2\pi(284+n)}{365}\right)/(°) \tag{2}$$

式中，n 为日期序号，例如，1 月 1 日为 $n=1$，3 月 22 日为 $n=81$。

4）太阳高度角（α）

太阳高度角是太阳相对于地平线的高度角，这是太阳视盘面的几何中心与理想地平线所夹的角度。太阳高度角可以使用下面的算式，经由计算得到很好的近似值：

$$\sin\alpha = \sin\phi\sin\delta + \cos\phi\cos\delta\cos\omega \tag{3}$$

式中，α 为太阳高度角，ω 为时角，δ 为当时的太阳赤纬，ϕ 为当地的纬度（大同的纬度为 40.1°）。

以上解释均来自于题目附件。

2 全局符号说明

下面对本文研究过程中用到的符号作以下说明：

x_i——第 i 种型号的电池个数；

y_j——第 j 种型号的逆变器个数；

p_i——第 i 种型号的电池价格；

p'_j——第 j 种型号的逆变器价格;

η_i——电池转换效率;

η'_j——逆变器转换效率;

S_i——第 i 种型号单块电池板的面积;

P_i——第 i 种电池转换太阳辐射量后得到的功率;

P'_j——第 j 种逆变器的允许输入功率;

Z——全年总发电量。

3 基 本 假 设

本文的研究基于以下基本假设:

(1) 电池板及逆变器在使用过程中损坏后能及时修理。

(2) 倾斜面接受到的太阳辐射包括直射辐射、散射辐射。

(3) 假设小屋周围没有影响小屋采光的建筑物。

4 问 题 分 析

4.1 问题一的分析

这一问题需分屋顶面及东、西、南、北侧立面共五个部分分别进行讨论。外墙四个侧立面的分析比较容易,根据题目附件中的数据可以直接得到总辐射强度。屋顶面的总辐射强度没有直接给出,需要根据水平面总辐射强度、水平面散射辐射强度、法向直射辐射强度等指标通过公式计算得出。

考虑到南侧立面和屋顶面的总太阳辐射强度相对于其他墙面的总辐射强度要大,我们分两类讨论。

第一类:东、西、北三个侧立面。东、西、北这三个侧立面的总辐射强度低,因此太阳能转换得到的能量相对较少,我们结合其造价考虑,建立双目标规划模型,以达到全年太阳能光伏总发电量尽可能大,而单位发电量的费用尽可能小的目的。

第二类:南侧立面、屋顶面。结合题目附件所给信息以及常识可知,南侧立面以及向阳的屋顶接受到的太阳辐射总量是最大的,因此在这两个面上应安装转化效率高的晶硅组件。虽然晶硅的成本较高,但从长远来看,与节省的电费相比,安装晶硅的成本可以忽略不计。因此对于这两个面,我们不考虑其成本因素,只考虑全年总发电量最大这一目标,建立单目标规划模型。

求出每个面需要的电池个数以及型号之后,可以得出需要的逆变器个数、电池的连接方式,进而分析 35 年获得的经济效益以及投资回收年限。

4.2 问题二的分析

电池板的朝向与倾角会影响接受到的太阳辐射强度,进而影响到光伏的工作效率。从整齐美观的角度出发,我们设计四个墙面的光伏电池采用贴附的安装方式,而屋顶采用架空的安装方式。

　　这一问题的重点在于确定电池板的倾角及方位角的大小。我们通过不断改变倾角及方位角的大小，对该情形下一年中接受到的太阳辐射总量累加，找出总量的最大值，而这个最大值所对应的倾角及方位角就是我们所要求的最佳倾角及方位角。确定好倾角及方位角之后，就可以进行光伏电池的排布。四周墙面的排布与问题一中的排布一样。

　　得到每个面需要的电池个数以及型号之后，用与问题一相同的方法求出需要的逆变器个数，进而分析 35 年获得的经济效益以及投资回收年限。

4.3　问题三的分析

　　以小屋外表面面积的最大化为目标函数，根据题目所给的限制条件确定约束条件，进而建立规划模型。进一步考虑到太阳辐射量在南侧立面及朝南屋顶面比较大，我们认为这两个面的面积应该越大越好，故可以考虑将南侧立面、屋顶面的面积之和与小屋总面积之比尽可能大作为改进后的目标函数，同时约束条件中增加屋顶倾角为 43° 这一项，建立改进后的规划模型，然后再求解光伏电池铺设问题。为方便计算，考虑用帖附的方式安装光伏电池。

5　问题一模型的建立与求解

5.1　模型建立

　　对问题一中用到的符号作以下说明：

t_s——太阳时；

ω——时角；

δ——赤纬角；

ϕ——当地地理纬度，40.1°；

$L_{\log}$——当地地理经度，东经；

L_{bj}——标准时所在经度(北京)，东经 120°；

α——太阳高度角；

ψ——屋顶面的倾斜角；

θ——太阳光入射角；

γ——倾斜面方位角；

I——太阳辐射强度；

T——太阳时；

t——北京时间；

ET——时差。

5.1.1　电池组件铺设模型

　　由题目附件 3 可知，一共有 24 种不同型号的光伏电池，用 x_i 表示第 i 种型号的电池个数，每种型号的电池价格为 p_i，转换效率为 η_i，面积为 S_i，以上 i 的取值均为 1~24。假

设 I_n 代表第 n 天的有效太阳辐射强度。

下面分析 I_n 的取值。已知光伏电池组件启动发电时其表面所应接受到的最低辐射量值,即单晶硅和多晶硅电池启动发电的表面总辐射量$\geqslant 80$ W/m²、薄膜电池启动发电的表面总辐射量$\geqslant 30$ W/m²,再结合题目附件 3 中相关信息可知,A 单晶硅电池在辐照强度低于 200 W/m² 时,电池转换效率小于转换效率的 5%,经计算可知实际转换效率接近于 0,由此我们可近似看成这是无效的太阳辐射,不能启动发电;对于 C 薄膜电池中的 C1、C2 两种型号,已知 200 W/m² 较 1000 W/m²,性能提高 1%,即当 $I_n = 200$ W/m² 时,C1 的转换效率由 6.99% 提高到 7.99%,C2 的转换效率由 6.17% 提高到 7.17%,体现在组件功率上则相当于 C1 的功率变为 101 W,C2 的功率变为 58.58 W。I_n 的具体取值如下所示:

$$I_n^i = \begin{cases} \begin{cases} 0 & I_n < 200 \\ I_n & I_n \geqslant 200 \end{cases} & i = 1, 2, \cdots, 6 \\ \begin{cases} 0 & I_n < 80 \\ I_n & I_n \geqslant 80 \end{cases} & i = 7, 8, \cdots, 13 \\ \begin{cases} 0 & I_n < 30 \\ I_n & I_n \geqslant 30 \end{cases} & i = 14, 15, \cdots, 24 \end{cases} \quad (4)$$

第 i 种电池转换太阳辐射量后得到的功率为

$$P_i^n = \begin{cases} I_n^i \eta_i S_i & i \neq 14, 15 \\ 101 S_{14} & i = 14 \\ 58.58 S_{15} & i = 15 \end{cases} \quad (5)$$

根据小屋全年太阳能光伏总发电量尽可能大、而单位发电量的费用尽可能小这两个要求,可列出两个目标函数:

$$\max Z = \sum_{i=1}^{24} \sum_{n=1}^{365} x_i P_i^n$$

$$\min z = \frac{\sum\limits_{i=1}^{24} P_i^n x_i}{\sum\limits_{i=1}^{24} \sum\limits_{n=1}^{365} x_i P_i^n} \quad (6)$$

约束条件是光伏电池的铺设面积小于房子某个侧立面或屋顶面的面积,即

$$\sum_{i=1}^{24} s_i x_i \leqslant S \quad (7)$$

联立式(4)~式(7),得到求解电池型号与数量的模型 1 为

$$\max Z = \sum_{i=1}^{24} \sum_{n=1}^{365} x_i P_i^n$$

$$\min z = \frac{\sum\limits_{i=1}^{24} P_i^n x_i}{\sum\limits_{i=1}^{24} \sum\limits_{n=1}^{365} x_i P_i^n}$$

$$\text{s. t. } \sum_{i=1}^{24} s_i x_i \leqslant S$$

其中

$$P_i^n = \begin{cases} I_n^i \eta_i S_i & i \neq 14, 15 \\ 101 S_{14} & i = 14 \\ 58.58 S_{15} & i = 15 \end{cases}$$

$$I_n^i = \begin{cases} \begin{cases} 0 & I_n < 200 \\ I_n & I_n \geqslant 200 \end{cases} & i = 1, 2, \cdots, 6 \\[3ex] \begin{cases} 0 & I_n < 80 \\ I_n & I_n \geqslant 80 \end{cases} & i = 7, 8, \cdots, 13 \\[3ex] \begin{cases} 0 & I_n < 30 \\ I_n & I_n \geqslant 30 \end{cases} & i = 14, 15, \cdots, 24 \end{cases}$$

用以上模型可分别求出东、西、北三个外墙侧立面的光伏电池组件型号以及个数。求三个外墙侧立面时，I_n 的值可直接从题目附件 4 中读取。

接着分析南侧立面以及屋顶面的电池组件排布情况。先考虑一年的总发电量达到最大，即

$$\max Z = \sum_{i=1}^{24} \sum_{n=1}^{365} x_i P_i^n \tag{8}$$

约束条件和模型 1 的一样，因此根据模型 1 我们得到类似的模型 2，具体表示如下：

$$\max Z = \sum_{i=1}^{24} \sum_{n=1}^{365} x_i P_i^n$$

$$\text{s. t. } \sum_{i=1}^{24} s_i x_i \leqslant S$$

其中

$$P_i^n = \begin{cases} I_n^i \eta_i S_i & i \neq 14, 15 \\ 101 S_{14} & i = 14 \\ 58.58 S_{15} & i = 15 \end{cases}$$

$$I_n^i = \begin{cases} \begin{cases} 0 & I_n < 200 \\ I_n & I_n \geqslant 200 \end{cases} & i = 1, 2, \cdots, 6 \\[3ex] \begin{cases} 0 & I_n < 80 \\ I_n & I_n \geqslant 80 \end{cases} & i = 7, 8, \cdots, 13 \\[3ex] \begin{cases} 0 & I_n < 30 \\ I_n & I_n \geqslant 30 \end{cases} & i = 14, 15, \cdots, 24 \end{cases}$$

南侧立面可以通过模型 2 直接求解，但屋顶面没有总辐射强度的数据，需要根据已知条件进行求解。

5.1.2　屋顶面总辐射强度计算模型

下面分析屋顶面的情况，屋顶面共有两个倾角，设为 ψ、ψ'，根据已知尺寸得

$$\psi = \arctan \frac{1200}{6400} \approx 10.62°$$

$$\psi' = \arctan \frac{1200}{700} \approx 59.743° \tag{9}$$

由于 ψ' 是背阳面的屋顶面倾角，故在计算时需要加上 $180°$，也就是说 $\psi' = 239.743°$。

倾斜屋顶面上接受到的太阳辐射包括直射辐射和散射辐射，即

$$I = I_b + I_d \tag{10}$$

式中，I 表示太阳辐射强度，I_b 表示直射辐射强度，I_d 表示散射辐射强度。

1）直射辐射强度 I_b 的计算

太阳光入射角 θ 的计算公式[1]如下：

$$\begin{aligned}
\cos\theta &= (\sin\phi\cos\psi - \cos\phi\sin\psi\cos\gamma)\sin\delta \\
&\quad + (\cos\phi\cos\psi + \sin\phi\sin\psi\cos\gamma)\cos\delta\cos\omega + \sin\psi\sin\gamma\cos\delta\sin\omega \\
&= (\sin\phi\cos\psi - \cos\phi\sin\psi)\sin\delta + (\cos\phi\cos\psi + \sin\phi\sin\psi)\cos\delta\cos\omega
\end{aligned} \tag{11}$$

式中，ϕ 为当地地理纬度；γ 为倾斜面方位角，这里等于 0；ω 为时角；δ 为赤纬角；ψ 为屋顶面倾角。

时角以正午为 $0°$ 开始算，每一小时为 $15°$，上午为负，下午为正，因此时角的计算公式可表示为

$$\omega = 15(t_s - 12)/(°) \tag{12}$$

此时正午是指太阳时为 12 点的时刻，太阳时的计算公式[2]如下：

太阳时 T ＝平太阳时＋时差

＝当地标准时（指钟表时间）±4 分钟/度

×（当地标准时依据的经度 L_{bj} －地方经度 L_{log}）＋ET

式中，"－"适用于北半球，"＋"适用于南半球，本文取"－"。

时差 ET 可由以下公式求出：

$$ET = 229.2(0.000075 + 0.001868\cos\tau - 0.032077\sin\tau - 0.014615\cos2\tau - 0.04089\sin2\tau) \tag{13}$$

式中，$\tau = \dfrac{360(n-1)}{365}$，$n$ 是从元旦算起的天数，即 $1 \leqslant n \leqslant 365$。

由此可得大同地区的太阳时为

$$T = t - \frac{4}{60}(L_{bj} - L_{log}) + ET \tag{14}$$

当太阳时为 12 点时，北京时间为

$$t = 12 + \frac{4}{60}(L_{bj} - L_{log}) - ET \tag{15}$$

赤纬角 δ 可由 Cooper 公式计算，并将角度化为弧度，公式如下：

$$\delta = \frac{\pi}{180} \times 23.45\sin\left(\frac{2\pi(n+284)}{365}\right) \tag{16}$$

其中，n 是从元旦算起的天数，$1 \leqslant n \leqslant 365$。

则斜面上接受到的直射辐射强度为

$$I_b = I_n\cos\theta \tag{17}$$

当 $\psi = 0$ 时，将其代入式（11）可得

$$\cos\theta_0 = \sin\phi\sin\delta + \cos\phi\cos\delta\cos\omega \tag{18}$$

因此得到水平面上接受到的直射辐射强度为

$$I_{b0} = I_n \cos\theta_0 \tag{19}$$

式中，I_n 为垂直于太阳光线平面上的直射辐射强度，也就是法向直射辐射强度。根据式(17)、式(19)可得

$$I_b = I_{b0} \frac{\cos\theta}{\cos\theta_0} \tag{20}$$

2）散射辐射强度 I_d 的计算

散射辐射强度的计算可通过 Ray 异质分布模型实现，该模型认为太阳光盘的辐射量和其余天空穹顶均匀分布的散射辐射量共同组成倾斜面上天空散射辐射量，计算公式[3,4]为

$$I_d = I_{d0} \left[\frac{I_{b0}}{I_0} R_b + 0.5 \left(1 - \frac{I_{b0}}{I_0} \right) (1 + \cos\psi) \right] \tag{21}$$

式中，I_{d0} 为水平面上散射辐射强度，R_b 为倾斜面上与水平面上直射辐射强度之比，I_0 为大气层外水平面太阳辐射强度。I_0 的值由下式决定：

$$I_0 = \frac{24}{\pi} I_{sc} \left(1 + 0.033\cos\frac{360n}{365} \right) \left(\cos\phi\cos\delta\sin\omega_0 + \frac{2\pi\omega_0}{360}\sin\phi\sin\delta \right) \tag{22}$$

其中，$I_{sc} \approx 1353 \ \text{W/m}^2$，代表太阳常数；$\omega_0$ 代表水平面上日落时角，且满足以下公式：

$$\omega_0 = \arccos(-\tan\phi\tan\delta) \tag{23}$$

5.2　模型求解

分别将东、西、北三个侧立面的数据代入到双目标规划模型 1 中，编写 MATLAB 程序求解（程序见数字课程网站），得到如下的结果：

（1）东侧立面：全部用薄膜电池，需 C6 型号电池 153 个，C7 型号电池 23 个；

（2）西侧立面：全部用薄膜电池，需 C6 型号电池 171 个，C7 型号电池 22 个；

（3）北侧立面：全部用薄膜电池，需 C6 型号电池 135 个，C7 型号电池 69 个。

对于屋顶面，先计算屋顶接受到的太阳辐射强度 $I_{n屋顶}$ 的值，通过式(8)～式(23)，利用 MATLAB 软件编程可得出结果（程序见数字课程网站），即屋顶面总辐射强度，由于数据量太大，我们只给出了最终结果的部分数据。分析两个屋顶斜面的总辐射量，发现朝北的斜面接受到的总太阳辐射量很小，而朝南的斜面接受到的总辐射量很大。这一结论符合常理，我们则认为光伏电池在朝北一侧不铺设，只铺设在朝南的斜面上。

由于模型 2 中的约束条件不足，求出来的结果与实际情况有较大出入。因为我们只考虑了电池组件铺设总面积小于墙面面积，没有考虑到电池形状的影响。故我们对算法进行了改进，先对墙面进行矩形分块处理，然后再代入模型 2 求解，得到的结果是在这一小块矩形区域内电池的排布情况；再进行验证，人为地在这一小块区域内排布，使得电池覆盖的面积尽可能大，同时转换效率尽可能高。下面以南侧立面的部分分析为例进行说明。

如图 1 所示，从左面开始，作出圆的垂直于地面的切线，得到一个长为 3200 mm、宽为 850 mm 的矩形。

将这一块矩形作为研究对象，代入模型 2 中，用 LINGO 软件求得需用 2 块 A3 单晶硅电池，1 块 C7 薄膜电池。这一结果是基于覆盖面积最大化，但没有考虑到电池的形状问题。A3 电池的长宽尺寸为 1580 mm×808 mm，C7 电池的长宽尺寸为 615 mm×180 mm，经分析发现，明显不能将这三块电池同时放入这个矩形区域内，故我们需要通过取舍来作

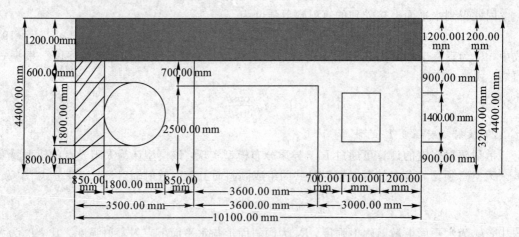

图 1　矩形分割图

调整。显然单晶硅电池的转化效率比薄膜电池高，且单个电池面积大，从效益角度出发，舍掉薄膜电池，留下的 2 块单晶硅电池可以放入矩形中，如图 2 所示。

从长来看，多余了 $3200-1580\times2=40$ mm，对比题目附件中给出的尺寸，发现没有符合最短边小于 40 mm 的电池，因此图 3 阴影部分区域不铺电池，而右边多出的空白区域可再次利用，结合还没划分到的墙面区域划分矩形板块。

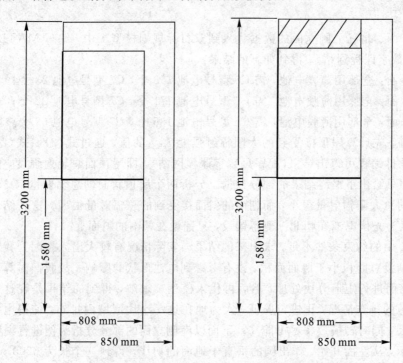

图 2　矩形内部排布　　　　图 3　阴影部分不铺电池

门框左边划分得到的矩形与以上分析的矩形完全一样，因此排布方式一样。在排好 A3 电池的基础上再划分出如图 4 所示的两个阴影部分的矩形，长均为 $3500-808\times2=1884$ mm，宽分别为 600 mm、800 mm（图中打点的区域表示无法铺设电池）。

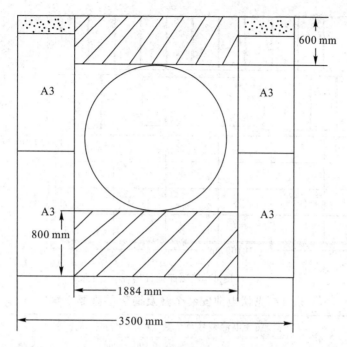

图 4　矩形划分图

　　重复以上分析方法，将第二次划分后的矩形作为研究对象代入模型 2 求解，对求解结果经分析后作适当的调整，使得小矩形内排布的电池面积覆盖率尽可能大。在排好的基础上计算矩形内剩余面积，将其与没划分墙面的面积结合起来后再划分矩形模块，不断重复以上步骤，使得墙面面积全部划分完。这样就可以求出整个墙面铺设的电池数。

　　同样的方法可以得到屋顶面的电池排布情况。

　　最终的铺设结果如下：南侧立面铺 A3 型号的单晶硅电池 8 个，C10 型号的薄膜电池 6 个，C7 型号的薄膜电池 27 个；屋顶面铺 A3 型号的单晶硅电池 43 个，C7 型号的薄膜电池 10 个。图形示意如图 5、图 6 所示。

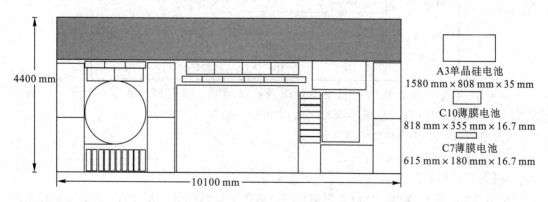

图 5　南侧立面铺设情况

　　然后根据每一面铺设电池板的型号以及个数，联合逆变器的各项输入要求，计算求解出每一个面需要的逆变器的个数以及型号，结果如表 1 所示。

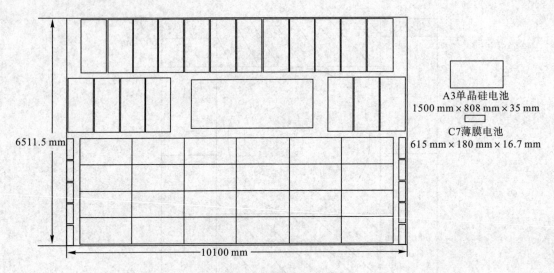

图6 屋顶面铺设情况

表1 光伏电池安装个数及逆变器需要个数

方位	安装电池型号及个数		逆变器型号及个数	
	型号	个数	型号	个数
东侧立面	C6	153	SN1	1
	C7	23	SN11	1
西侧立面	C6	171	SN11	2
	C7	22		
北侧立面	C6	135	SN1	1
	C7	69	SN2	1
南侧立面	A3	8	SN3	2
	C10	6		
	C7	27		
屋顶面	A3	43	SN8	1
	C7	10	SN7	1

对于35年电池寿命期内的总发电量以及经济效益、投资回收年限的计算,可通过MATLAB编程实现(程序见数字课程网站),得到的结果为

$$\begin{cases} 总发电量:5.1780\times10^5 \ kW \cdot h \\ 总经济效益:4.1308\times10^4 \ 元 \\ 投资回收年限:21 \ 年 \end{cases}$$

这个结果不是很理想。回收年限偏长的原因在于我们选用了大量的单晶硅,而且在北侧立面上大量铺设电池板是不太经济的。因此我们需要对模型进行优化改进,尽可能少用单晶硅并减少北侧立面上光伏电池的数量。

5.3　模型改进

经过分析，我们发现主要是单晶硅的成本过高使得投资回收年限过长，虽然单晶硅的效率较高，但因成本原因，局限太大。并且北侧立面上接受到的太阳辐射量较少，在这一面上铺设大量的光伏电池不能起到很好的发电作用，可能连开始的投资也回收不了。

我们先对用单晶硅铺设南侧立面以及屋顶面单独分析，将这两面的每一块单晶硅年发电量乘以每度电的价格，得到的就是每块单晶硅的年收益，再用单晶硅的总价格除以年收益，得到的结果表示它回收本身投资需要的年限，用公式表示就是：

$$一块单晶硅电池投资回收年限 = \frac{一块单晶硅电池价格}{年总发电量 \times 0.5}$$

同理可分析 C6、C7 的投资回收年限。计算通过 MATLAB 编程实现（程序详见数字课程网站），结果如下：

（1）A3 安装在不同平面时投资回收年限：东侧立面为 61.8810 年，南侧立面为 28.6884 年，西侧立面为 35.9552 年，北侧立面为 544.0367 年，屋顶面为 17.1609 年。

（2）C6 安装在不同平面时投资回收年限：东侧立面为 16.6112 年，南侧立面为 9.2128 年，西侧立面为 11.0133 年，北侧立面为 39.5280 年，屋顶面为 6.1296 年。

（3）C7 安装在不同平面时投资回收年限：东侧立面为 16.5137 年，南侧立面为 9.1585 年，西侧立面为 10.9487 年，北侧立面为 39.2959 年，屋顶面为 6.0936 年。

分析以上结果发现，在北侧立面铺设电池，无论铺设何种型号电池都无法在 35 年内回收成本，因此我们决定北侧立面不安装光伏电池。单晶硅在南侧立面投资回收年限为 28.6884 年，在屋顶面投资回收年限为 17.1609 年，因此对我们之前的结果进行改进，南侧立面不铺设单晶硅电池，改用薄膜电池铺设，而屋顶面保留原先的设计。最终铺设示意图如图 7～图 10 所示。东侧立面全部用薄膜电池，需用 C6 型号电池 153 个、C7 型号电池 23 个；南侧立面全部用薄膜电池，需用 C7 型号电池 137 个；西侧立面全部用薄膜电池，需用 C6 型号电池 171 个、C7 型号电池 22 个；屋顶面需用 A3 单晶硅电池 43 个、C7 型号电池 10 个。

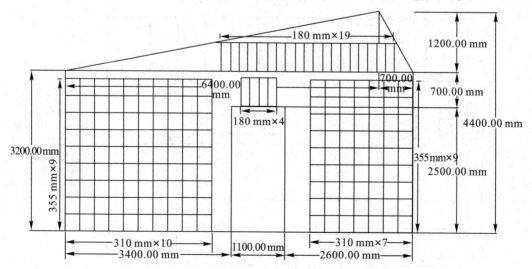

图 7　东侧立面电池排布情况

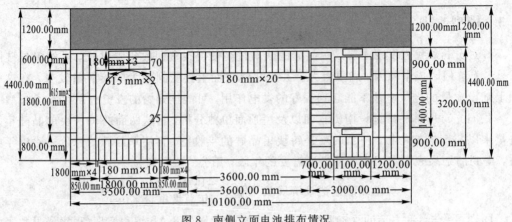

图 8   南侧立面电池排布情况

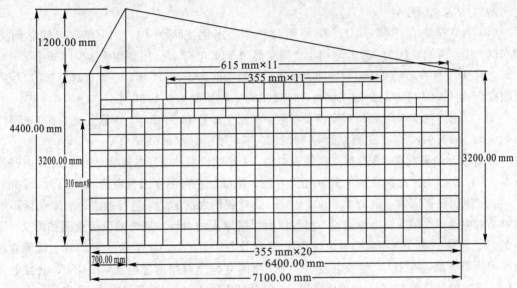

图 9   西侧立面电池排布情况

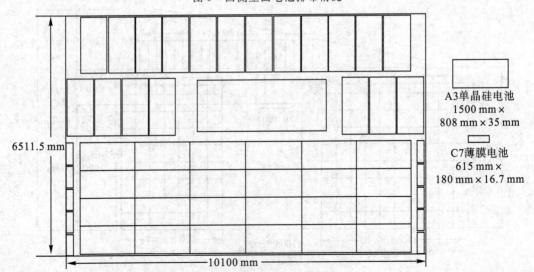

图 10   屋顶面电池排布情况

为了配合逆变器的使用，使得逆变器的利用率最大化，不造成浪费，我们对屋顶面上的电池安装个数稍作调整，将屋顶面上的 C7 号电池全部去掉，并且减少一个 A3 型号的单晶硅电池，则铺设方案需要的逆变器个数如表 2 所示。

表 2　改进后光伏电池安装个数及逆变器个数

方 位	安装电池型号及个数		逆变器型号及个数	
	型号	个数	型号	个数
东侧立面	C6	153	SN1	1
	C7	23	SN11	1
南侧立面	C7	137	SN11	1
西侧立面	C6	171	SN11	2
	C7	22		
屋顶面	A3	42	SN8	1
			SN7	1

每一个面上的电池连接方式、组件的阵列排布以及逆变器连接的示意图见图 11～图 14。

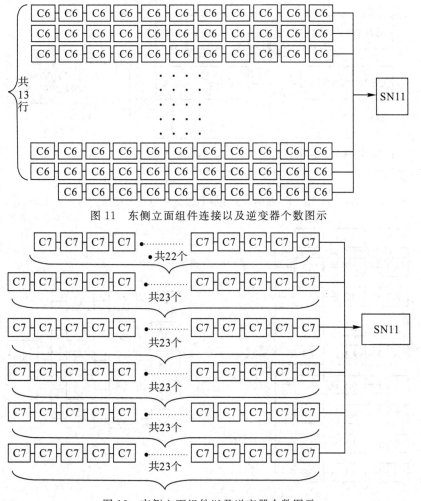

图 11　东侧立面组件连接以及逆变器个数图示

图 12　南侧立面组件以及逆变器个数图示

模型改进后得到的结果为

$$\begin{cases} 总发电量：4.4194\times10^5\ kW\cdot h \\ 总经济效益：3.9524\times10^4\ 元 \\ 投资回收年限：21\ 年 \end{cases}$$

比较模型改进前后的结果，虽然投资回收的年限没有变化，但是单位发电量获得的效益增加了。

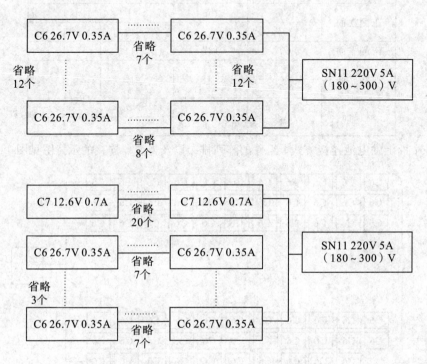

图 13　西侧立面组件以及逆变器个数图示

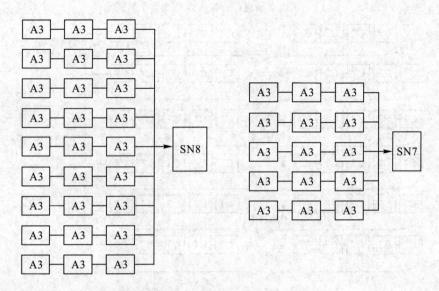

图 14　屋顶面组件以及逆变器个数图示

6　问题二模型的建立与求解

6.1　模型建立

首先要求倾角及方位角的大小。分析可知电池倾角 φ 的取值为 $[0°,90°]$，方位角 γ 的取值为 $[-90°,90°]$。要找出最佳倾角及方位角，也就是说在最佳倾角及方位角的条件下，光伏电池吸收的太阳能最大。

6.1.1　最佳倾角及方位角的计算

对一年中屋顶上单位面积接受到的太阳辐射量进行累加，在最大太阳辐射总量下对应的倾角及方位角就是我们要求的最佳倾角及方位角，条件如下：

$$\max I_{总} = \sum_{n=1}^{365} I_n \tag{24}$$

其中，变量 I_n 的计算同问题一，且

$$\begin{cases} 0 \leqslant \varphi \leqslant 90° \\ -90° \leqslant \gamma \leqslant 90° \end{cases}$$

6.1.2　电池架空安装问题

在上述求得的最佳倾角及方位角的条件下，可计算出 24 种型号的电池在水平面上的投影面积，同理将屋顶面投影到水平面上，铺设的求解问题全部转换到投影面上，这样可以简化分析与计算。根据问题一中建立的模型 2，可求出铺设需要的电池型号及个数，然后进行安装。

电池的架空安装还需要考虑到支架高度的问题，接下来主要分类讨论支架高度的确定。现设电池板的两边长分别为 l、h，屋顶面倾斜角为 α，利用几何数学知识进行求解。

情况一：当 $\dfrac{h}{l} \leqslant \dfrac{\sin\gamma}{2\cos\varphi\cos\gamma}$ 时，示意图如图 15 所示，则有

$$\begin{cases} 支架 1 的高度为：\dfrac{1}{2}l \cdot \sin\gamma \cdot \tan\alpha \\ 支架 2 的高度为：\left(\dfrac{1}{2}l \cdot \sin\gamma - h \cdot \cos\varphi \cdot \cos\gamma\right)\tan\alpha + h\cos\varphi \\ 支架 3 的高度为：h\cos\varphi - h\cos\varphi\cos\gamma\tan\alpha \end{cases} \tag{25}$$

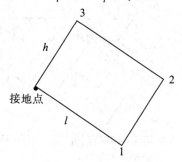

图 15　支架高度情况一

情况二：当 $\dfrac{h}{l} \geqslant \dfrac{\sin\gamma}{2\cos\varphi\cos\gamma}$ 时，示意图如图 16 所示，则有

$$\begin{cases} \text{支架 1 的高度为：} \dfrac{1}{2}l\sin\gamma \cdot \tan\alpha \\[2mm] \text{支架 2 的高度为：} h\cos\varphi - \left(h \cdot \cos\varphi\cos\gamma - \dfrac{1}{2}l\sin\gamma\right)\tan\alpha \\[2mm] \text{支架 3 的高度为：} h\cos\varphi - h\cos\varphi\cos\gamma\cos\alpha \end{cases} \tag{26}$$

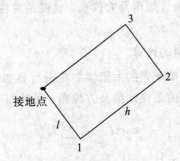

图 16　支架高度情况二

6.2　模型求解

　　倾角与方位角的求解可通过 MATLAB 编程实现(程序详见数字课程网站)，以 1° 为单位改变倾角 φ 及方位角 γ 的大小，分别求出每种情况下全年的总发电量，比较找出发电量最大值，记下对应的倾角及方位角，得倾角为 43°，方位角为 30°。

　　将朝南的屋顶斜面投影到水平面上，求出投影面积；再将 24 种型号的电池在求得的倾角为 43°、方位角为 30° 的情形下投影到水平面上，得到每一块电池的投影面积，再根据问题一中已建立的模型 2 以及求解方式，解得全部用 A3 铺设，共需要 50 块。铺设后的俯视图如图 17 所示。

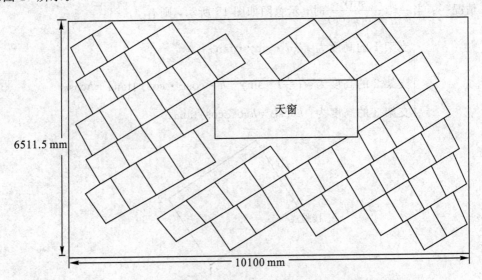

图 17　屋顶面用 A3 单晶硅电池铺设俯视示意图

在求解支架高度时，已知 A3 的尺寸为 808 mm×1580 mm，且排布时按照情况二，即

$$l=808 \text{ mm}, \quad h=1580 \text{ mm}, \quad \psi=10.62°, \quad \varphi=43°, \quad \gamma=30°$$

代入式(26)计算得到：支架 1 的高度为 37.88 mm，支架 2 的高度为 1005.7 mm，支架 3 的高度为 967.9 mm。

逆变器数量的求解与问题一中的求解方式相同，结果是：用 1 个 SN8、1 个 SN14 型号的逆变器。屋顶面上的电池连接方式、组件的阵列排布以及逆变器连接的示意图如图 18 所示。

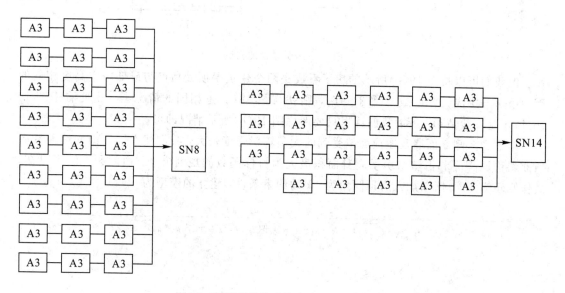

图 18　屋顶面组件连接方式及逆变器选配

其他三个侧立面的组件连接方式及逆变器个数均与问题一中的相同，这里不再给出图形。

对于 35 年的总发电量与经济效益、投资回收年限，用与问题一相同的方法，通过 MATLAB 编程求解，得到的结果为

$$\begin{cases} 总发电量：6.6899×10^5 \text{ kW} \cdot \text{h} \\ 总经济效益：1.2426×10^5 元 \\ 投资回收年限：16 年 \end{cases}$$

7　问题三模型的建立与求解

下面对求解中用到的符号作如下说明：

f——南侧立面面积与朝南屋顶面面积之和与小屋周身面积的比值；

$a_1 \sim a_4$——小屋的边界长度；

$a_5 \sim a_8$——依次代表南、东、西、北四个面上的窗口面积；

a_9——屋顶的最高点到地面的距离；

z——排放的矩形的个数。

我们假设房子屋顶的一般构造为如图 19 所示的两种方式，屋顶的最高点设在中间或边缘上。

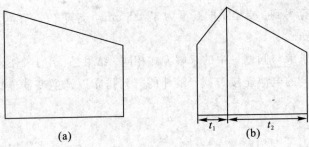

(a)   (b)

图 19　房子屋顶的构造

但我们可以将图 19(b)所示的房子看成是两个建筑屋顶最高点与最低净空高度相同的第一个房子拼成，当 t_1 或 t_2 等于 0 时，则就与图 19(a)是相同的情况了。由此看来图 19(b)所示是一般情形，所以我们这里只要考虑图 19(b)所示情况即可。

考虑到南侧立面墙及屋顶面接受到的太阳辐射强度较大，我们建立了以南向墙面和屋顶前斜面面积之和占整个房子周身面积最大为目标函数的规划模型，由问题二结果可知，最佳倾角为 43°，所以加入房顶倾角为 43°的约束条件，建立的模型为

$$\max f = \frac{a_1 \times a_4 + \sqrt{(a_3 - a_4)^2 + t_1^2} \times a_1}{a_1 \times a_4 + (a_3 + a_4) \times t_1 + \sqrt{(a_3 - a_4)^2 + t_1^2} \times a_1 + a_1 \times a_9 + (a_3 + a_9) \times t_2 + \sqrt{(a_3 - a_9)^2 + t_2^2} \times a_1 - a_5 - a_6 - a_7 - a_8}$$

$$\text{s. t.} \begin{cases} 3 \leqslant a_1 \leqslant 15 \\ 3 \leqslant a_2 \leqslant 15 \\ a_1 \times a_2 \leqslant 74 \\ t_1 + t_2 = a_2 \\ a_3 \leqslant 5.4 \\ 2.8 \leqslant a_4 \leqslant a_3 \\ a_4 \leqslant a_9 \leqslant a_3 \\ a_5 + a_6 + a_7 + a_8 \geqslant 0.2 \times a_1 \times a_2 \\ a_5 \leqslant 0.5 \times a_1 \times a_4 \\ a_6 \leqslant 0.35 \times 0.5 \times ((a_3 + a_4) \times t_1 + (a_3 + a_9) \times t_2) \\ a_7 \leqslant 0.35 \times 0.5 \times ((a_3 + a_4) \times t_1 + (a_3 + a_9) \times t_2) \\ a_8 \leqslant 0.3 \times a_1 \times a_9 \\ a_3 - a_4 = \tan(43°) \times t_1 \\ t_1 \geqslant 0 \end{cases}$$

通过 LINGO 编程求得的结果如下：

(1) f 最大为 0.573；

(2) 边界长为 $a_1 = 15$，$a_2 = 15$，$a_3 = 5.4$，$a_4 = 2.8$，$t_1 = 2.858$，$t_2 = 12.142$，$a_9 = 5.258$；

(3) 南窗口面积 $a_5 = 0$，东窗口面积 $a_6 \approx 4.366$，西窗口面积 $a_7 \approx 4.366$，北窗口面积 $a_8 \approx 23.663$。

有了房屋的各长度特征，考虑到南侧立面以及屋顶面的面积很大，且在这两个面上接受到的太阳辐射量最大，东、西两侧立面的面积较小，北侧立面接受到的太阳辐射量不充足，于是对小屋的南侧立面和屋顶南向斜面来做电池板的覆盖规划。

首先用价格和发电量的双目标规划来大概地估计出哪种电池板更适合作为铺盖材料，LINGO 软件编程后得出选用的材料为 C6，确定好 C6 后，再对墙面和屋顶分别作整数规划；分别按照电池板的不同摆放情况分两类讨论，选出目标较优的那组作为最终结果。

情况一：

$$\max z = m \times n$$

$$s.t. \begin{cases} m \times a \leqslant c_1 \\ n \times b \leqslant c_2 \\ m, n \text{ 为整数} \end{cases}$$

情况二：

$$\max z = m \times n$$

$$s.t. \begin{cases} m \times b \leqslant c_1 \\ n \times a \leqslant c_2 \\ m, n \text{ 为整数} \end{cases}$$

其中，z 表示在某一面上可以排的 C6 型号电池的个数，a、b 分别表示 C6 型号电池的长和宽。

通过求解，得到小屋整体示意图如图 20 所示，南侧立面和屋顶面的电池分布分别如图 21、图 22 所示。

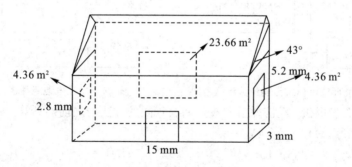

图 20　小屋整体示意图

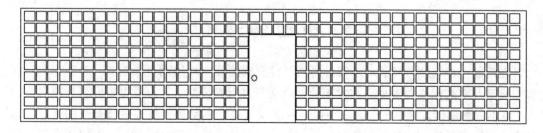

图 21　南侧立面 C6 电池的排布

通过计算得到，需要的逆变器 SN4 为 4 个。光伏电池组件的连接方式及逆变器选配示意图见图 23、图 24。

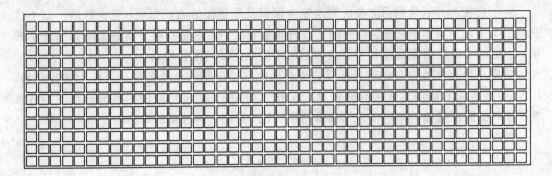

图 22   屋顶面 C6 电池的排布

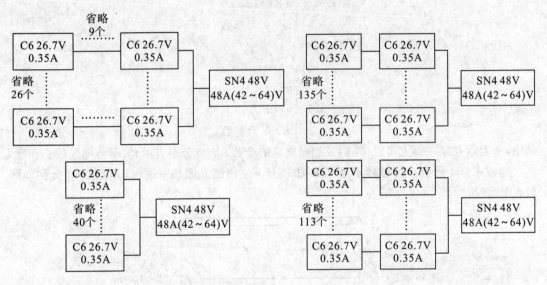

图 23   南侧立面墙电池组件连接分组阵列图   图 24   屋顶电池组件连接分组阵列图

计算 35 年总发电量、经济效益及投资回收年限的方法与之前的计算方法一样,结果为

$$\begin{cases} 总发电量:1.3947 \times 10^5 \text{ kW} \cdot \text{h} \\ 总经济效益:2.9736 \times 10^5 \text{ 元} \\ 投资回收年限:8 \text{ 年} \end{cases}$$

8   模型的评价

在问题一中,我们根据太阳辐射的强弱对小屋的五个外墙面分类讨论,建立了单目标规划模型及双目标规划模型。在对不同的电池板进行铺设时,我们采用矩形划分的方法讨论,将不规则的铺设区域划分,以小块矩形区域为研究对象进行电池板排布数的计算。这种方法可以高效地利用整个墙面的区域,逼近总发电量尽可能大的目标。我们还在结果的基础上进行模型分析改进优化,得到的结果比较合理。

在问题二中,我们建立了模型,将求解最佳倾角及方位角的问题转变成求全年接受到太阳辐射量最大的问题。在求解斜面上安装具有倾角与方位角的电池板问题时,我们将斜面与电池板全部垂直投影到水平面上,利用它们的投影面积进行排布,这样做简化了计算。

在问题三中，考虑到南侧立面以及朝南屋顶面接受到的太阳辐射最强，因此它们的面积之和应该在小屋总面积中占较大的比重，我们将它们比值的最大化作为目标函数，并结合问题中求得的 43°最佳倾角建立了规划模型。最终得到的结果比较理想。

我们所建模型的不足之处在于人为计算的工作量较大，模型不能给出最优解，有较多的计算过程带有一定的主观性。

参 考 文 献

[1]　DAUFFIE J A，BECKMAN W A.太阳能-热能转换过程[M].葛新石,等译.北京：科学出版社,1980.

[2]　邱国全.太阳时的计算[J].太阳能,1998(1)：7.

[3]　申政,吕建,杨洪兴,等.太阳辐射接受面最佳倾角的计算分析[J].天津城市建设学院学报,2009,15(1)：61 - 64.

[4]　沈辉,曾祖勤.太阳能光伏发电技术[M],北京：化学工业出版社,2005.

论 文 点 评

该论文获得 2012 年"高教社杯"全国大学生数学建模竞赛 B 题的一等奖。

1. 论文采用的方法和步骤

（1）对于问题一，提出采用帖附安装方式对小屋铺设光伏电池组件。由于题目附件 4 给出了山西省大同市一年的典型气象数据以及东西南北面的总辐射强度，所以只需计算屋顶斜面总辐射强度，由题目推荐的文献中的相关公式给出。考虑到不同面上接受到的太阳辐射强度差异较大，将五个面分两类讨论，第一类为东、西、北三个侧立面，第二类为屋顶面和南侧立面。第一类鉴于东、西、北这三个侧立面的总辐射强度低，太阳能转换得到的能量相对较少，建立了小屋全年太阳能光伏总发电量最大，而单位发电量的费用最小的双目标整数规划模型。第二类，结合附件所给信息以及常识可知，南侧立面以及向阳的屋面接受到的太阳辐射总量是最大的，因此在这两个面上选择了安装转化效率高的晶硅组件，建立了全年总发电量最大的单目标规划模型，而且进一步考虑了单晶硅成本高的问题，故南侧立面选择采用薄膜电池铺设。通过 MATLAB 编程实现，给出了对铺设面逐块分析确定的铺设方案，进而分析了 35 年获得的经济效益以及投资回收年限。

（2）对于问题二，结合房屋的实际结构，假设了只在屋顶上采用整体架空的安装方式，而在东、南、西三个侧立面采用贴附的安装方式，因此只需重点考虑屋顶斜面的最佳倾角及方位角即可，根据计算结果重新考虑问题一。最佳倾角及方位角意味着在这种放置情形下，能够接受到的太阳辐射总量达到最大值。通过对一年中屋顶上单位面积接受到的太阳辐射量进行累加，分别将倾角与方位角以 1°为单位改变，利用多元搜索方法，找出最大的太阳辐射总量值，得到最佳倾角及方位角。为了求解方便，提出了在投影面上求解的想法，将屋顶斜面与按最佳倾角、方位角放置的电池板均投影到水平面上，利用它们的投影面积求解，求解方法与问题一相同。得到了铺设方案与 35 年的总发电量、经济效益及投资回收年限。

　　（3）对于问题三，小屋设计中考虑了南侧立面以及屋顶斜面最佳倾角，以南向墙面和屋顶前斜面面积之和占整个房子周身面积最大为目标函数进行规划，根据计算结果，画出了最佳小屋图形，并计算出了小屋南侧立面及屋顶面铺设光伏电池的收益与成本。

2. 论文的优点

　　该论文考虑到了不同面上接受到的太阳辐射强度的差异性，将东西南北面与屋顶斜面的不同面分为两类，分别建立了以总发电量最大和单位发电量费用最小为双目标的优化模型及以全年总发电量最大为单目标的优化模型，给出了较优的光伏电池与逆变器的选择方案。为使接受到的太阳辐射总量达到最大值，对电池板小屋的最佳倾角和房屋方位角进行了设计。该论文对问题处理较为完整。

3. 论文的缺点

　　该论文在对墙面铺设光伏电池的选择讨论上存在不足，对于某些模型算法和求解过程的描述不够详细。

第 5 篇 碎纸片的拼接复原[④]

队员:张旭萌(数学与应用数学),崔宇(数学与应用数学),顾尔健(计算机科学与技术)
指导教师:数模组

摘 要

本文针对不同规模和难度的碎纸片拼接问题,制定了贪心算法、模拟退火算法、合成启发式算法等多种策略,并利用分类思想,化繁为简,大大提高了算法的效率;同时本文兼顾到问题求解的时间、人工干预的时机和距离函数的选择,开发出了人性化的具有实用功能的计算机软件,实现了对模型的进一步拓展。

首先,我们类比经典的关于 TSP 问题的数学模型的建立过程,删除"返回起始点"的限制条件,并利用 0 - 1 规划思想建立了简洁的模型。在距离函数的选择上,本文以实用性为原则,舍弃了贝叶斯分类器等复杂的函数,而选择了实验效果较好的绝对值距离和欧氏距离,同时利用统计最优解和次优解的区分度对这两种距离函数作出了评价。

对于问题一,在以上模型的基础之上,利用贪心算法即可直接搜索出最基本问题的排列顺序。

对于问题二,针对规模更大、更复杂的情况,本文采用了分类思想,利用碎纸片的行特征,如行高、文字相对坐标等,将题目所给两页文件的碎纸片数据划分到各个行,形成若干个子问题,然后分别求解,最后再将解得的行进行合并。对于中文碎纸片,本文巧妙地提取碎纸片文字中心,从而确定出一个中心位置,以此为标准进行划分,无需人工干预就可将所有碎纸片划分到 11 个行;之后,利用模拟退火算法对每一个行的排列进行求解优化,最后人为地对结果进行调整。对于英文碎纸片,其特征信息相对更少,考虑到英文字母的特点,本文利用灰度值密度确定碎纸片特征位置坐标,并以此作为划分的依据;由于英文碎纸片在行相对坐标上有重叠,并没有像中文碎纸片那样被直接划分成 11 个行,因此我们放弃了模拟退火算法,以局部优化的方式代替了全局优化,采用更灵活的合成启发式算法,对每一次成功拼接的碎纸片进行保留,同时记录失败的拼接,防止重复搜索,并设置函数判别阈值,在合适的时机由人去判别是否拼接,此种方法拼接效率较好。

对于问题三,针对双面有字的碎纸片,求解问题二的方法也同样适用。本文额外设计了一种关联算法,在碎纸片一面拼接时,同时将另一面拼接好,减少了拼接次数。

此外,我们还对碎纸片的识别,如中英文碎纸片的区分、两张混杂在一起的碎纸片的拼接、模式匹配等方面进行了拓展研究,并设计了简单易用的软件,使得人工干预更为方

---

④此题为 2013 年"高教社杯"全国大学生数学建模竞赛 B 题(CUMCM2013—B),此论文获该年全国一等奖。

便，模型的实用性更强。

本文的特色在于人性化的考虑，在成功解决问题的基础之上，利用合理的分类和高效的优化算法，大大降低了人为干预的次数，而在不得不介入人为干预的情况下，又设计出友好的程序软件，方便了人们的使用。

关键词：灰度矩阵；TSP 问题；相似性测度；模拟退火算法；合成启发式算法

1 问题重述与分析

碎纸片的拼接在司法物证复原、历史文献修复以及军事情报获取等领域都有着重要的应用。传统上，拼接复原工作需由人工完成，准确率较高，但效率很低。特别是当碎纸片数量巨大时，人工拼接很难在短时间内完成任务。随着计算机技术的发展，人们试图开发碎纸片的自动拼接技术，以提高拼接复原的效率。

1.1 问题一的重述与分析

问题一中所给出的文字图片仅是通过对原图片纵切形成的，要求通过建立碎纸片拼接复原模型和算法对所有图片进行排序，恢复原图片。由于碎纸片的边缘信息可以反映该图片的特征，因此我们首先可以提取出图片的边缘信息。又由于图片仅被纵切，边缘处所保留的信息较多，故可以不考虑中英文字的区别，取边缘信息相似的图片进行拼接，即可对原文字图片进行复原。

1.2 问题二的重述与分析

问题二中所给出的文字图片相比较问题一来说，又对图片进行了横切，我们考虑解决本题的方法依然是通过对两两图片的边缘信息进行比较，但是在加入了横切之后，使得图片过小，边缘信息缺失过多，可能导致拼接的结果并不是很理想，因此，我们在问题二中需要考虑对图片提取文字特征，通过文字特征按行进行分类，再对各行中的图片进行比较拼接。

1.3 问题三的重述与分析

问题三中所给出的碎纸片为双面英文文字的横、纵切碎纸片，所以可以设计一种关联算法，将同一碎纸片的 a 面与 b 面联系起来，只要一面拼接好，另一面就自动拼接好。

2 模型假设

本文的研究基于以下基本假设：

(1) 假设所有附件中给出的碎纸片图像不存在重叠部分；

(2) 假设文件中的碎纸片没有缺失；

(3) 假设全部碎纸片形状相同且规整。

3　符　号　说　明

下面对在本文研究过程中用到的符号作以下说明：

i——每张碎纸片图像纵向有 i 个像素点；

j——每张碎纸片图像横向有 j 个像素点；

l_{ij}——(i,j) 处图像的灰度值；

d_{ij}——两碎纸片边缘灰度的偏差距离；

$\boldsymbol{X}_k$——第 k 张碎纸片图像的右特征向量；

$\boldsymbol{Y}_k$——第 k 张碎纸片图像的左特征向量；

h'——中文碎纸片中心位置的高度。

4　模　型　的　建　立

4.1　碎纸片的预处理

首先用 MATLAB 软件读取题目所给附件中每张碎纸片图像的灰度信息[1]，利用 MATLAB 自带的 imread 函数可将其自动转化为灰度矩阵：

$$\boldsymbol{L}_k=\begin{bmatrix} l_{11} & l_{12} & \cdots & l_{1j} \\ l_{21} & l_{22} & \cdots & l_{2j} \\ \vdots & \vdots & & \vdots \\ l_{i1} & l_{i2} & \cdots & l_{ij} \end{bmatrix}\quad k=1,2,\cdots,n$$

其中，j 表示每张图像横向有 j 个像素点，i 表示每张图像纵向有 i 个像素点，且任意像素点的灰度值 l 的范围在 $[0,255]$，白色为 255，黑色为 0。

同时，我们定义：$\boldsymbol{X}_k=\begin{bmatrix} l_{11} & l_{21} & \cdots & l_{i1} \end{bmatrix}^{\mathrm{T}}$ 为第 k 张碎纸片图像的右特征向量，$\boldsymbol{Y}_k=\begin{bmatrix} l_{1j} & l_{2j} & \cdots & l_{ij} \end{bmatrix}^{\mathrm{T}}$ 为第 k 张碎纸片图像的左特征向量。

考虑到实际情况，一页纸左右两端通常会有留白，所以在 $\boldsymbol{L}_k$ 中取一个 $i\times m$ 阶子矩阵，得到：

$$\boldsymbol{P}_k=\begin{bmatrix} l_{11} & l_{12} & \cdots & l_{1m} \\ l_{21} & l_{22} & \cdots & l_{2m} \\ \vdots & \vdots & & \vdots \\ l_{i1} & l_{i2} & \cdots & l_{im} \end{bmatrix}\quad k=1,2,\cdots,n$$

其中，m 根据实际情况人为定义，且 $1<m<n$。

我们对全部子矩阵内的灰度值进行比较，白色（$l=255$）出现次数最多的子矩阵所对应的碎纸片即为最左端的纸片。

同理，可以确定最右端的纸片。

4.2　类比 TSP 问题的 0 – 1 规划模型

TSP 问题[2]（旅行商问题），是最基本的路线问题，该问题是在寻求单一旅行者由起点出发,通过所有给定的需求点之后,最后再回到原点的最小路径成本。

类比 TSP 问题,我们将每一张碎纸片当作旅行中需经过的一点,以两碎纸片边缘灰度信息的偏差距离作为路径成本,与原问题不同的是碎纸片拼接不需要返回原点。

对于 n 张碎纸片,定义 0-1 整数型变量 $x_{ij}=1$ 表示第 i 张碎纸片拼接在第 j 张碎纸片的左边,否则 $x_{ij}=0$。特别地,根据 4.1 中碎纸片的预处理,很容易可以找到端点处的碎纸片,我们将最左端碎纸片的序号定为 1,最右端碎纸片的序号定为 n,由此可建立最短路径 0-1 规划模型,表达式如下:

$$\min Z = \sum_{i=1}^{n} \sum_{j=1}^{n} d_{ij} x_{ij} \quad i \neq j$$

$$\text{s. t.} \begin{cases} x_{ij}=0 & i=n \\ x_{ij}=0 & j=1 \\ \sum_{i=1}^{n-1} x_{ij}=1 & i \neq j;\ j=1,\cdots,n \\ \sum_{j=2}^{n} x_{ij}=1 & i \neq j;\ i=1,\cdots,n \end{cases}$$

其中,d_{ij} 表示第 i 号碎纸片与第 j 号碎纸片边缘拼接处灰度值的偏差距离。

4.3 基于模式相似性测度的偏差距离模型

模式识别中最基本的研究问题是样品与样品之间或类与类之间的相似性测度[3]问题,我们采用近邻准则判断两张碎纸片图像边缘灰度信息的相似性,将任意碎纸片 $k(k \neq n)$ 的右特征向量 $\boldsymbol{X}_k$ 作为模板,与其他每一张碎纸片的左特征向量 $\boldsymbol{Y}_t$ 作比较,观察哪个与模板最相似,则与模板最相似的这个就是模板的近邻,即 t 纸片排在 k 纸片的右边。

计算模式相似性测度的距离算法有绝对值距离、欧氏距离、马氏距离、夹角余弦距离等,针对中、英文文本,我们分别测试了不同的距离算法。

绝对值距离:

$$d_{ij} = |\boldsymbol{X}_k - \boldsymbol{Y}_t| = \sum_{w=1}^{n} |x_{kw} - y_{tw}|$$

欧氏距离:

$$d_{ij} = (\boldsymbol{X}_k - \boldsymbol{Y}_t)^{\mathrm{T}}(\boldsymbol{X}_k - \boldsymbol{Y}_t) = \|\boldsymbol{X}_k - \boldsymbol{Y}_t\|^2 = \sum_{w=1}^{n} (x_{kw} - y_{tw})^2$$

马氏距离:

$$d_{ij} = D_{ij}^2 = (\boldsymbol{X}_k - \boldsymbol{Y}_t)^{\mathrm{T}} \boldsymbol{S}^{-1}(\boldsymbol{X}_k - \boldsymbol{Y}_t)$$

$$\boldsymbol{S} = \frac{1}{N-1} \sum_{k=1}^{i} (\boldsymbol{X}_k - \bar{\boldsymbol{X}})(\boldsymbol{X}_k - \bar{\boldsymbol{X}})^{\mathrm{T}} \qquad \bar{\boldsymbol{X}} = \frac{1}{N} \sum_{k=1}^{i} \boldsymbol{X}_k$$

夹角余弦距离:

$$S(\boldsymbol{X}_k, \boldsymbol{Y}_t) = \cos\theta = \frac{\boldsymbol{X}_k^{\mathrm{T}} \boldsymbol{Y}_t}{\|\boldsymbol{X}_k\| \cdot \|\boldsymbol{Y}_t\|}$$

距离函数的选择并非一成不变,可根据不同的情况选择合适的距离函数。

5　模型的求解

5.1　问题一的求解

　　MATLAB 有着强大的图像读取分析能力，在得到碎纸片图像的灰度矩阵后，我们提取出所需的特征向量，即灰度矩阵第一列及最后一列，通过 4.1 中的方法，确定放在最左端及最右端的碎纸片，从最左端的碎纸片（序号设为 1）开始，采用贪心算法（即每一步均保证局部最优化，找出左特征向量与前一张图像右特征向量最匹配的碎纸片图像）并选取合适的距离函数进行比较。

　　前面提出了绝对值距离、欧氏距离、马氏距离和夹角余弦距离等多种距离函数，此外还可以利用人工智能和模式识别领域中的分类器（如贝叶斯分类器、神经网络分类器等）。但是我们通过实践对比后发现，对于本题，大多数复杂的距离函数并不能增加识别效果。因此，我们只考虑采用绝对值距离和欧氏距离作为之后算法中的距离函数，识别效果如图 1 所示。

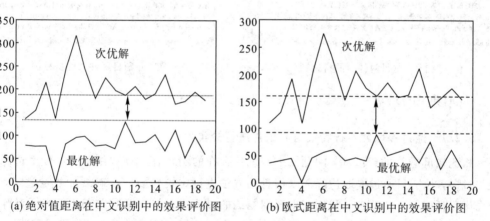

(a) 绝对值距离在中文识别中的效果评价图　　　(b) 欧式距离在中文识别中的效果评价图

图 1　碎纸片特征匹配中最优解区分度对比

（横坐标为进行匹配的碎纸片序号，纵坐标为匹配距离）

　　当我们对中文碎纸片进行匹配时，采用绝对值距离及欧氏距离作为距离函数都具有较好的区分度。从图像上可以看出，采用欧氏距离，使得每张碎纸片的期望拼接对象与潜在的会引起匹配错误的次优匹配对象具有更大的区分度，所以，在一般情况下，采用欧氏距离作为距离函数会使匹配效果更好，有趣的是，在做英文内容的碎纸片匹配时，情况相反。因此，在之后的算法中，我们将更灵活地使用这两种距离函数，而不会固定为一种。

　　最终得到的题目附件一及附件二的碎纸片排序表格如表 1、表 2 所示，拼接图如图 2、图 3 所示。

表 1　题目附件一复原结果表

008	014	012	015	003	010	002	016	001	004	005	009	013	018	011	007	017	000	006

表 2　题目附件二复原结果表

003	006	002	007	015	018	011	000	005	001	009	013	010	008	012	014	017	016	004

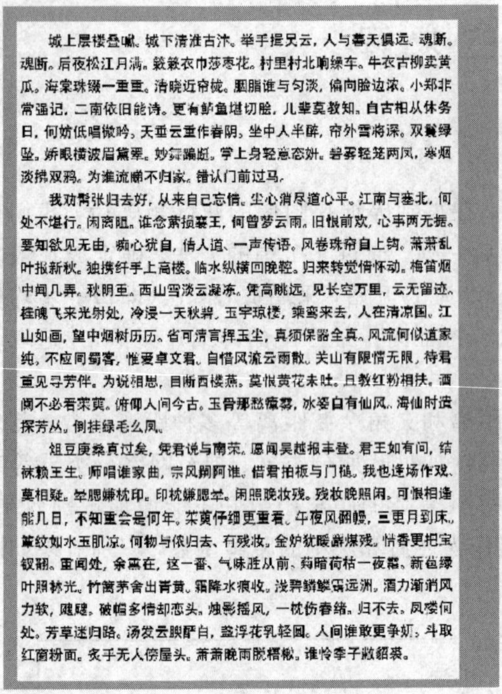

城上层楼叠巘。城下清淮古汴。举手揖吴云，人与暮天俱远。魂断。魂断。后夜松江月满。簌簌衣巾落枣花。村里村北响缫车。牛衣古柳卖黄瓜。海棠珠缀一重重。清晓近帘栊。胭脂谁与匀淡，偏向脸边浓。小郑非常强记，二南依旧能诗。更有鲈鱼堪切脍，儿辈莫教知。自古相从休务日，何妨低唱微吟。天垂云重作春阴。坐中人半醉，帘外雪将深。双鬟绿坠。娇眼横波眉黛翠。妙舞蹁跹。掌上身轻意态妍。碧雾轻笼两凤，寒烟淡拂双鸦。为谁流睇不归家。错认门前过马。

我劝髯张归去好，从来自己忘情。尘心消尽道心平。江南与塞北，何处不堪行。闲离阻。谁念萧损襄王，何曾梦云雨。旧恨前欢，心事两无据。要知欲见无由，痴心犹自，倩人道、一声传语。风卷珠帘自上钩。萧萧乱叶报新秋。独携纤手上高楼。临水纵横回晚鞚。归来转觉情怀动。梅笛烟中闻几弄。秋阴重。西山雪淡云凝冻。凭高眺远，见长空万里，云无留迹。桂魄飞来光射处，冷浸一天秋碧。玉宇琼楼，乘鸾来去，人在清凉国。江山如画，望中烟树历历。省可清言挥玉尘，真须保器全真。风流何似道家纯，不应同蜀客，惟爱卓文君。自惜风流云雨散。关山有限情无限，待君重见寻芳伴。为说相思，目断西楼燕。莫恨黄花未吐。且教红粉相扶。酒阑不必看茱萸。俯仰人间今古。玉骨那愁瘴雾，冰姿自有仙风。海仙时遣探芳丛。倒挂绿毛么凤。

俎豆庚桑真过矣，凭君说与南荣。愿闻吴越报丰登。君王如有问，结袜赖王生。师唱谁家曲，宗风嗣阿谁。借君拍板与门槌。我也逢场作戏、莫相疑。晕腮嫌枕印。印枕嫌腮晕。闲照晚妆残。残妆晚照闲。可恨相逢能几日，不知重会是何年。茱萸仔细更重看。午夜风翻幔，三更月到床。簟纹如水玉肌凉。何物与侬归去、有残妆。金炉犹暖麝煤残。惜香更把宝钗翻。重闻处，余熏在，这一番、气味胜从前。菊暗荷枯一夜霜。新苞绿叶照林光。竹篱茅舍出青黄。霜降水痕收。浅碧鳞鳞露远洲。酒力渐消风力软，飕飕。破帽多情却恋头。烛影摇风，一枕伤春绪。归不去。凤楼何处。芳草迷归路。汤发云腴酽白，盏浮花乳轻圆。人间谁敢更争妍。斗取红窗粉面。炙手无人傍屋头。萧萧晚雨脱梧楸。谁怜季子敝貂裘。

图 2　题目附件一的拼接图

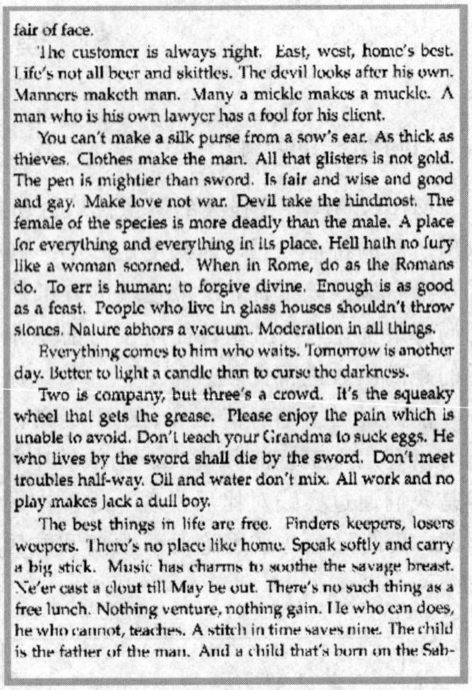

fair of face.

The customer is always right. East, west, home's best. Life's not all beer and skittles. The devil looks after his own. Manners maketh man. Many a mickle makes a muckle. A man who is his own lawyer has a fool for his client.

You can't make a silk purse from a sow's ear. As thick as thieves. Clothes make the man. All that glisters is not gold. The pen is mightier than sword. Is fair and wise and good and gay. Make love not war. Devil take the hindmost. The female of the species is more deadly than the male. A place for everything and everything in its place. Hell hath no fury like a woman scorned. When in Rome, do as the Romans do. To err is human; to forgive divine. Enough is as good as a feast. People who live in glass houses shouldn't throw stones. Nature abhors a vacuum. Moderation in all things.

Everything comes to him who waits. Tomorrow is another day. Better to light a candle than to curse the darkness.

Two is company, but three's a crowd. It's the squeaky wheel that gets the grease. Please enjoy the pain which is unable to avoid. Don't teach your Grandma to suck eggs. He who lives by the sword shall die by the sword. Don't meet troubles half-way. Oil and water don't mix. All work and no play makes Jack a dull boy.

The best things in life are free. Finders keepers, losers weepers. There's no place like home. Speak softly and carry a big stick. Music has charms to soothe the savage breast. Ne'er cast a clout till May be out. There's no such thing as a free lunch. Nothing venture, nothing gain. He who can does, he who cannot, teaches. A stitch in time saves nine. The child is the father of the man. And a child that's born on the Sab-

图 3　题目附件二的拼接图

5.2　问题二的求解

5.2.1　通过提取文字行特征对碎纸片进行分类

相比较问题一的碎纸片，问题二中碎纸片存在的问题有：① 碎纸片太小使其边缘信息缺失过多，无法只通过提取边缘灰度信息的方法进行比较拼接；② 碎纸片数量过多，使用全局优化耗时过大。因此，我们在求解问题二的过程中，首先根据文字的行特征对碎纸片进行分类，将原本位于同一行的碎纸片分为一类。这样，就将问题二转化成了问题一。

1) 对中文文本的分类

按照汉字的书写(打印)习惯，每一个字都是居中的，即同行文字的中心是处于同一水平线上的。所以，我们提取出每一张碎纸片上第一行完整文字的中心位置的信息，相同的即为一类。

如图 4 所示，图像顶端到第一行完整文字顶端的距离为 h_1，图像顶端到第一行完整文字底端的距离为 h_2，则文字的高度为 $h=h_2-h_1$，$h'=\frac{h_1+h_2}{2}$ 即为图像顶端到第一行完整文字的中心的距离，我们把它称为中心位置高度。

特别地，我们考虑到如图 5 所示的情况，显然，碎纸片 014 与 128 应为同一行，但是由于碎纸片 014 包含段首空格，按照上述方法提取行特征信息得到的中心位置高度为 $h'=\frac{h_1'+h_2'}{2}$，而碎纸片 128 的中心位置高度为 $h'=\frac{h_1''+h_2''}{2}$。这时，比对两张碎纸片的中心位置就会判断它们不属于同一类，显然错误。

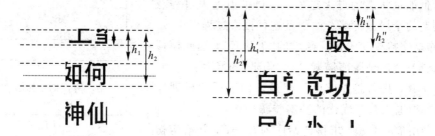

图 4　题目附件三中的碎纸片 000　　　　图 5　题目附件三中的碎纸片 014 与 128

因此，我们加入判定条件：当图像顶端到第一行完整文字顶端的距离 h_1 大于一个行高 a 与字高 b 之和时，用 $\Delta h = h_1 - (a+b)$ 表示该图像顶端到第一行完整文字顶端的距离，则中心位置为

$$h' = \frac{\Delta h + h_2}{2} = \frac{h_1 - (a+b) + h_2}{2}$$

2）对英文文本的分类

由于英文字母要按照四线三格书写，并不对称，所以同行不同字母的中心不在一条水平线上，故不能采用与中文文本一样的方法确定中心位置。

通过观察可知，通常在四线三格的第二条线与第三条线处像素点的密度最大，所以我们定义四线三格的第三条线为碎纸片的一个特征位置。

如图 6 所示，读取题目附件四中碎纸片 144 的灰度信息，可以据此作出灰度密度图像，如图 7 所示。

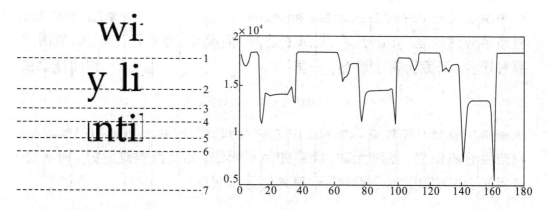

图 6　题目附件四中的碎纸片 144　　　图 7　题目附件四中碎纸片 144 的灰度密度图像

分析可知，图 7 中的各极值点对应的即为四线三格的第二条线与第三条线，则可据此确定图像的特征位置。

5.2.2　基于模拟退火算法的中文碎纸片优化

通过分类，我们最终可以划分出 11 类碎纸片，再对每一类中的碎纸片采用求解问题一的方法进行第一次排列，作为一个初始解，再使用模拟退火算法[4]对初始解进行优化。

中文碎纸片拼接步骤如图 8 所示。

模拟退火算法[5-8]求解组合最优化问题的基本思想是将一个优化问题比拟成一个热力学系统，将优化问题的目标函数比拟成系统的能量，将优化求解过程比拟成系统逐步降温以达到最低能量状态的退火过程，通过模拟退火过程获得优化问题的全局最优解。由于其迭代搜索过程以 Boltzman 分布概率接受对于目标函数的"劣化解"，因此模拟退火算法具有突出地脱离局域最优"陷阱"的能力。

对于本题，我们需要求出一个最好的碎纸片排列序列，利用模拟退火算法优化的基本步骤如下：

（1）利用贪心算法，求得初始序列 $C' \in S$，并给定初始温度 $T > 0$（S 代表着所有可行序列）。

（2）进行随机热扰动，生成新的序列 $C'' \in N(C')$，并依 Metropolis 判据接受 C''，即，若

$$\min\left\{1, \exp\left(-\frac{d(C'') - d(C')}{T}\right)\right\} > \eta$$

则 $C' = C''$。

其中，$N(C') \subset S$ 为 C' 的邻域，η 为 $[0, 1)$ 区域上均匀分布的随机数。

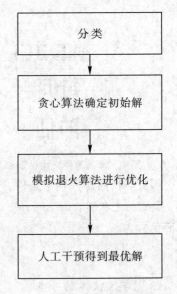

图 8　中文碎纸片拼接步骤

（3）若在此温度 T 下 Metropolis 迭代过程已经稳定，即已达到热平衡，则转到步骤（4）；否则，转步骤（2）。

（4）若满足算法终止判据，即退火过程结束，则输入当前序列作为最优碎纸片排序 $C_{\text{opt}} = C'$，算法结束；否则，按一定方式降低温度，即取 T 为 $T - \Delta T (\Delta T > 0)$，转步骤（2）。

采用模拟退火算法前、后的拼接图，如图9、图 10 所示。

图 9　采用模拟退火算法前的拼接图

图 10　采用模拟退火算法后的拼接图

最终得到的题目附件三的碎纸片排序表格如表3所示，拼接图如图11所示。

表 3　题目附件三复原结果表

049	054	065	143	186	002	057	192	178	118	190	095	011	022	129	028	091	188	141
061	019	078	067	069	099	162	096	131	079	063	116	163	072	006	177	020	052	036
168	100	076	062	142	030	041	023	147	191	50	179	120	086	195	026	001	087	018
038	148	046	161	024	035	081	189	122	103	130	193	088	167	025	008	009	105	074
071	156	083	132	200	017	080	033	202	198	015	133	170	205	085	152	165	027	060

续表

014	128	003	159	082	199	135	012	073	160	203	169	134	039	031	051	107	115	176
094	034	084	183	090	047	121	042	124	144	77	112	149	097	136	164	127	058	043
125	013	182	109	197	016	184	110	187	066	106	150	021	173	157	181	204	139	145
029	064	111	201	005	092	180	048	037	075	055	044	206	010	104	098	172	171	059
007	208	138	158	126	068	175	045	174	000	137	053	056	093	153	070	166	032	196
089	146	102	154	114	040	151	207	155	140	185	108	117	004	101	113	194	119	123

便邮。温香熟美。醉慢云鬟垂两耳。多谢春工。不是花红是玉红。一颗樱桃樊素口。不爱黄金，只爱人长久。学画鸦儿犹未就。眉尖已作伤春皱。清泪斑斑，挥断柔肠寸。嗔人问，背灯偷揾拭尽残妆粉。春事阑珊芳草歇。客里风光，又过清明节。小院黄昏人忆别。落红处处闻啼鴂。岁云暮，须早计，要褐裘。故乡归去千里，佳处辄迟留。我醉歌时君和，醉倒须君扶我，惟酒可忘忧。一任刘玄德，相对卧高楼。记取西湖西畔，正暮山好处，空翠烟霏。算诗人相得，如我与君稀。约他年、东还海道，愿谢公、雅志莫相违。西州路，不应回首，为我沾衣。料峭春风吹酒醒。微冷。山头斜照却相迎。回首向来萧瑟处。归去。也无风雨也无晴。紫陌寻春去，红尘拂面来。无人不道看花回。惟见石榴新蕊、一枝开。

九十日春都过了，贪忙何处追游。三分春色一分愁。雨翻榆荚阵，风转柳花球。白雪清词出坐间。爱君才器两俱全。异乡风景却依然。团扇只堪题往事，新丝那解系行人。酒阑滋味似残春。

缺月向人舒窈窕，三星当户照绸缪。香生雾縠见纤柔。搔首赋归欤。自觉功名懒更疏。若问使君才与术，何如，占得人间一味愚。海东头，山尽处。自古空槎来去。槎有信，赴秋期。使君行不归。别酒劝君君一醉。清润潘郎，又是何郎婿。记取钗头新利市。莫将分付东邻子。西塞山边白鹭飞。散花洲外片帆微。桃花流水鳜鱼肥。主人瞋小。欲向东风先醉倒。已属君家。且更从容等待他。愿我已无当世望，似君须向古人求。岁寒松柏肯惊秋。

水涵空，山照市。西汉二疏乡里。新白发，旧黄金。故人恩义深。谁道东阳都瘦损，凝然点漆精神。瑶林终自隔风尘。试看披鹤氅，仍是谪仙人。三过平山堂下，半生弹指声中。十年不见老仙翁。壁上龙蛇飞动。暖风不解留花住。片片著人无数。楼上望春归去。芳草迷归路。库钱玉果。利市平分沾四坐。多谢无功。此事如何到得侬。元宵似是欢游好。何况公庭民讼少。万家游赏上春台，十里神仙迷海岛。

虽抱文章，开口谁亲。且陶陶、乐尽天真。几时归去，作个闲人。对一张琴，一壶酒，一溪云。相如未老。梁苑犹能陪俊少。莫惹闲愁。且折

图 11　题目附件三的拼接图

5.2.3　基于合成启发式算法的英文碎纸片优化

由于英文碎纸片的边缘信息较少，且在分类过程中发现有中心坐标的重叠现象，导致无法像中文碎纸片那样直接划分到 11 个行中，因此，我们将全局优化的策略转向局部优化的策略，利用合成启发式思想，先随机选出一张碎纸片，让其进行拼接搜索。

优先顺序为：自身所在分类、类中成员少于 5 的分类、其他分类。

该碎纸片寻找到合适的对象后，拼接为一张大纸片，用生成的大纸片代替其在原先分类中的位置，重复这个过程，直到总的纸片数小于某一个设定值，则进行全局匹配。这种做法可以大大增加配对的成功性，也能节约时间；同时在配对的过程中，对距离函数的最优值也设置一个阈值，当超过这个阈值时，则转由人工判定是否接受这个拼接配对，使得人工干预的效率达到最大。

该算法的流程如图 12 所示。

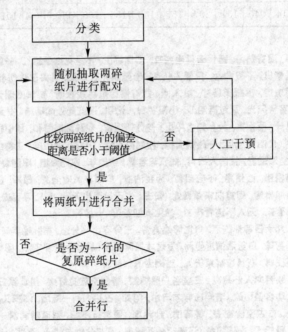

图 12 英文碎纸片的拼接步骤

最终得到的题目附件四的碎纸片排序表格如表 4 所示，拼接图如图 13 所示。

表 4 题目附件四复原结果表

159	139	001	129	063	138	153	053	038	123	120	175	085	050	160	187	097	203	031
020	041	108	116	136	073	036	207	135	015	076	043	199	045	173	079	161	179	143
019	194	093	141	088	121	126	105	155	114	176	182	151	022	057	202	071	165	082
070	084	060	014	068	174	137	195	008	047	172	156	096	023	099	122	090	185	109
081	077	128	200	131	052	125	140	193	087	089	048	072	012	177	124	000	102	115
201	148	170	196	198	094	113	164	078	103	091	080	101	026	100	006	017	028	146
086	051	107	029	040	158	186	098	024	117	150	005	059	058	092	030	037	046	127
132	181	095	069	167	163	166	188	111	144	206	003	130	034	013	110	025	027	178
191	075	011	154	190	184	002	104	180	064	106	004	149	032	204	065	039	067	147
171	042	066	205	010	157	074	145	083	134	055	018	056	035	016	009	183	152	044
208	021	007	049	061	119	033	142	168	062	169	054	192	133	118	189	162	197	112

bath day. No news is good news.

　　Procrastination is the thief of time. Genius is an infinite capacity for taking pains. Nothing succeeds like success. If you can't beat em, join em. After a storm comes a calm. A good beginning makes a good ending.

　　One hand washes the other. Talk of the Devil, and he is bound to appear. Tuesday's child is full of grace. You can't judge a book by its cover. Now drips the saliva, will become tomorrow the tear. All that glitters is not gold. Discretion is the better part of valour. Little things please little minds. Time flies. Practice what you preach. Cheats never prosper.

　　The early bird catches the worm. It's the early bird that catches the worm. Don't count your chickens before they are hatched. One swallow does not make a summer. Every picture tells a story. Softly, softly, catchee monkey. Thought is already is late, exactly is the earliest time. Less is more.

　　A picture paints a thousand words. There's a time and a place for everything. History repeats itself. The more the merrier. Fair exchange is no robbery. A woman's work is never done. Time is money.

　　Nobody can casually succeed, it comes from the thorough self-control and the will. Not matter of the today will drag tomorrow. They that sow the wind, shall reap the whirlwind. Rob Peter to pay Paul. Every little helps. In for a penny, in for a pound. Never put off until tomorrow what you can do today. There's many a slip twixt cup and lip. The law is an ass. If you can't stand the heat get out of the kitchen. The boy is father to the man. A nod's as good as a wink to a blind horse. Practice makes perfect. Hard work never did anyone any harm. Only has compared to the others early, diligently

图 13　题目附件四的拼接图

5.3　利用关联算法解决双面碎纸片的拼接问题

　　在现实生活中,我们还要考虑到碎纸片可能双面都有内容,而当正、反面内容字体接近时,我们将很难区分,往往只能同时对双面进行拼接尝试。

　　为了提高拼接的可行度以及正确性,我们要保证一个碎纸片的两个面同时被拼接,于是区别于问题二,我们设计了一个关联算法,该算法的功能如下:

　　(1)当某张纸片 A 的左面拼接上另一张纸片 B 时,对于 A 的反面,则同时拼接在 B 的反面的左面;

　　(2)当对某张纸片 A 的正面进行分割时,同时对其反面进行分割,保证其分割完后正反面长度大小一致且内容对应;

　　(3)当某张纸片放入某个类别时,同时对其反面作分类处理。

　　至此,虽然在拼接时,问题规模变大了,但由于其操作的关联性,并未过分增大其算法复杂度,相反地,只要碎纸片的两面中有一面被匹配拼接,则另一面的拼接也随之完成。

　　基于该算法,我们对原距离函数也要进行一定的修改:

　　方案 1,拼接时只计算单面的相似度;

方案 2，拼接时同时计算双面的相似度并取均值；

方案 3，拼接时同时计算双面的相似度，并通过对比双面的字数，设置权重取加权均值。

对于方案 1，计算速度最快，最省时，但是忽略了双面关联的特性；对于方案 2，考虑到了双面的关联，取值方式也相对简单，但是当某一面白色区域较大时，会影响效果；方案 3 正是考虑到了方案 2 的情况，所以根据纸面文字的密度设置不同的权重进行相似度的对比，不过，这样做会在一定程度上增加算法的复杂度和计算时间。在实际应用中往往是三个方案灵活转换。

最终得到的题目附件五的碎纸片排序表格如表 5、表 6 所示，拼接图如图 14、图 15 所示。

表 5　题目附件五正面复原结果表

078b	111b	125a	140a	155a	150a	183b	174b	110a	066a	108a	018b	029a	189b	081b	164b	020a	047a	136b
089a	010b	036a	076b	178a	044a	025b	192a	124b	022a	120b	144a	079a	014a	059a	060b	147a	152a	005a
186b	153a	084b	042b	030a	038a	121a	098a	094b	061b	137b	045a	138a	056b	131b	187b	086b	200b	143b
199b	011b	161a	169b	194b	173b	206b	156a	034a	181b	198b	087a	132b	093a	072b	175a	097a	039b	083a
088b	107a	149b	180a	037b	191a	065b	115b	166b	001b	151b	170b	041a	070b	139b	002a	162b	203b	090a
114a	184b	179b	116b	207a	058a	158a	197a	154b	028b	012a	017b	102b	064b	208a	142a	057a	024a	013a
146a	171b	031a	201a	050a	190b	092b	019a	016b	177b	053b	202a	021b	130a	163a	193b	073b	159a	035a
165b	195a	128a	157a	168a	046a	067a	063b	075b	167a	117b	008b	68b	188a	127a	040a	183b	122a	172a
003b	007b	085b	148b	077a	004a	069a	032a	074b	126b	176a	185a	000b	080b	027a	135b	141a	204b	105a
023b	133a	048a	051b	095a	160b	119a	033b	071b	052a	062a	129b	118b	101a	015b	205a	082b	145a	009b
099a	043b	096b	109a	123a	006a	104a	134a	113a	026b	049b	091a	106b	100b	055b	103a	112a	196b	054b

表 6　题目附件五反面复原结果

136a	047b	020b	164a	081a	189a	029b	018a	108b	066b	110b	174a	183a	150a	155b	140b	125b	111a	078a
005b	152b	147b	060a	059b	014b	079b	144b	120a	022b	124a	192b	025a	044b	178b	076a	036b	010a	089a
143a	200a	086a	187a	131a	056a	138b	045b	137a	061a	094b	098b	121b	038b	030b	042a	084b	153b	186a
083b	039a	097b	175b	072a	093b	132a	087b	198a	181a	034b	156b	206a	173a	194a	169a	161b	011a	199a
090b	203a	162a	002b	139a	070a	041b	170a	151a	001a	166a	115b	065b	191b	037b	180b	149a	107b	088a
013b	024b	057b	142b	208b	064a	102a	017a	012b	028a	154a	197b	158b	058b	207b	116a	179a	184a	114b
035b	159b	073a	193a	163b	130b	021a	202b	053a	177a	016a	019a	092a	190a	050b	201b	031b	171a	146b
172b	122b	183a	040b	127b	188b	068a	008a	117a	167b	075a	063a	067b	046b	168a	157b	128b	195b	165a
105b	204a	141b	135a	027b	080b	000a	185b	176b	126a	074a	032b	069b	004b	077b	148b	085a	007a	003a
009a	145b	082a	205b	015a	101b	118a	129a	062b	052b	071a	033a	119b	160a	095b	051a	048b	133b	023a
054a	196a	112b	103a	055a	100a	106a	091b	049a	026a	113b	134b	104b	006b	123b	109b	096a	043b	099b

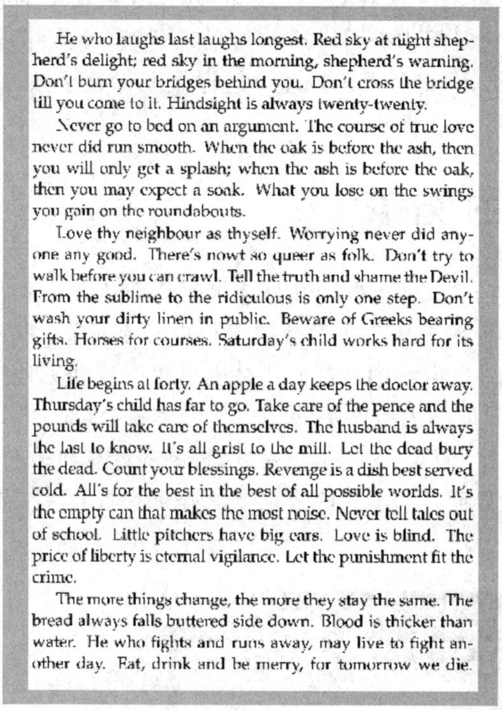

He who laughs last laughs longest. Red sky at night shepherd's delight; red sky in the morning, shepherd's warning. Don't burn your bridges behind you. Don't cross the bridge till you come to it. Hindsight is always twenty-twenty.

Never go to bed on an argument. The course of true love never did run smooth. When the oak is before the ash, then you will only get a splash; when the ash is before the oak, then you may expect a soak. What you lose on the swings you gain on the roundabouts.

Love thy neighbour as thyself. Worrying never did anyone any good. There's nowt so queer as folk. Don't try to walk before you can crawl. Tell the truth and shame the Devil. From the sublime to the ridiculous is only one step. Don't wash your dirty linen in public. Beware of Greeks bearing gifts. Horses for courses. Saturday's child works hard for its living.

Life begins at forty. An apple a day keeps the doctor away. Thursday's child has far to go. Take care of the pence and the pounds will take care of themselves. The husband is always the last to know. It's all grist to the mill. Let the dead bury the dead. Count your blessings. Revenge is a dish best served cold. All's for the best in the best of all possible worlds. It's the empty can that makes the most noise. Never tell tales out of school. Little pitchers have big ears. Love is blind. The price of liberty is eternal vigilance. Let the punishment fit the crime.

The more things change, the more they stay the same. The bread always falls buttered side down. Blood is thicker than water. He who fights and runs away, may live to fight another day. Eat, drink and be merry, for tomorrow we die.

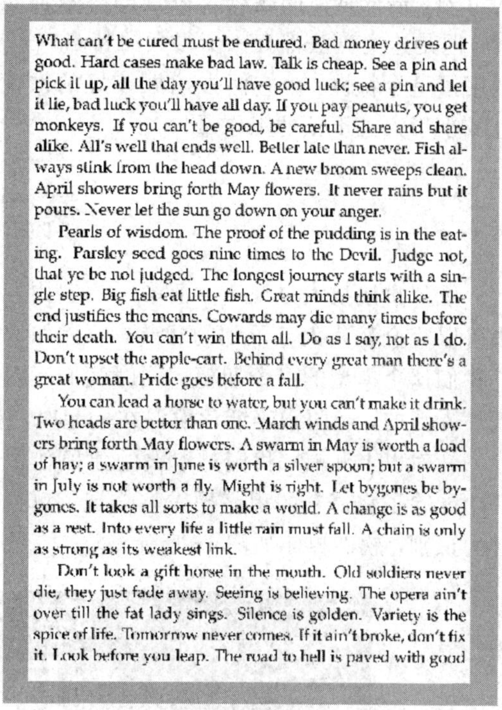

What can't be cured must be endured. Bad money drives out good. Hard cases make bad law. Talk is cheap. See a pin and pick it up, all the day you'll have good luck; see a pin and let it lie, bad luck you'll have all day. If you pay peanuts, you get monkeys. If you can't be good, be careful. Share and share alike. All's well that ends well. Better late than never. Fish always stink from the head down. A new broom sweeps clean. April showers bring forth May flowers. It never rains but it pours. Never let the sun go down on your anger.

Pearls of wisdom. The proof of the pudding is in the eating. Parsley seed goes nine times to the Devil. Judge not, that ye be not judged. The longest journey starts with a single step. Big fish eat little fish. Great minds think alike. The end justifies the means. Cowards may die many times before their death. You can't win them all. Do as I say, not as I do. Don't upset the apple-cart. Behind every great man there's a great woman. Pride goes before a fall.

You can lead a horse to water, but you can't make it drink. Two heads are better than one. March winds and April showers bring forth May flowers. A swarm in May is worth a load of hay; a swarm in June is worth a silver spoon; but a swarm in July is not worth a fly. Might is right. Let bygones be bygones. It takes all sorts to make a world. A change is as good as a rest. Into every life a little rain must fall. A chain is only as strong as its weakest link.

Don't look a gift horse in the mouth. Old soldiers never die, they just fade away. Seeing is believing. The opera ain't over till the fat lady sings. Silence is golden. Variety is the spice of life. Tomorrow never comes. If it ain't broke, don't fix it. Look before you leap. The road to hell is paved with good

图 14　题目附件五的正面拼接图　　　　图 15　题目附件五的反面拼接图

6　模 型 的 评 价

6.1　模型的优点

（1）通过类比 TSP 问题进行建模，模型清楚易懂，可读性好，实用性强。

（2）采用欧氏距离和绝对值距离公式计算并比较两两碎纸片边缘之间的相似度，实验效果相比较其他方法来说更优。

（3）通过提取碎纸片文字行特征对碎纸片进行分类，分类方法直观可靠，并且在求解过程中大大降低了时间复杂度。

（4）通过模拟退火算法对初始解进行优化并求得局部最优解，大大减少了人工干预的次数。

根据大小不同的问题规模，可使用不同策略的算法进行求解，模型灵活。

6.2　模型的缺点

（1）对分类操作要求较高。

（2）当碎纸片特征值识别能力较低时，会增加人工干预的次数。

6.3　算法时间复杂度的讨论

本文使用的贪心算法、模拟退火算法及启发式算法，均没有具体的算法时间复杂度公式可列，需依具体问题以及设置的参数而定。虽然无法在可靠的时间内完成最优解的搜索，但是这类算法都有一个很大的特点——在短时间内获得一个较好的次优解，我们正是利用了这个特性，由它们去挖掘较好的次优解，再交由人工调整，这样做既保证了效率，也减小了人工干预的工作量。

7　模型的拓展

纸片拼接技术是现实生活中一门实用且热门的技术，然而在该领域至今仍未有一种算法可以完全替代人工干预的环节，所以如何减少人工环节或者使它变得更轻松简单，就成了我们这个模型的一个期望。同时我们还发现，在生活中，碎纸片是极易丢失或和其他碎纸片弄混的，当两张碎纸片搅混在一起时，对我们的模型算法就是一个巨大的考验。

针对以上几点，我们对本次的建模作了一个拓展——开发了一款简单的计算机软件，其功能除了将复杂的程序操作整合到了可视化界面外，还支持两张纸的碎纸片混合在一起时的识别，软件界面如图 16 所示。

图 16　碎纸片拼接器界面

将题目附件一、附件二的碎纸片作为测试对象，拼接效果如图 17 所示。

图 17　自制碎纸片拼接软件测试结果

参 考 文 献

[1]　徐贵力，刘小霞，田裕鹏，等.一种图像清晰度评价方法[J].红外与激光工程，2009，38(1)：180-184.

[2]　道客巴巴，旅行商问题.http://www.doc88.com/p-671126881592.html，2012-10.

[3]　杨淑莹.模式识别与智能计算：MATLAB技术实现[M].北京：电子工业出版社，2011：41-46.

[4]　高爽，肖扬.两种基于灰度相似性测度的超声波图像配准方法的比较[J].中国图像图形学报，2006，11(3)：337-341.

[5]　田澎，王浣尘，张冬茉.旅行商问题(TSP)的模拟退火求解[J].上海交通大学学报，1995，30(2)：111-116.

[6]　吴进波.免疫算法和模拟退火算法求解TSP问题的研究[D].武汉：武汉理工大学，2007.

[7]　黄丽韶.基于模拟退火算法的TSP研究[J].学术探讨，2012(4)：36-38

[8]　曹琳.模拟退火算法在TSP求解中的应用[J].林区教学，2008(10)：94-95.

论 文 点 评

该论文获得2012年"高教社杯"全国大学生数学建模竞赛B题的一等奖。

1. 论文采用的方法和步骤

论文针对不同规模和难度的碎纸片拼接问题，首先对碎纸片进行预处理，用MATLAB软件读取附件中每张碎纸片图像的灰度信息，得到灰度矩阵，给出碎纸片图像的左、右数字特征向量；然后建立分行排序的类比经典TSP问题的0-1规划模型与基于模式相似性测度的偏差距离模型，在距离函数上，选择了实验效果较好的绝对值距离和欧氏距离，同时利用统计最优解和次优解的区分度对这两种距离函数作出了评价。

(1) 对于问题一，在对中文碎纸片进行匹配时，采用基于模式相似性测度的偏差距离模型，利用贪心算法可得到最基本问题的排列顺序。

(2) 对于问题二，针对存在的问题，如碎纸片太小使其边缘信息缺失过多，无法只通过提取边缘灰度信息的方法进行比较拼接；碎纸片数量过多，使用全局优化耗时过大等，需要根据文字的行特征对碎纸片进行分类，可利用碎纸片的行特征，如行高、文字相对坐标等。对于中文碎纸片，首先巧妙地提取出碎纸片文字中心，从而确定出一个中心位置，以此为标准进行划分，无需人工干预就将所有碎纸片划分到了11个行。之后，利用模拟退火算法对每一个行的排列进行求解优化，最后人为地进行结果的调整。而对于英文碎纸片，其特征信息相对更少，考虑到英文字母的特点，利用灰度值密度确定碎纸片特征位置坐标，并以此作为划分的依据；由于英文碎纸片在行相对坐标上有重叠，故并没有像中文碎纸片那样被直接划分成11个行，而是以局部优化的方式代替了全局优化，采用了合成启发式算法，对每一次成功拼接的碎纸片进行保留，同时记录失败的拼接，防止重复搜索，并设置函数判别阈值，在合适的时机由人去判别是否拼接，从而得到结果。

（3）对于问题三，针对双面有字的碎纸片，利用问题二的方法，同时考虑了正反面长度、大小一致且内容对应及正反面分类类别信息，设计了一种关联算法，在碎纸片一面拼接时，可同时将背面拼接好，减少了拼接次数。

2. 论文的优点

该论文较好地、较全面地完成了碎纸片的拼接复原。文中分析问题清楚、建模较合理。按分行、行内排序，分别建立了类比经典 TSP 问题的 0-1 规划模型与基于模式相似性测度的偏差距离模型，针对不同规模和难度的碎纸片拼接问题，制定了贪心算法、模拟退火算法、合成启发式算法等多种策略，并利用分类思想，化繁为简，提高了算法的效率，求解过程及结果正确。

3. 论文的缺点

该论文缺少模型检验。

第 6 篇　嫦娥三号软着陆轨道设计与控制策略[①]

队员：赵雨山(电气工程及自动化)，张羽翀(电气工程及自动化)，方正庭(数学与应用数学)
指导教师：数模组

摘　　要

本文考虑的是嫦娥三号软着陆的综合性问题，涉及嫦娥三号着陆准备轨道、近月点和远月点的确定以及软着陆最优控制等方面。

对于问题一，首先证明月球的自转可以忽略不计，探测器在减速下降时是垂直降落，即月心、近月点、远月点、预设着陆点四点共面。以月心为原点，以赤道平面为 xOy 平面，以本初子午面为 xOz 平面，以 km 为距离单位建立了空间直角坐标系。之后，将经纬度转化为空间坐标进行计算，确定了着陆点的坐标为(416.72，1176.14，851.69)。再利用球体中投影的三角规律，求得近月点坐标为(420.32，1186.29，859.04)，远月点坐标为(−440.70，−1243.81，−900.69)。最后，利用开普勒定律与轨道能量守恒方程，求得近月点的速率为 1697.7 m/s，远月点的速率为 1619.2 m/s；并根据空间几何关系，求得在所建立的空间直角坐标系中的速度的方向向量，近月点为 $(1，t，−13.81t)$，远月点为 $(−1，−t，13.81t)$，其中 t 为参数。

对于问题二，针对软着陆的六个阶段，本文对着陆准备轨道和缓速下降阶段只作次要考虑，重点分析了其余四个阶段，以燃料最省为优化目标，构建了三个模型进行优化控制。对于主减速阶段，首先利用牛顿定律等物理知识构建了动力学模型，然后结合动力学模型，根据多项式分解、函数逼近，先确定了推力方向角 β 与 t 的关系表达式，最终得到主减速阶段的用时为 548.59 s。对于快速调整阶段，直接采用动力学模型求解，最终得到快速调整阶段的用时为 7.99 s。在确定了两个阶段的时间划分后，为了求得耗费的燃料量，利用了遗传算法，在各自允许的时间段内，以推力的范围为约束求出了近似的最优解，两个阶段燃料消耗的最小值分别为主减速阶段 1400.85 kg，快速调整阶段 19.96 kg。对于粗、精避障阶段，将这两个阶段看作整体，使用同一个模型求解。先用网格法划分了着陆区域，再基于贪心原则编写遗传算法，搜索出耗费燃料量最少的最优着陆点位置，解出燃料消耗的最小值为粗避障过程 42.03 kg，精避障过程 32.23 kg。得到了整个阶段中各阶段的优化方案后，综合三个模型得到了最优控制策略，得出了运动轨迹，计算的总耗时为 617.28 s，消耗燃料总量为 1495.07 kg。

对于问题三，针对前文构造的模型，选取了推进剂比冲误差、发动机推力误差、初始速度误差和网格法误差进行分析，最终得出了这些因素会影响模型的结果。针对敏感性分

[①] 此题为 2014 年"高教社杯"全国大学生数学建模竞赛 A 题(CUMCM2014—A)，此论文获该年全国一等奖。

析，本文选取了探测器的初始速度和末速度，在这些参数标称值的基础上给出了±5％的偏差，分析了着陆轨迹对这些参数的敏感性，最终得出结论：模型是稳定的。

关键词：着陆轨道；软着陆；最优控制；遗传算法；函数逼近；网格法

1　问题的提出

嫦娥三号于2013年12月2日1时30分成功发射，12月6日抵达月球轨道。嫦娥三号在着陆准备轨道上的运行质量为2.4 t，其安装在下部的主减速发动机能够产生1500～7500 N的可调节推力，其比冲(即单位质量的推进剂产生的推力)为2940 m/s，可以满足调整速度的控制要求。在四周安装有姿态调整发动机，在给定主减速发动机的推力方向后，能够自动通过多个发动机的脉冲组合实现各种姿态的调整控制。嫦娥三号的预定着陆点为19.51 W、44.12 N，海拔为－2641 m(见题目附件1)。

嫦娥三号在高速飞行的情况下，要保证准确地在月球预定区域内实现软着陆，关键问题是着陆轨道与控制策略的设计。其着陆轨道设计的基本要求为：着陆准备轨道为近月点15 km、远月点100 km的椭圆形轨道；着陆轨道为从近月点至着陆点，其软着陆过程共分为六个阶段(见题目附件2)，要求满足每个阶段在关键点所处的状态；尽量减少软着陆过程的燃料消耗。

根据上述的基本要求，建立数学模型解决下面的问题：

问题一，确定着陆准备轨道近月点和远月点的位置，以及嫦娥三号相应速度的大小与方向。

问题二，确定嫦娥三号的着陆轨道和在六个阶段的最优控制策略。

问题三，对设计的着陆轨道和控制策略作相应的误差分析和敏感性分析。

2　模型假设

本文研究基于以下基本假设：

(1) 由探测器返回数据及回馈控制产生调整信号等造成的传输时间忽略不计。

(2) 由姿态调整造成的燃料消耗忽略不计，同时保证姿态调整在任何时刻都能达到要求，使探测器达到稳定状态。

(3) 月球引力非球项、日月引力摄动等影响因素均可忽略不计。

3　符号说明

下面对在本文研究过程中用到的符号作以下说明：

P——预设着陆点；

R——月球赤道半径，单位为 km；

R'——着陆点轴心距，单位为 km；

F——发动机推力，单位为 N；

v_e——比冲，单位为 m/s；

m——每秒消耗的燃料量，单位为 kg；

M——软着陆前两阶段消耗的总燃料量，单位为 kg；

m_0——探测器的质量，单位为 kg；

t_{fi}——软着陆在第 i 阶段结束的末时刻，单位为 s；

v_{0i}——软着陆第 i 阶段的初速度，单位为 m/s；

v_{ti}——软着陆第 i 阶段到达的末速度，单位为 m/s；

β_i——软着陆第一阶段中运动曲线上各点的方向角，$i=1,2,\cdots,n$；

d——网格的边长；

$D_{(i,j)}$——坐标 (i,j) 到数据高程中心的距离，单位为 m。

4　问题的分析

4.1　问题背景的理解

月球是地球唯一的天然卫星，是距离地球最近的天体。自古以来，月球就寄托着人类的美好愿望和浪漫遐想，并引出了许多神话传说与科学假说。月球的运动和月相的变化不仅对人类的生产活动发挥了重大作用，还对人类科学技术的发展和进步产生了广泛而深刻的影响。月球探测是人类走出地球摇篮，迈向浩瀚宇宙的第一步，也是人类探索太阳系的历史开端。

我国的月球探测，首先经历了 35 年的跟踪研究与积累，随后经历了长达 10 年的科学目标与工程实现的综合论证，最终将整个探月工程分为"绕、落、回"三个过程。在 2004 年2 月 25 日，正式实施了嫦娥探月工程，并于 2007 年 10 月成功发射"嫦娥一号"探测卫星，这标志着我国在深空探测领域迈出了划时代意义的一步。2010 年 10 月 1 日，胜利完成了"嫦娥二号"探测卫星的发射，这为三期工程的月面软着陆和月球车的月面活动打下了良好的基础。2013 年 12 月 2 日，"嫦娥三号"由长征三号乙运载火箭从西昌卫星发射中心发射，它携带着中国的第一艘月球车，担负着中国的第一次软着陆任务，承载着中华民族几千年来的愿望，首次造访广寒宫。所以对其分析自然而然成了首要任务。

4.2　近月点、远月点和速度的求解

由题意可知，嫦娥三号的着陆准备轨道是一条近月点 15 km、远月点 100 km 的椭圆形轨道。由于着陆准备轨道是为了之后的软着陆作准备，因此可以先建立空间坐标系，把预设着陆点表示出来；然后，考虑月球自转、探测器降落轨迹等因素，利用球体投影知识求解出近月点和远月点的坐标；最后，利用天体中的物理知识求出两个点的速度大小及方向。

4.3　软着陆轨道和六个阶段的分析

由于软着陆是由这六个阶段构成的，因此确定了这些阶段的最优控制策略后，着陆轨道自然而然就确定了。对于着陆准备轨道，问题一已经对其作了足够的分析，故可以不作过多分析。对于缓速下降阶段，考虑到这个阶段相对比较简单，可由其自主制导，所以也可以不用考虑。关键是主减速阶段和快速调整阶段，首先要明确其目标是让燃料最省，之

后可以构建一些针对目标的模型和约束条件,如推力方向角求解模型、动力学模型和总共消耗时间的求解模型等,这样就能比较客观地求出最优化控制策略。对于粗避障和精避障的阶段,一个针对大陨石坑,一个针对小陨石坑,可以采用同样的模型和算法,只不过区别在于精避障阶段要考虑的因素更加细致,细节也更多。综上,软着陆期间主要考虑第二、三、四、五阶段。

4.4 误差分析和敏感性分析

既然前文已经构建了基本趋于完整的模型来分析整个软着陆过程,那么这里可以从选用的方法出发,也可以从构建的模型出发,还可以从算法出发,选取一些比较常见的容易引起误差的因子进行分析。对于敏感性分析,要选择恰当的参数,在这些参数标称值的基础上给出如 5% 的偏差,分析着陆轨迹对这些参数的敏感性,进而分析模型的稳定性。

5 着陆准备轨道的确定

5.1 轨道近月点和远月点位置的确定

当嫦娥三号处于近月点的位置时,主减速发动机启动,嫦娥三号的速度减小,所需要的环月向心力减小,因此被更大的月球引力所吸引,从而将进行软着陆的一系列流程。本文根据数学知识和相关物理学知识建立模型,以求解嫦娥三号着陆准备轨道的近月点和远月点位置。

5.1.1 着陆点在轨道平面内的证明

嫦娥三号进入着陆准备轨道后,将从近月点开始着陆过程。为了使嫦娥三号能精准地降落在预设着陆点,必须确定着陆准备轨道的具体位置。最理想的情况是,着陆准备轨道与预设着陆点处在同一平面上,也就是说,轨道近月点(远月点)、着陆点、月球球心三点成一线。有两点重要的因素可能导致嫦娥三号偏离轨道平面,一是月球的自转过程,二是其自身的减速过程。这两个因素将决定在确定轨道位置的过程中是否能将着陆点看作在轨道平面内。

1)月球自转的影响

月球自转周期为

$$T = 27.3 \text{ 天} = 27.3 \times 24 \times 3600 \text{ s} = 2\ 358\ 720 \text{ s} \tag{1}$$

自转角速度为

$$\omega = \frac{2\pi}{T} \tag{2}$$

着陆点轴心距为

$$R' = R\cos44.12° \tag{3}$$

着陆点自转线速度为

$$v = \omega R' \tag{4}$$

设软着陆过程需要的时长为 t,则软着陆过程中着陆点走过的弧长为

$$L = vt \tag{5}$$

对应的经度变化量为

$$\Delta\theta = \frac{L}{2\pi R'} \tag{6}$$

观察嫦娥三号的着陆过程视频，并结合专家关于登月软着陆过程的研究[1,2]可得，t 的取值为 720 s。着陆过程中月球自转使着陆点改变，结合式（1）～（6），求得经度改变量为 $\Delta\theta \approx 0.11°$。由于经度变化很小，故软着陆过程中的月球自转运动可以忽略。

2）减速阶段

在嫦娥三号减速阶段，水平速度主要存在于主减速阶段，先假定嫦娥三号的降落为垂直降落[1]，在问题二的建模中，可以得到主减速阶段中的一些离散点的水平速度，根据相关数据进行拟合后，得到嫦娥三号在水平位移上的移动量，从而证明将嫦娥三号的减速阶段近似认为垂直降落是可以接受的。

综上可得，月球的自转过程与嫦娥三号的减速过程对嫦娥三号偏离轨道平面的影响很小，预设着陆点可以视作在着陆准备轨道平面内，即轨道近月点、远月点、着陆点、月球球心四点在一条直线上。

5.1.2　着陆点的空间坐标

为了将预设的着陆点放在坐标系的第一象限，以本初子午面为 yOz 平面；而为了将月球球心放在坐标系原点，则取赤道面为 xOy 平面。以 km 为距离单位，建立如图 1 所示的空间直角坐标系，其中预设着陆点记为 P。

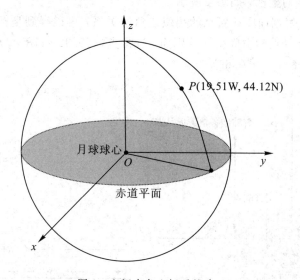

图 1　空间直角坐标系的建立

根据经纬度关系，下面求预设着陆点 P 的坐标。设 $P(x_P, y_P, z_P)$，如图 2 所示，易得 $z_P = (44.12/90) \times R$，而对于横、纵坐标 x_P、y_P，则可利用 P 所在的等腰三角形的投影来计算。

等腰三角形的投影如图 3 所示，由此得到如下关系：

$$\begin{cases} x_P = R' \sin 19.51° \\ y_P = R' \cos 19.51° \\ R' = R \cos 44.12° \end{cases} \tag{7}$$

解得预设着陆点 P 的坐标为（416.72，1176.14，851.69）。

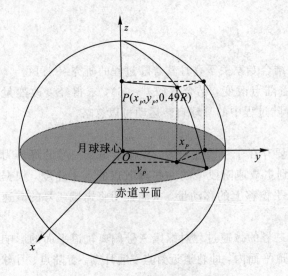

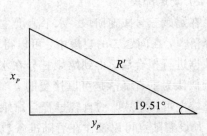

图 2　确定预设着陆点 P 的坐标　　　　图 3　着陆点所在等腰三角形的投影

5.1.3　近月点和远月点的空间坐标

根据 5.1.1 的推理,已经得出轨道近月点、远月点、着陆点、月球球心四点在一条直线上的结论。得到 P 点的坐标后,则可以利用相似三角形的原理在同一空间直角坐标系下求出近月点和远月点的坐标,如图 4 所示。

以近月点为例,根据如图 5 所示的相似三角形关系,可以得到坐标间的相互关系。最终求得的近月点和远月点的空间坐标分别为:近月点(420.32,1186.29,859.04),远月点(−440.70,−1243.81,−900.69)。

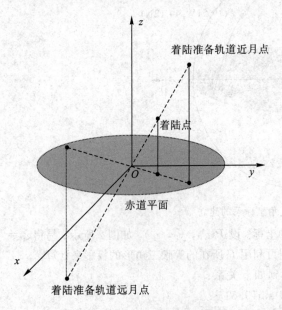

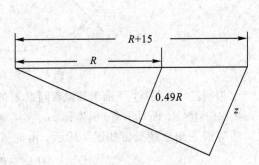

图 4　近月点和远月点确定示意图　　　　图 5　近月点与着陆点所在相似三角形

5.2　近月点和远月点上嫦娥三号的速度

确定轨道位置后，嫦娥三号的速度大小就相应地确定了。由物理学中的开普勒第三定律

$$\frac{a^3}{T^2} = k = \frac{1}{4\pi}GM$$

与轨道能量守恒方程

$$\frac{v^2}{2} - \frac{GM}{r} = -\frac{GM}{2a}$$

得椭圆轨道上天体的运行速度为

$$v = \sqrt{GM\left(\frac{2}{r} - \frac{1}{a}\right)} \tag{8}$$

其中：M 表示中心天体的质量；r 表示两天体之间的距离；a 表示椭圆轨道的半长轴；T 为行星公转周期；G 为万有引力常数。

在本题中：M 为月球的质量；r 为月球探测器与月心之间的距离，即近地时 $r_1 = R_月 + r_近$，远地时 $r_2 = R_月 + r_远$；a 为所求椭圆轨道半长轴的长。将数据代入式（8），可得嫦娥三号在着陆准备轨道近月点的速度大小为

$$v_近 = 1697.7 \text{ m/s}$$

速度方向向量为

$$\boldsymbol{m} = (1, \ t, \ -13.81t)$$

其中 t 是参数。

在着陆准备轨道远月点的速度大小为

$$v_远 = 1619.2 \text{ m/s}$$

速度方向向量为

$$\boldsymbol{n} = (-1, \ -t, \ 13.81t)$$

其中 t 是参数。

6　软着陆各阶段的最优控制模型

6.1　嫦娥三号软着陆的现状分析

已有的月球图像和高程数据表明，月球表面分布着各种高山壑谷，即使在相对平坦的月海地区，也遍布着大小不一的岩石和陨石坑。这种地形、地貌以及石块和陨石坑会给着陆器安全软着陆带来较大的风险。只有着陆器具有发现和识别障碍并进行机动避障的能力，才能保证软着陆的高安全性和高可靠性。嫦娥三号的核心任务是实施高可靠高安全的月面软着陆，要求着陆器必须具备自主障碍识别与规避能力。本文将结合嫦娥三号各方面的特点，以燃料消耗最少为原则，给出嫦娥三号在六个阶段的最优控制策略，同时从各个方面得出嫦娥三号从着陆准备轨道的近月点到着陆点之间的着陆轨道。

6.2　基于遗传算法的分阶段优化控制方案

嫦娥三号软着陆过程总共分为六个阶段:着陆准备阶段、主减速阶段、快速调整阶段、粗避障阶段、精避障阶段和缓速下降阶段。针对不同阶段的最优化控制策略,本文构建了相应的模型以及相应的约束条件,且都是以燃料消耗最少为目标。

6.2.1　着陆准备阶段

着陆准备轨道的近月点是 15 km,远月点是 100 km。嫦娥三号在软着陆的第一阶段即为在此轨道上进行调整。软着陆出发点即为近月点,而前文已经得出了近月点和远月点的精确位置,且近月点在月心坐标系的位置和软着陆轨道形态共同决定了着陆点的位置。相当于此时确定的着陆准备轨道就是第一阶段的最优控制策略,故在此不作另外的讨论。

6.2.2　主减速阶段和快速调整阶段

1) 嫦娥三号的动力学分析

由于月球表面附近没有大气,故在嫦娥三号的动力学模型中没有大气阻力项。又因为从 15 km 左右的轨道高度软着陆到非常接近月球表面的时间比较短,一般在几百秒的范围内,所以诸如月球引力非球项、日月引力摄动等影响因素均可忽略不计。因此,使用较为简单的二体模型就可以很好地描述这一问题。

如图 6 所示,在惯性坐标系中,建立以月球球心为原点的坐标系,则可得到嫦娥三号在软着陆下降过程中的动力学方程:

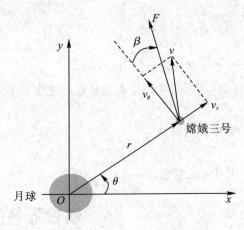

$$\begin{cases} \dfrac{\mathrm{d}v_r}{\mathrm{d}t} = -\dfrac{\mu}{r^2} + \dfrac{v_\theta^2}{r} + a\sin\beta \\[2mm] \dfrac{\mathrm{d}v_\theta}{\mathrm{d}t} = -\dfrac{v_r v_\theta}{r} + a\cos\beta \\[2mm] \dfrac{\mathrm{d}r}{\mathrm{d}t} = v_r \\[2mm] \dfrac{\mathrm{d}\theta}{\mathrm{d}t} = \dfrac{v_\theta}{r} \end{cases} \tag{9}$$

图 6　嫦娥三号软着陆过程简化示意图

式中:μ 是月球引力常数;r、θ、v_r 和 v_θ 分别是嫦娥三号的月心距、极角、径向速度和切向速度;a 是推力加速度;β 是推力方向角(操纵角),即推力方向与当地水平线的夹角。其中,推力加速度为

$$a(t) = \frac{F}{m_0 \dot{m} t} \tag{10}$$

式中:F 是发动机的推力,其幅值恒定,且有 $F_{\min} \leqslant F \leqslant F_{\max}$($F_{\min}$ 和 $F_{\max}$ 分别是可供选择的推力幅值允许的下限和上限);m_0 是探测器在初始时刻的质量;$\dot{m}$ 是燃料消耗率。

2) 两个阶段最优控制方案的构建

比冲是对一个推进系统燃烧效率的描述。比冲的定义为:火箭发动机单位质量推进剂产生的冲量,或单位流量的推进剂产生的推力。比冲的单位为米/秒(m/s),故建立如下关系式:

$$F = v_e m \tag{11}$$

式中：F 是发动机的推力，单位是 N；v_e 是以 m/s 为单位的比冲；m 是单位时间燃料消耗的千克数。对式(11)进行变换，并且等号两边同时微分，可得

$$\frac{F}{v_e} dt = m dt = M \tag{12}$$

式中，M 为嫦娥三号在这两个阶段中所消耗的总燃料量。

定义 t_f 为阶段结束的时间点，对式(12)等号两边同时积分，积分下限为 0，上限为 t_f，得到

$$M = \int_0^{t_f} \frac{F}{v_e} dt = \frac{F}{v_e} t_f = \frac{F \cdot t_f}{v_e} \tag{13}$$

由于在软着陆过程中，最优化控制策略的目标是使燃料消耗量最少，则由式(13)可以看出，主减速阶段和快速调整阶段的最优控制模型为

$$Z = \min(F \cdot t_f) \tag{14}$$

3）约束条件

在主减速阶段，区间是距离月面 15 km 处到 3 km 处，则嫦娥三号下降的高度 H 为 12 km。同时，可调节推力也要满足在给定的区间内。最后，显而易见推力方向角将在 0° 到 90° 之间。综上可知，主减速阶段的约束条件为

$$\begin{cases} H = \int_0^{t_f} v_r dt \\ 1500 \text{ N} \leqslant F \leqslant 7500 \text{ N} \\ 0 < \beta < 90° \end{cases} \tag{15}$$

其中，推力 F 的方向是保持水平的。F 与 β 的定义如图 7 所示。

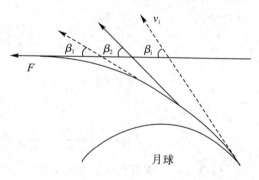

图 7　F 与 β 示意图

在快速调整阶段，主要是调整探测器姿态，嫦娥三号需要从距离月面 3 km 处下降到 2.4 km 处，则下降的高度 H 为 0.6 km。另外，推力方向角将介于主减速阶段的推力方向角与 90° 之间。综上可知，快速调整阶段的约束条件为

$$\begin{cases} H = 0.6 \text{ km} \\ t = t_f \\ \beta_{\text{主减速阶段}} < \beta_{\text{快速调整阶段}} < 90° \end{cases} \tag{16}$$

4）模型求解

由于快速调整阶段的主要任务是调整着陆器姿态为垂直向下，通常可以采用重力转弯制导的方式[3]，故此处可以利用动力学方程求解。

将月球软着陆轨道离散化，分割成 n 个小段，如图 8 所示[4]。每段节点的时间为 t_i，节点上的推力方向角 β 记为 $\beta_i (i = 0, 1, 2, \cdots, n)$，将 $n+1$ 个节点的推力方向角 β_n 和末时刻 t_f 作为待优化的参数。

每个节点的时刻 t_i 可表示为

$$t_i = t_0 + i \cdot \frac{(t_f - t_0)}{n} \qquad i = 0, 1, 2, \cdots, n \tag{17}$$

在本题中，$t_0 = 0$，即式(17)可以表示为

$$t_i = \frac{i \cdot t_f}{n} \qquad i = 0, 1, 2, \cdots, n \tag{18}$$

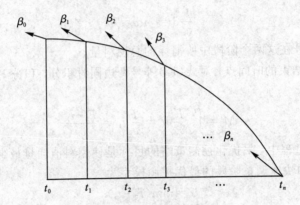

图 8　轨道离散过程示意

而节点的推力方向角 β_i 可表示为一个多项式的形式，即

$$\beta_i = \lambda_0 + \lambda_1 t + \lambda_2 t^2 + \lambda_3 t^3 \tag{19}$$

在这里将式(19)多项式展开：

$$\begin{cases} \beta_0 = \lambda_0 \\ \beta_1 = \lambda_0 + \dfrac{1}{n}\lambda_1 + \dfrac{1}{n^2}\lambda_2 + \dfrac{1}{n^3}\lambda_3 \\ \beta_2 = \lambda_0 + \dfrac{2}{n}\lambda_1 + \dfrac{4}{n^2}\lambda_2 + \dfrac{2^3}{n^3}\lambda_3 \\ \qquad\qquad\vdots \\ \beta_i = \lambda_0 + \dfrac{i}{n}\lambda_1 + \dfrac{i^2}{n^2}\lambda_2 + \dfrac{i^3}{n^3}\lambda_3 \qquad i = 0, 1, 2, \cdots, n \end{cases} \tag{20}$$

假设 $n = 5$，将其代入式(18)，即

$$t_i = \frac{i \cdot t_f}{5} \qquad i = 0, 1, 2, \cdots, n \tag{21}$$

其中，t_f 根据齐奥尔科夫斯基公式和软着陆初始条件[4]可以估计为

$$t_f = \frac{m_0 v_e}{F}\left[1 - e^{(v_f - v_0)/v_e}\right] \tag{22}$$

式中：v_e 为比冲；m_0 为嫦娥三号的质量(在过程中视为恒值)；v_f 为末时刻速度大小；v_0 为初速度大小。

同样将 $n = 5$ 代入式(21)，得到了一一对应的一组 β_i 与 t_i。根据估计式(22)确定的范围来选取参数 t_f 的大小。对于每一个 β_i 与对应的 t_i 在估计范围内取随机数，通过函数逼近[5]求得多项式系数 λ_0、λ_1、λ_2、λ_3，进而得到整个着陆轨道的推力方向角的平均值为

$$\overline{\beta} = 77°$$

利用泰勒展开，根据在 $[0, t_f]$ 上 β 对时间 t 的积分与 $v_f - v_0$ 的关系，可最终确定出第一阶段 t_{f1} 的值(程序见数字课程网站)：

$$t_{f1} = 548.59\ \text{s}$$

已知时间区间 $[0, t_{f1}]$，利用垂直距离的约束条件：

$$H = \int_0^{t_f} v_r \, dt \tag{23}$$

综合考虑约束条件和目标函数，通过遗传算法在给定区间 $1500 \leqslant F \leqslant 7500$ 中搜索到满足垂直距离约束条件的 F 的近似最优解，进而计算出燃料的近似最少消耗。

通过 MATLAB 进行计算后（程序见数字课程网站）得到结果，主减速阶段和快速调整阶段消耗燃料最少为

$$M_{1min} = 1400.85 \text{ kg}, \quad M_{2min} = 19.96 \text{ kg}$$

5) 关于 5.1.1 中有关假设的证明

在 5.1.1 节中，我们假设了在软着陆的第一阶段减速过程中，嫦娥三号的水平位移可以忽略，下面根据前述的计算结果来证明这项假设成立。

已知第一阶段嫦娥三号做近似抛物线的运动，如图 9 所示，根据抛物线切线三角形的性质：

$$\tan \alpha = 2 \tan \left(\frac{\pi}{2} - \beta \right) \tag{24}$$

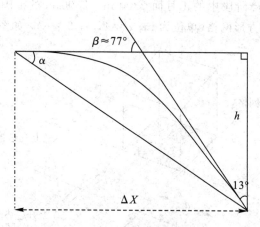

图 9　第一阶段运动示意图

由直角三角形的几何关系可得

$$\Delta X = \frac{h}{\tan \alpha} \tag{25}$$

将第一阶段的竖直位移 $h = 12 \text{ km}$ 代入式(25)，可以求得第一阶段的水平位移为

$$\Delta X = 51.98 \text{ km}$$

水平位移与预设着陆点所在最小圆的周长之比为

$$\frac{\Delta X}{2\pi R'} = 0.042$$

由于得到的值较小，故认为这一阶段的水平位移可以忽略，即在 5.1.1 节中对于卫星垂直降落的假设是正确的。

6.2.3　粗避障阶段和精避障阶段

1) 嫦娥三号的接力避障模式

查找相关文献[6]可得，针对软着陆自主避障任务的需求，嫦娥三号在国际上首次提出

了一种接力避障模式,将整个粗、精避障过程分为四个任务段:接近段、悬停段、精避障段和缓速下降段,分别实现粗避障、高精度三维成像、精避障和着陆位置保持功能,形成了大范围粗避障、小范围精避障和着陆位置保持的接力避障过程。

粗避障的主要目的是在较大着陆范围内剔除明显危及着陆安全的大尺度障碍,即避开大的陨石坑,实现在设计着陆点上方 100 m 处悬停,并初步确定落月地点,为精避障提供较好的安全点选择区域,避免出现近距离精避障避无可避的风险,从整体上提高系统安全着陆概率。

精避障的主要目的是在粗避障选取的较安全区域内进行精确的障碍检测,务必识别并剔除危及安全的小尺度障碍,确保落点安全,即避开较大的陨石坑,确定最佳着陆地点,实现在着陆点上方 30 m 处水平方向速度为 0 m/s。

综上,根据粗避障和精避障的不同功能要求,所提出的接力避障模式,既能保证嫦娥三号着陆器的着陆点安全,又能保证着陆器避障实现的可行性。

2)基于网格法的最优避障搜索

根据查找的相关文献[6]可知,在月球撞击坑内,斜度一般为 25°～50°,平均为 35°。

由题意,先将粗避障阶段中的正月面 2300 m×2300 m 的范围利用网格法进行划分,分为 n 个边长为 d 的正方形网格(单位为 m;$d=4,5,6,\cdots$),如图 10 所示。

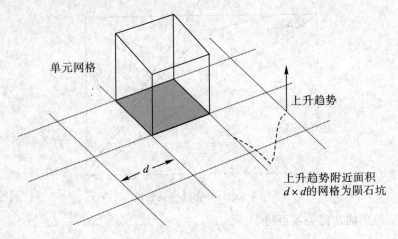

单元网格

上升趋势

上升趋势附近面积
$d\times d$的网格为陨石坑

图 10　将 2300 m×2300 m 的区域进行网格划分

求出每个单元格中的平均高程数值,分别记为 $x_1,x_2,\cdots,x_n$,则构建判断是否为大陨石坑的模型:

$$Y=\frac{x_n-x_{n-1}}{\Delta l}-\tan30°\quad(n=2,3,\cdots)$$

若 $Y>0$,即 $x_n>x_{n-1}$,则右边单元格的高度大于左边单元格的高度,定义这种现象为上升趋势(即为从坑内到坑外的上升阶段)。把单元格的左边界记为上升位置,用 $l_1,l_2,\cdots,l_n$ 表示。显而易见,当出现上升趋势时,就确定了一个陨石坑(如图 10 所示)。反之,则情况相反。式中,Δl 为两个单元格之间的上升位置的差值。

之后,利用 MATLAB 程序逐一对构建的 n 个单元格进行搜索(具体程序见数字课程网站),寻找出每一个上升趋势,再综合比较找到的上升趋势,避开各个大的陨石坑,从而实现在设计着陆点上方 100 m 处悬停,并初步确定落月地点。

类似于粗避障，精避障阶段依然先将正月面 100 m×100 m 的范围利用网格法进行划分，分为 n 个边长为 d 的正方形网格(单位为 m; $d=2$，3，4，…)，之后的操作过程同粗避障阶段一样，不再重复说明。

3) 模型求解

编写 MATLAB 程序，具体的算法步骤如下所述(程序见数字课程网站)。

Step1：确立步长 d，拒绝坡度 θ(即单元格坡度大于 θ 的视为坑内的上升边)，从 2300×2300 矩阵的起点开始运算，记上升边所在行为 $i\in[0,2300]$，所在列为 $j\in[2,2300]$。

Step2：按列进行循环，对所在列存在的上升连续点附近 $d\times d$ 的网格进行处理，将 $d\times d$ 的矩阵均视为坑，同时基于贪心原则进行局部最优。

例如，假设坐标为 (i,j) 的点为上升点，如果 $(i+1,j)$ 点或者 $(i-1,j)$ 点也为上升点，那么我们肯定这里存在一个坑，并对 (i,j) 点附近的 $d\times d$ 的网格进行处理。

Step3：定义 100×100 的矩阵，在 2300×2300 中寻找不含上升点的区域，记录该区域所在的左上角顶点。

Step4：计算每一个顶点离嫦娥三号投影的距离(即离矩阵中心的距离)，取最小值，记录该点对应的矩阵中心坐标 $P(i_{min},j_{min})$，P 点为所求点。

通过以上算法的运行，最后求得粗避障和精避障的着陆点在 2300×2300 矩阵中的位置坐标，即粗避障的着陆点为 (1551，651)，精避障的着陆点为 (443，401)。

因为粗、精避障阶段的初速度难以得出准确的解，在查阅相关文献[3]后，得到探测器质心动力学方程：

$$v=\frac{mv_e}{m_0}+g \tag{26}$$

其中：v_e 为比冲；m_0 为探测器质量；m 为每秒钟制动消耗的燃料量。将总燃料消耗量 M 比上求得的 t_f，得到 $m=\dfrac{M}{t_f}=44.8$ kg/s，将 m_0 与 m 代入式(26)，可得一个理论 v 值，即

$$v=56.55 \text{ m/s} \approx 57 \text{ m/s} \tag{27}$$

此方法计算结果与快速调整阶段设计初速度(主减速阶段末时刻速度值)近似相等，所以可以利用式(26)更方便地计算出粗避障阶段的初速度 v_{03}。根据主阶段减速的算法，增加水平距离的约束后：

$$\int_0^{t_f} v_\theta dt = D_{min}$$

得到新的算法(程序见数字课程网站)，最后求得粗避障阶段和精避障阶段的燃料消耗为

$$M_{3min}=42.03 \text{ kg}, \quad M_{4min}=32.23 \text{ kg}$$

6.2.4 缓速下降阶段

缓速下降阶段的区间是距离月面 30 m 到 4 m。该阶段的主要任务是控制嫦娥三号着陆器在距离月面 4 m 处的速度为 0 m/s，即实现在距离月面 4 m 处相对月面静止。显然，此阶段是自由落体之前的最后一个阶段，发动机的推力向下，使得着陆器会缓慢下降并且在 4 m 的空中时速度会趋近于零。由于此阶段过程相对简单，本文认为发动机利用可调节推力即为最优控制策略，故在此也不作其他讨论。

6.3　嫦娥三号软着陆轨道的最优确定

通过对四个阶段进行分阶段讨论，我们建立了各个阶段的模型，可以发现每个阶段模型都存在以下初始量：

$$\begin{cases} \text{初速度：} v_{0i} \\ \text{末速度：} v_{ti} \\ \text{水平距离：} s_i \\ \text{垂直距离：} h_i \end{cases} \quad i=1,\ 2,\ 3,\ 4$$

在每个阶段可以得到近似最优解，没有得到最优解的原因是采取了遗传算法、函数逼近、基于贪心原则的搜索算法进行模型求解，所以只能得到问题的近似最优解。

最优控制策略的主要目标是让消耗的燃料最少，所以对目标进行优化，通过把变力 F 和变角 β（即某一时刻的速度和水平拉力的夹角）转化为水平恒力 F 和变角 β，得到目标函数为式(14)，这样就可以建立每一阶段的模型，其中主减速阶段和快速调整阶段的模型可以归为一类模型，粗避障阶段和精避障阶段的模型可以归为一类模型。

6.3.1　主减速阶段和快速调整阶段的最优控制模型

主减速阶段和快速调整阶段都具有以下特征：

(1) 两个阶段都已知某一方向的初、末速度。主减速阶段已知初速度 v_{01} 和末速度 v_{t1}，快速调整阶段已知初速度 $v_{02}(v_{t1})$ 和末水平速度 $v_{t2\theta}$。

(2) 两个阶段都已知下落的高度 h_1 和 h_2。

因此可以将两个阶段归为同一类模型。

首先对曲线进行离散化，化为 n 个点，对每一个时刻 t_i 的变角 β 进行单调增赋值。根据以下公式：

$$\begin{cases} t_i = t_0 + i \cdot \dfrac{(t_f - t_0)}{n} & i=0,\ 1,\ 2,\ \cdots,\ n \\ \beta_i = \lambda_0 + \lambda_1 t + \lambda_2 t^2 + \lambda_3 t^3 \end{cases} \tag{28}$$

利用函数逼近估计出参数后得到：

$$\beta = f(t)$$

因为速度 $v = g(\beta)$，垂直分速度 $v_r = g_1(\beta)$，水平分速度 $v_\theta = g_2(\beta)$，利用对应的速度约束进行求解。

主减速阶段的速度约束为

$$\int_0^{t_{f1}} g_1(\beta)\,\mathrm{d}t = v_{t1} - v_{01} \tag{29}$$

快速调整阶段的速度约束为

$$\int_0^{t_{f2}} g_2(\beta)\,\mathrm{d}t = v_{t2\theta} \tag{30}$$

根据式(29)、(30)，结合式(10)，解得

$$t_{f1} = 548.59 \text{ s}$$

$$t_{f2} = 7.99 \text{ s}$$

最后利用两个阶段下降高度的约束求推力 F。

主减速阶段下降高度的约束为

$$\int_0^{t_{f1}} v_1 \, \mathrm{d}t = h_1 \tag{31}$$

快速调整阶段下降高度的约束为

$$\int_0^{t_{f2}} v_2 \, \mathrm{d}t = h_2 \tag{32}$$

根据式(31)、(32)，结合式(10)，解得

$$F_1 = 5500 \text{ N}$$
$$F_2 = 4500 \text{ N}$$

6.3.2　粗避障阶段和精避障阶段的最优控制模型

粗避障阶段和精避障阶段都具有以下特征：

(1) 行进路线位置即水平行进的距离未知；

(2) 如果可以知道水平距离 S_1 和 S_2，就可以将模型转化为 6.3.1 节提出的模型。

因此可以将两个阶段归为同一类模型。

通过对高程数据图进行网格划分，并对步长 d 进行赋值，可以把大矩阵划为 n 个小网格，计算每个网格的平均高 $\overline{H}_i (i=1, 2, \cdots, n)$。

参考相关资料[6]，得到了月球坑内坡度的经验值 θ 符合以下条件的网格位置：

$$X_{(p, q)} = \frac{\overline{H}_{i+1} - \overline{H}_i}{d} > \tan\theta \qquad i = 1, 2, \cdots, n$$

其中，p、q 为符合条件点的横、纵坐标。

对每一个 (p, q) 坐标对应的 $d \times d$ 的矩阵进行处理后，计算其与嫦娥三号投影位置 $O_{(x_0, y_0)}$ 的距离 $D_{(p, q)}$：

$$D_{(p, q)} = \sqrt{(p - x_0)^2 + (q - y_0)^2}$$

最后解得 $D_{(p, q)}$ 中最小值 $D_{\min}$ 对应的坐标 (p_t, q_t) 为着陆点。

利用 6.3.1 节提出的模型进行线路的选择。为了避免赘述，只对增加的距离约束进行说明，粗避障和精避障中加入了水平距离的约束。

粗避障阶段：

$$\int_0^{t_{f3}} v_{\theta 3} \, \mathrm{d}t = D_{3\min}$$

其中，$D_{3\min}$ 为粗避障阶段对应的最小水平距离。

精避障阶段：

$$\int_0^{t_{f4}} v_{\theta 4} \, \mathrm{d}t = D_{4\min}$$

其中，$D_{4\min}$ 为精避障阶段对应的最小水平距离。

由此解得

$$D_{3\min} = 636.40 \text{ m}, \ D_{4\min} = 49.50 \text{ m}$$

6.3.3　整体最优控制策略

各个阶段消耗的燃料与全过程消耗的燃料总和如表 1 所示。

由各阶段的速度、时间可得到软着陆全过程的轨迹图线，如图 11 所示，图中数据单位为 m。

表 1   各个阶段消耗的燃料总和

阶　　段	消耗的燃料/kg
主减速阶段	1400.85
快速调整阶段	19.96
粗避障阶段	42.03
精避障阶段	32.23
总计	1495.07

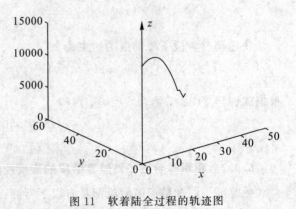

图 11   软着陆全过程的轨迹图

7   误差分析及敏感性分析

7.1   误差分析

在月球软着陆过程中，为了实现精确的制导，有必要对前文得出的着陆轨道和六个阶段的最优控制策略进行误差分析。本文将从四个方面来对软着陆过程中的误差进行系统分析。

7.1.1   推进剂比冲的误差分析

在前文的主减速阶段和快速调整阶段的最优控制策略分析时，均以消耗的燃料量最少为目标构建模型，此时考虑的是燃料能够完全利用，拥有全效率。然而，当嫦娥三号探测器在进行软着陆时，燃料给予的能量除了用于动能和势能以便着陆外，还有一部分能量以光和热的形式逸散于宇宙空间，故在这样的情况下具有推进剂比冲误差，是模型的一个不足之处。

7.1.2   发动机推力的误差分析

当嫦娥三号要进行变姿态、变速度时，在给定主减速发动机的推力方向后，能够自动通过四周围的多个姿态发动机的脉冲组合实现各种姿态的调整控制，以达到软着陆的各种要求。在前文的分析中，发动机的推力被当成是完全能够用于探测器的运作，忽略了损耗，这是不精确的。实际上通过查找相关资料后发现[3]，燃气舵推力矢量装置的舵放置在发动机尾部燃气射流中，在主减速发动机给定了推力后，工作时会造成轴向推力的损失，故这种情况下也会造成一定的误差。

7.1.3   初始速度的误差分析

初始速度指的是嫦娥三号开始进行软着陆时最初的速度，即探测器处于近月点的速度，前文中已经求出了这个速度的大小，即 1697.7 m/s。在求解此速度大小时，由于月球自转而引起的着陆点的经度变化量太小，故本文首先将它忽略，但会引起一定的误差，毕竟经度变化多少会有一些影响。其次，本文证明了将嫦娥三号的减速阶段近似认为是垂直降落是可以接受的，得出的结果虽然严密，但还是一个近似的结果，没有达到精确的效果，所以在这种情况下模型也会存在误差。

7.1.4　网格法的误差分析

在利用网格法进行粗避障、精避障控制策略的优化时，本文采取的是将月球表面 2300 m×2300 m 和 100 m×100 m 的区域分成规则的矩形地块，便于之后的分析求解。但在实际操作中不可能划分得那么规矩，必然存在误差。其次，高程误差是影响网格法精度的另一个重要因素。而且，月球表面地形的坡度、计算方法以及等高线的高程误差等因素也会产生较大的影响。故此模型也存在着一定的误差。

7.2　敏感性分析

通过对初速度、末速度进行±5％的修改，采用同样的算法计算后，选取近似最优解，利用 Excel 进行处理后，最终得到的结果如表 2 所示。可以看出，在误差允许的范围内，模型是稳定的。

表 2　数据±5％偏差的敏感度分析

阶　　段	原始数据	+5％		−5％	
主减速阶段	1357.19	1429.56	5.3％	1294.25	4.6％
快速调整阶段	40.535	42.456	4.7％	38.358	5.4％
粗避障阶段	58.409	61.258	4.9％	55.256	5.4％
精避障阶段	38.940	41.235	5.9％	36.921	5.2％

8　模型的评价及改进

8.1　模型的优点

（1）问题一中采用了探测器垂直降落的假设条件，且在后文给出了相应的证明，使解题方法的正确性得到了保证。

（2）将轨道与着陆点放在同一平面内计算，简化了模型，并能结合合理的空间坐标系给出具体坐标，使结果更为精确。

（3）在网格法划分区域的基础上，使用搜索算法得到着陆时避障的优化路径，遍历所有可能的网格能够较为准确地得到答案。

（4）通过总结软着陆阶段的二三、四五阶段两两之间的运动共同点，给出了普遍模型，使模型在输入不同的初、末速度的情况下，可以得到不同的优化着陆方案。

8.2　模型的缺点

（1）在考虑整个探测器的推进过程时，忽略了探测器除维持运动之外的自身燃料损耗，使结果与事实产生一定的偏差。

（2）利用遗传算法寻找最优解时，计算量较为庞大，程序运行效率较低。

（3）利用贪心原则编写搜索算法的程序时，由于贪心算法本身的弊端，使计算结果缺乏全局性。

8.3　模型的改进

（1）在求解问题一时，可以将月球自转的细微影响也考虑进去，同时在利用比冲和推力时，对它们作进一步的误差分析，构建误差模型来进行说明，这样会使结果更加客观合理。

（2）在求解问题二时，可以选取比遗传算法更为简便的方法来寻找最优解，这样能够多节省出一些时间来进行其余部分的建模。另外，针对网格法也可以选取更加精确的方法。

（3）在进行敏感性分析时，可以选取更多的参数进行分析，这样会使结果更加具有说服力。

参 考 文 献

[1]　郭景录，付平.登陆软着陆轨道优化算法研究[J].计算机仿真，2009，26(12)：71.

[2]　SCOTTSDALE A Z. Low and medium thrust orbit transfers in large numbers of burns[J]. Navigation and Control Conference, American Institute of Aeronautics and Astronautics, 1994：158 – 166.

[3]　王大轶，李铁寿，马兴瑞.月球探测器重力转弯软着陆的最优制导[J].自动化学报，2002，28(3)：385-390.

[4]　朱建丰，徐世杰.基于自适应模拟退火遗传算法的月球软着陆轨道优化[J].航空学报，2007，28(4)：807-808.

[5]　曾德惠. 基于 Matlab 实现函数逼近[J]. 现代电子技术，2009，32(18)：141-143.

[6]　张洪华，梁俊，黄翔宇，等.嫦娥三号自主避障软着陆控制技术[J].中国科学：技术科学，2014，44(6)：561.

论 文 点 评

该论文获得 2014 年"高教社杯"全国大学生数学建模竞赛 A 题的一等奖。

1. 论文采用的方法和步骤

该论文研究嫦娥三号软着陆轨道设计与控制策略。

（1）对于问题一，确定着陆准备轨道近月点和远月点的位置，以及嫦娥三号相应速度的大小与方向。首先给出着陆点在轨道平面内，即轨道近月点、远月点、着陆点、月球球心四点在一条直线上。然后以月球球心为坐标系原点，以赤道平面为 xOy 平面，以本初子午面为 xOz 平面，建立了空间直角坐标系，把预设着陆点表示出来，利用球体投影知识求解出近月点和远月点的坐标。最后，利用天体中的物理学知识，求出两个点的速度大小及方向。

（2）对于问题二，确定嫦娥三号的着陆轨道和在六个阶段的最优控制策略。论文对于着陆准备轨道，基于问题一进行分析；对于缓速下降阶段，考虑到这个阶段相对比较简单，采用由其自主制导；重点分析了其余四个阶段。首先不考虑诸如月球引力非球项、日月引力摄动等影响因素，将嫦娥三号软着陆下降过程描述为简单的二体动力学方程，给出各阶段软起止状态（速度和高度），以消耗燃料最少为优化目标，构建了各个阶段的优化控制模型。如对于主减速阶段，根据建立的优化控制模型，通过离散化先确立推力方向角与时间的关系表达式，结合齐奥尔科夫斯基公式和软着陆初始条件，利用遗传算法，给出近似的最优解；对于快速调整阶段，调整着陆器姿态为垂直向下，采用重力转弯制导的方式，利用模型，直接求解；对于粗、精避障阶段，将这两个阶段看作整体，采用接力避障模式，将过程分为接近段、悬停段、精避障段和缓速下降段四个任务段，分别实现粗避障、高精度三维成像、精避障和着陆位置保持功能，形成了大范围粗避障、小范围精避障和着陆位置保持的接力避障过程。基于网格法的最优避障搜索算法给出了耗费燃料量最少的最优着陆点位置。综合得到了最优控制策略下的运动轨迹。

（3）对于问题三，分析了快速调整阶段脉冲推力器推力对水平位移、初始时刻速度夹角对水平位移的敏感性。

2. 论文的优点

该论文研究了嫦娥三号软着陆的轨道设计和控制策略。首先通过分析，合理地将着陆准备轨道和落月轨道设计在一个平面上，用较独特的方法确定了着陆准备轨道近月点和远月点的具体位置。将嫦娥三号软着陆下降过程较好地描述为简单的二体动力学方程，给出了各阶段软起止状态（速度和高度），以消耗燃料最少为优化目标，构建了各个阶段的优化控制模型，较完整地设计了六个阶段的控制策略。

3. 论文的缺点

该论文在优化设计模型表示上不够完善；后三个阶段的最优控制策略中没有给出明确的简化优化模型；灵敏度分析不足。

第7篇　嫦娥三号软着陆轨道优化设计与控制策略分析[①]

队员：王宇晨(会计学)，李欣宁(电气工程与自动化)，许宇迪(软件工程)
指导教师：数模组

摘　　要

月球探测对人类具有重大的意义，对嫦娥三号在软着陆过程中的下降轨迹和制导律进行优化设计是实现其高效勘探的重要前提。

本文首先针对以嫦娥三号为代表的月球探测器建立了一般的动力学模型，然后针对嫦娥三号软着陆过程中的 6 个阶段进行具体的优化控制。

对于着陆准备阶段，本文首先对下一阶段即主减速阶段的基于燃料最优制导法制定了两阶段的优化控制策略。第一阶段，嫦娥三号主发动机提供的推力达到 7481 N，同时主发动机推力与水平方向的夹角始终控制在 $29.52°$ 左右，然后当嫦娥三号运行至自身重量降为原重的 54.15% 时，开始第二阶段，此时嫦娥三号的主发动机提供的推力只需达到 5766 N，同时主发动机推力与水平方向的夹角应始终控制在 $12.78°$ 左右，直至嫦娥三号到达距月球表面 3 km 处。在此基础上，确定近月点和远月点在月心坐标系中的位置分别为 $(1676.24，509.64)$ 和 $(-1757.565，-534.364)$，嫦娥三号在两点的速度分别为 1692.2 m/s 和 1613.9 m/s。

对于快速调整阶段，本文首先考虑的是制导控制的安全性，提出了基于重力转弯制导法的模型并进行了求解，然后基于提出的发动机推力与垂直方向夹角的变化式，不断调整发动机推力的方向且保持 3200 N 的推力，直至到达距离月球表面 2.4 km 处。

对于粗避障阶段和精避障阶段，我们首先通过遍历搜索，寻找较为平坦且容易到达的区域为目标区域，然后分别基于二次多项式障碍回避制导法和燃料最优制导法在两个阶段进行运行轨迹的求解，得到了嫦娥三号在粗避障阶段的速度变化规律和在精避障阶段所需要的推力及推力方向与水平方向的夹角，从而提出了最优控制策略。

对于缓速下降阶段，由于其是一个先匀减速运动然后自由落体运动的过程，故我们利用物理学公式进行了最后数据的推算。

最后，我们得到嫦娥三号在 6 个阶段的优化控制策略下，全过程总耗时 635.726 s，燃料消耗 1582.608 kg，通过与背景资料中的数据对比，以及进一步的模型检验，特别是对于模型重要参数的灵敏度分析，可以证明本文的求解过程是科学可行的，所得到的结果是合理且较为精确的。

关键词：软着陆；燃料最优制导；重力转弯制导；二次多项式障碍回避制导；灵敏度分析

---

①此题为 2014 年"高教社杯"全国大学生数学建模竞赛 A 题(CUMCM2014—A)，此论文获该年全国一等奖。

1　研　究　背　景

月球探测对人类具有重大的意义,是人类迈向其他星球的第一步。随着航天事业的发展,我们对月球的认知不再局限于探测,而是开始勘探。从"嫦娥一号"到"嫦娥三号",我国的探月计划也在一步步地实现。由于月球表面没有大气,着陆器的速度必须完全由制动发动机抵消,因此通过对其制动阶段状态的优化以及着陆过程的优化来减少燃料的消耗,是增加有效载荷的关键,也是其实现高效勘探的重要前提。

2　问　题　重　述

嫦娥三号在高速飞行的情况下,要保证准确地在月球预定区域内实现软着陆,关键问题是着陆轨道与控制策略的设计。其着陆轨道设计的基本要求是:着陆准备轨道为近月点15 km、远月点 100 km 的椭圆形轨道;着陆轨道为从近月点至着陆点,其软着陆过程共分为 6 个阶段,要求满足每个阶段在关键点所处的状态;尽量减少软着陆过程的燃料消耗。根据上述的基本要求,解决下面的问题:

问题一,确定着陆准备轨道近月点和远月点的位置,以及嫦娥三号相应速度的大小与方向。

问题二,确定嫦娥三号的着陆轨道和在 6 个阶段的最优控制策略。

问题三,对设计的着陆轨道和控制策略作相应的误差分析和敏感性分析。

3　问　题　分　析

3.1　问题一和问题二的分析

对于问题一,我们考虑要结合问题二来进行软着陆轨道的优化确定,特别是对于主减速阶段的着陆轨道的确定,从而估计近月点在月心坐标系中的位置,进而确定着陆准备轨道中近月点和远月点的位置和速度。

对于问题二,在主减速阶段,我们考虑基于燃料最优制导进行建模和轨道的求解;对于快速调整阶段,我们考虑安全为先,基于重力转弯制导进行建模和轨道的求解;而对于粗避障阶段和精避障阶段,我们考虑先找到区域内相对最平坦同时也是较易到达的区域,然后再针对路程寻找最优的制导法进行建模和轨道的求解;对于最后一个阶段,只需用物理学公式进行简单推算即可完成求解。

3.2　问题三的分析

对于问题三,我们考虑对问题一和问题二求解过程中所建立的模型中的参数进行灵敏度分析,从而证明参数取值的合理性与可行性。

4   模型假设与符号说明

4.1   模型假设

本文研究基于以下基本假设：

(1) 假设月球重力场是一个均匀的球形重力场；

(2) 在整个过程中忽略月球的自转；

(3) 忽略其他天体带来的引力摄动。

4.2   符号说明

下面对在本文研究过程中用到的符号作以下说明：

g——月球表面的重力加速度，取 $1.6\ m/s^2$；

R_m——月球的半径，为 $1738\ km$；

F——发动机的推力，单位为 N；

M——月球的质量，为 $7.3477 \times 10^{22}\ kg$；

G——万有引力常量，为 $6.672 \times 10^{-11}\ N \cdot m^2/kg^2$；

v_e——以 m/s 为单位的比冲；

$\dot{m}$——单位时间燃料消耗的千克数；

m——嫦娥三号某时刻的质量。

5   月心坐标系和着陆轨道坐标系及动力学模型的建立

为了全面描述嫦娥三号在软着陆动力下降段的运动过程，以便控制计算机根据探测器实时的姿态信息做出相应的控制，我们需要对探测器建立完整的运动方程。由于随着燃料的消耗，探测器从开始进行动力下降到完成月面软着陆是一个变质量的过程，因此我们需要建立变质量质心动力学方程来描述整个探测器的运动情况。

5.1   月心坐标系和着陆轨道坐标系的建立

5.1.1   假设说明

通过查阅相关的参考文献，我们发现：月球探测器在动力下降段除了受到制动发动机的推力、姿态控制发动机的推力和月球引力作用之外，还要受到由月球自转引起的哥氏惯性力、离心惯性力以及太空中的各种干扰力矩。着陆舱在制动段受到的主要摄动影响有：月球非球形重力场、月球重力的固体潮和相对论的改正、月球扁率的间接效应、太阳系其他天体的引力摄动、地球扁率的直接效应和太阳辐射压等等。为了方便对月球探测器软着陆制导方法进行研究，我们有必要对探测器的动力学模型进行一些简化，基本假设如 4.1 所述。

事实上，由于月球探测器从开始制动到探测器降落到月面的时间约为 $750\ s$，时间是比较短的，而且月球的自转角速度比较低，只有地球自转角速度的约 $1/29$，月球引力也只有

地球引力的 $1/6$ 左右，因此在这段时间内，月球引力非球项、日月引力摄动等影响因素是可以忽略不计的。

5.1.2　坐标系的建立

在上述假设条件下，探测器除了受到月球引力外，只受到探测器制动发动机的制动力。为了方便进行探测器的受力分析，我们首先建立两个关于探测器的空间坐标系，如图 1 所示。

第一个是月心惯性坐标系 $O_1x_1y_1z_1$，坐标系原点 O_1 为月球质心，O_1x_1 指向探测器动力下降起始点，O_1y_1 垂直于 O_1x_1 轴并指向探测器动力下降着陆点。

第二个是探测器的轨道着陆坐标系 $Ox_0y_0z_0$，轨道着陆坐标系的原点 O 是探测器的质心，轴 Ox_0 与从月球质心到探测器质心的矢径重合，背离月心方向为正，轴 Oy_0 垂直于轴 Ox_0 且指向探测器的运动方向。

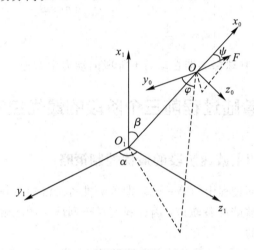

图 1　探测器的空间坐标系

5.2　动力学方程的建立

在我们对探测器制动下降段所作假设的前提下，探测器的动力学方程可以表示为

$$\ddot{\boldsymbol{r}} = \frac{\boldsymbol{F}}{m} - \frac{\boldsymbol{r}}{|\boldsymbol{r}|^3}\mu \tag{1}$$

其中，$\boldsymbol{F}$ 是主发动机的制动力矢量；$\boldsymbol{r}$ 是探测器的位移矢量；μ 是月球引力常数。

从轨道着陆坐标系到惯性坐标系的转换矩阵 $\boldsymbol{I}$ 为

$$\boldsymbol{I} = \begin{bmatrix} \cos\alpha\cos\beta & \sin\beta & -\sin\alpha\sin\beta \\ -\cos\alpha\cos\beta & \cos\beta & \sin\alpha\sin\beta \\ \sin\alpha & 0 & \cos\alpha \end{bmatrix} \tag{2}$$

即

$$\begin{bmatrix} r_x' & r_y' & r_z' \end{bmatrix} = \boldsymbol{I} \times \begin{bmatrix} r_x & r_y & r_z \end{bmatrix}^{\mathrm{T}} \tag{3}$$

设发动机的比冲为 v_e，发动机推力切换函数为 u，且切换函数为理想开关切换函数，则分别对各轴作受力分析，把探测器质心与月球质心的位移 r、探测器所对应的经纬度 α 和 β、径向速度 v_x、切向速度 v_y、沿 Oz_0 轴方向速度 v_z、探测器质量 m 和制动发动机推力

F 作为系统的状态变量，将推力方向角 ψ、φ 作为控制变量，对文献中一般的探测器软着陆动力学方程[1]进行化简后，可以得到嫦娥三号探测器软着陆的动力学方程：

$$\begin{cases} \dot{r} = v_x \\[4pt] \dot{\beta} = \dfrac{v_y}{r} \\[6pt] \dot{\alpha} = \dfrac{v_z}{r\sin\beta} \\[6pt] \dot{v}_x = \dfrac{F\cos\psi}{m} - \mu \cdot r^2 + \dfrac{v_y{}^2 + v_z{}^2}{r} \\[6pt] \dot{v}_y = \dfrac{F\sin\psi\cos\varphi}{m} - \dfrac{v_x v_y}{r} + \dfrac{v_z{}^2}{r\tan\beta} \\[6pt] \dot{v}_z = \dfrac{F\sin\psi\sin\varphi}{m} - \dfrac{v_x v_y}{r} - \dfrac{v_y v_z}{r\tan\beta} \\[6pt] \dot{m} = -\dfrac{F}{v_e} \end{cases} \tag{4}$$

式（4）就是嫦娥三号月球探测器在动力下降段的动力学方程。

6   软着陆过程前三个阶段的最优控制策略

6.1   着陆准备阶段和主减速阶段的最优控制策略

由于嫦娥三号软着陆过程中的第一阶段即着陆准备阶段的控制策略在于基于着陆点位置选取合适的近月点和着陆准备轨道，因此我们对于问题一的求解，是在软着陆轨道选取控制策略的基础上进行的。

根据背景资料可知，嫦娥三号近月点离月表面 15 km，到距离月面 3 km 处嫦娥三号的速度降到 57 m/s，且嫦娥三号基本位于着陆点上方，因此，只需要重点研究嫦娥三号从近月点 A 到点 B（距着陆点正上方 3 km 处的点）的着陆轨迹和过程，即主减速段的着陆过程，从而得到近月点到着陆点的水平距离，求出近月点坐标。

嫦娥三号从点 A 到点 B 是主减速阶段，由于月球表面没有大气，着陆器的速度必须完全由制动发动机抵消，只有这样才能安全实现软着陆。这一过程需要消耗大量燃料，所以有必要对这一过程进行优化设计。

因为从 15 km 左右的轨道高度软着陆到月球表面的时间比较短，一般在几百秒的范围内，所以诸如月球引力非球项、日月引力摄动等影响因素均可忽略不计。下面以月心为原点，在着陆准备轨道所在平面建立平面直角坐标系，单位长度为 1 km，其中着陆点 C 的坐标为（1734.372，0），着陆点竖直方向上月表面 3 km 处 B 点的坐标为（1740.013，0），假设嫦娥三号绕月方向与月球自转方向一致，具体如图 2 所示。

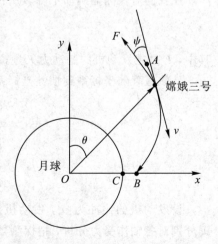

图 2   脱离着陆准备轨道受力示例图

6.1.1　燃料最优制导法模型的建立

下面对之前的动力学模型进行简化并按着陆过程中燃料消耗最少为目标建立优化动力学模型。

目标函数为

$$\min z = \int_0^{t_0} \frac{F(t)}{v_e} \mathrm{d}t \tag{5}$$

依据动能守恒定律,得到约束条件为

$$\frac{1}{2}mv_0^2 - \frac{1}{2}mv_{t_0}^2 = \int_3^{15} \frac{GMm(t)}{(R+x)^2} \cdot \mathrm{d}x + \int_0^{t_0} F(t)\cos[\psi(t)] \cdot v(t) \cdot \mathrm{d}t \tag{6}$$

其中,$v(t)$ 为嫦娥三号的速度,$v_0 = v(0) = 1700$ m/s,$v_{t_0} = v(t_0) = 57$ m/s;G 为引力常量;M 为月球质量;R 为月球半径;$\psi(t)$ 为阻力与速度反方向所成角度;$F(t) \in [1500$ N,7500 N],是嫦娥三号通过主发动机对外做功所获得的阻力;$m(t)$ 为嫦娥三号的质量,由于燃料在不停地消耗,因而它是一个随时间而变化的函数。

6.1.2　燃料最优制导法模型的参数简化

为了求解问题,我们对模型进行了参数简化:

(1) 嫦娥三号在软着陆过程中质量不变,与月心的距离也基本保持不变。

(2) 对于阻力随时间的变化,如果一直存在较大变化,势必需要频繁调整主发动机功率,这样做不仅困难而且会在很大程度上减少发动机的寿命,降低系统稳定性和安全性,因此,我们假设阻力为一恒力。

根据

$$\begin{cases} \dfrac{1}{2}at^2 = h \\ (v_0 - a_1)^2 + (a_2 t)^2 = v_{t_0}^2 \end{cases} \tag{7}$$

其中,水平方向加速度 $a_1 = F \cdot \cos[\psi(t)]$,竖直方向加速度 $a_2 = \dfrac{GM}{R^2} - F \cdot \sin[\psi(t)]$,竖直下落距离 $h = 12$ km。

另外,对于阻力与速度反方向所成角度 $\psi(t)$,由于是类平抛运动,嫦娥三号的下落轨迹为抛物线,所以我们考虑将其转化为阻力与水平方向夹角不变,为 σ。

6.1.3　燃料最优制导法模型的算法介绍

为了更简便、更快速地得到结果,我们对发动机推力 F 和 F 与水平方向的夹角 θ 值进行一个拟全局搜索,得到一个近似最优解。具体算法如下所述。

Step1:首先我们根据题目和常识,得知 $1500 \leqslant F \leqslant 7500$,$0 < \theta < \dfrac{\pi}{2}$,我们为 F 设置一个步长 sf $= 1$ N,为 θ 设置一个步长 cf $= 0.001\pi$,设置初值 $F = 1500$。

Step2:设置全局变量 judge、uF、uθ,初始化 judge $= 7500 \times 750$,uF $= 0$,uθ $= 0$。当 F 改变时,judge、uF、uθ 恢复初始值。在 F 一定的情况下,先对 θ 进行一个步长 cf $= 0.001\pi$ 的搜索,设置初值 $\theta = 0.001\pi$。知道了推力 F 和其与水平方向的夹角后,在竖直方向就可以把嫦娥三号的运动看成是一个加速度为 $\dfrac{GM}{r^2} - \dfrac{F\sin\theta}{m}$ 的匀加速运动。由此根据牛顿力学公式就可以求出整个主减速阶段所用的时间 t，然后可以计算得到最终竖直方向的速度。根据水平方向的加速度，同理可知水平方向的最终速度为

$$v_x = t \times \frac{F\cos\theta}{m}$$

Step3：判断最终的合速度是否满足题目的要求，即 $56 < \sqrt{v_y^2 + v_x^2} < 58$（这里我们允许最终速度有较小的误差）是否成立。如果成立，转 Step4；否则，转 Step5。

Step4：判断 $F \times t <$ judge 是否成立，如果成立，则令 judge $= F \times t$，uF $= F$，u$\theta = \theta$；否则，转 Step5。

Step5：令 θ 取为 $\theta +$ cf，判断 θ 是否大于或等于 $\pi/2$，如果是，则令 F 取为 $F +$ sf，转 Step6；否则，转 Step2。

Step6：判断 F 是否大于 7500，如果是，则结束循环，输出 uF 和 uθ，该结果就是近似最优解；如果不是，则转 Step2。

算法的具体实现程序见数字课程网站。

6.1.4　模型求解与结果分析

模型求解得到的数据详见数字课程网站，将数据利用 Excel 画成图形，如图 3 所示。

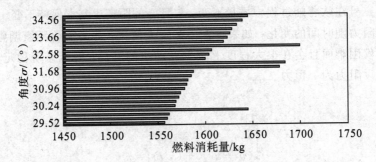

图 3　符合约束条件的每个合适角度下的最优燃料消耗量

从图 3 中我们可以发现，随着角度 σ 的增大，最优燃料消耗量也呈上升趋势，特别地，在 $\sigma = 30.06°$、$31.86°$、$32.22°$、$32.94°$ 时，最优燃料消耗量明显高于正常增长的趋势，说明这几个角度是飞行器主发动机推力调整方向时需要极力避免的。在去除这 4 个突变点后，我们得到的折线图如图 4 所示。

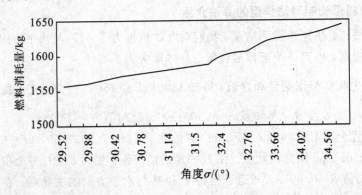

图 4　燃料消耗量与角度的关系

从图 4 中我们可以发现，燃料的消耗量基本与角度呈线性关系。同时，我们也得到当 $\sigma = 29.52°$，主发动机推力为 7481 N 时，最优的燃料消耗量最小，为 1556.66 kg。从而，我们得到嫦娥三号从近月点 A 到点 B 所花时间为 611.762 s。

6.1.5　嫦娥三号质量变化对模型结果的误差分析

嫦娥三号的运行质量为 2400 kg，而按我们所得结果，燃料需要消耗 1556.66 kg，因此我们在简化问题时所作出的嫦娥三号整体质量基本不变的假设，显然是不合理的，下面就考虑对此进行误差分析。

(1) 首先是对于嫦娥三号所受万有引力的影响，原重时，嫦娥三号受到 3898.422 N 的万有引力，产生的加速度为 1.6243 m/s²；而减去消耗的燃料后，嫦娥三号受到 1369.873 N 的万有引力，产生的加速度为 1.6564 m/s²。加速度前后变化 1.976%，对结果影响较小。

(2) 而对于主发动机推力对嫦娥三号的影响，若推力不变，原重时，嫦娥三号产生的加速度是减去消耗燃料后加速度的 2.846 倍，对结果有较大影响。

6.1.6　考虑嫦娥三号质量变化对结果进行再优化

基于以上误差分析，我们考虑对模型进行改进，可以将之前的过程分为两个阶段。第一个阶段，依照之前得到的最优角度 $\sigma = 29.52°$ 时，主发动机推力为 7481 N，运行至飞行器重量为原重的 p 倍时，再根据此时重量，寻找最优角度和推力大小，并根据新的角度和推力完成第二个阶段。由于飞行器减重，引力变化不大，因此完成第二个阶段所需推力会变小，从而降低该阶段所消耗燃料的质量，使得飞行器减重的影响进一步得到弱化。

关于 p 的取值和第二个阶段的最优解，我们可以建立如下规划模型进行求解。

目标函数为

$$\min z = \frac{F_1}{v_e} t_1 + \frac{F_2}{v_e} t_2 \tag{8}$$

约束条件为

$$\begin{cases} \dfrac{F_1}{v_e} t_1 = mp \\[2mm] \dfrac{1}{2} g t_1^2 + \dfrac{1}{2} g t_2^2 = h \\[2mm] v_{t_0}^2 = \left(v_0 - \dfrac{F_1 \cdot \cos \sigma_1}{m} t_1 - \dfrac{F_2 \cdot \cos \sigma_2}{m} t_2 \right)^2 + (g t_1 + g t_2)^2 \end{cases} \tag{9}$$

其中，$F_1 = 7481$ N，t_1 为第一阶段所耗时间，t_2 为第二阶段所耗时间。

然后，我们参考之前的算法，由于之前的算法已经求出了一个在没有分段情况下的近似最优解，为了减小计算量，我们将此作为飞行器第一个阶段的推力和其与水平面的夹角，再在此基础上对第二个阶段运用前一种算法，算出第二个阶段近似最优的推力和其与水平面的夹角。

根据程序运行后得到的数据结果（详见数字课程网站），画出图像如图 5 所示。

从图 5 中我们可以看到，在第二个阶段，由于质量的大大减少，伴随着角度的增大，最优燃料的消耗不断减少，然后到 $\sigma_2 = 12.78°$ 后，最优燃料的消耗量又出现了回升，因此我们得到了第二个阶段的最优推力 $F_2 = 5766$ N，最优角度 $\sigma_2 = 12.78°$，p 的取值为 0.5415。

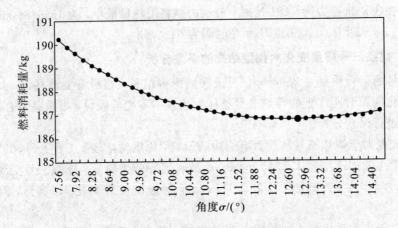

图 5　最优燃料消耗量与推力角变化的关系

　　基于上述两个阶段，我们按照之前的方法重新计算总的燃料消耗量为 1433.64 kg，总运行时间为 527.829 s。

6.1.7　算法的再优化及结果的评价

　　事实上，如果我们将嫦娥三号的主减速阶段分得足够小，那么在每一段路程内，我们都可以将其质量看成是不变的，将其中的每一段用前一种算法进行求解，理论上可以求出无限逼近最优解的解。优化前后的结果比较如图 6 所示。

　　从图 6 我们可以清晰地发现，跟之前单阶段相比较，两阶段无论是从燃料消耗量还是从运行时间上都有了进一步的优化，分别降低了 7.9% 和 13.7%，提高了嫦娥三号运行的稳定性、安全性和能源利用率。同时也说明，如果进一步再细化分阶段，对于嫦娥三号的提升性应该并不会太大，而且考虑到发动机的功率不能频繁调整，所以综上，我们认为，两阶段的主减速过程是比较合理和完善的，十分接近于全局最优解，具有相当的可行性与科学性。

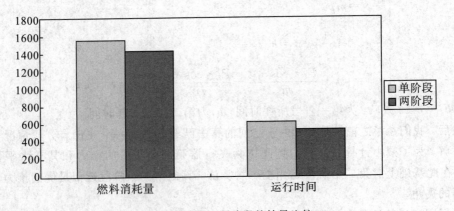

图 6　单阶段和两阶段的结果比较

6.1.8　结果讨论与最优策略的提出

　　由上述结果，我们确定了嫦娥三号第一阶段即着陆准备阶段中近月点和远月点的计算方法。嫦娥三号在主减速阶段的最优策略是分为两个阶段进行的，第一个阶段，嫦娥三号主发动机提供的推力达到 7481 N，同时不断调整姿态使主发动机推力与水平方向的夹角始终控制在 29.52°左右，然后当嫦娥三号运行至自身重量降为原重的 54.15% 时，开始第二个阶段，此时嫦娥三号的主发动机提供的推力只需达到 5766 N，同时，主发动机推力与水平方向的夹角应始终控制在 12.78°左右，直至嫦娥三号到达距月球表面 3 km 处。

整个主减速阶段耗时 527.829 s，消耗燃料 1433.64 kg，到达距月球表面 3 km 处速度为 57.83 m/s。

6.2　近月点和远月点位置与速度的确定

6.2.1　近月点和远月点位置的确定

基于以上主减速阶段过程，我们就可以确定着陆准备轨道中近月点的和远月点的位置了。

我们已经得到嫦娥三号主减速阶段总耗时为 527.829 s，其中第一个阶段为 432.58 s，第二个阶段为 95.248 s。然后我们利用物理学中的匀减速运动距离公式，即可计算得到近月点到点 B 的水平距离为 509.64 km。最后我们得到了坐标系中近月点的坐标为 $(1676.24，509.64)$，嫦娥三号椭圆着陆准备轨道的曲线方程为

$$\frac{(x+40.6624)^2}{1794.5^2}+\frac{(y+12.3619)^2}{1794^2}=1 \tag{10}$$

远月点的坐标为 $(-1757.565，-534.364)$。如图 7 所示。

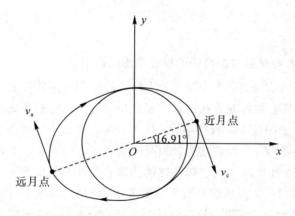

图 7　近月点和远月点的位置

6.2.2　近月点和远月点速度的确定

根据文献[2]，设近月点的速度为 v_c，远月点的速度为 v_a，近月点和远月点的曲率半径分别为 r_1 和 r_2，根据椭圆轨道的性质，我们知道近月点和远月点的曲率半径相同，即 $r_1=r_2$。

根据万有引力公式，得

$$\begin{cases} G\dfrac{Mm}{(r+15)^2}=m\dfrac{v_c^2}{r_1} \\[2mm] G\dfrac{Mm}{(r+100)^2}=m\dfrac{v_a^2}{r_2} \end{cases} \tag{11}$$

式(11)中上下两式相除,得

$$\frac{v_c}{v_a} = \frac{r+100}{r+15} \tag{12}$$

即

$$v_c = \frac{r+100}{r+15} v_a$$

再根据能量守恒定律,得到能量守恒方程:

$$\frac{1}{2} m v_a^2 + \int_{15}^{100} G\frac{Mm}{x+r}\mathrm{d}x = \frac{1}{2} m v_c^2 \tag{13}$$

其中,$\int_{15}^{100} G\frac{Mm}{x+r}\mathrm{d}x$ 是远月点到近月点的势能变化。

计算得到:

$$\begin{cases} v_c = 1692.2\ \mathrm{m/s} \\ v_a = 1613.9\ \mathrm{m/s} \end{cases}$$

即近月点的速度为 1692.2 m/s,远月点的速度为 1613.9 m/s。

6.3 快速调整阶段的最优控制策略

月球软着陆探测器经过动力下降段的制动过程以后,探测器利用姿态信息检测装置在姿态控制系统的作用下进行姿态调整。从着陆安全性上考虑,探测器必须垂直降落或者以小角度倾斜降落,而探测器经过动力下降阶段和姿态调整阶段后轨道参数已经不可避免地出现了累积误差,所以在垂直下降阶段中首要考虑的问题是制导控制的安全性,其次是燃耗最优性和制导实时性。

6.3.1 基于重力转弯显式制导法的模型思想的提出

基于着陆安全性方面考虑,本文采用重力转弯法作为探测器在姿态快速调整阶段的制导控制算法。重力转弯制导控制方法的基本思想是通过姿态控制系统将制动发动机的推力方向与探测器速度矢量的反方向保持一致,从而实现垂直到达月球表面的软着陆过程。

由于在快速调整阶段中,探测器距月面距离从 3 km 下降到 2.4 km,远远小于月球的半径 1737 km,因此在建模时可以忽略月球的曲率,将月面近似为水平面;同时考虑到在快速调整阶段中探测器的切向速度只有几十米每秒,设切向速度给探测器所带来的离心加速度为 a_m,月球半径为 R,嫦娥三号在距月面 3 km 处时的切向速度为 v_0,则计算切向速度给嫦娥三号带来的离心加速度为

$$a_m = \frac{v_0^2}{R} \approx \frac{58^2}{1\,737\,000} = 1.94 \times 10^{-3}\ \mathrm{m/s^2}$$

这与月球的重力加速度相比要小很多,因此在这里可以忽略切向速度给嫦娥三号带来的离心加速度的影响。

6.3.2 重力转弯制导模型的建立

设制动发动机的比冲为 v_e,秒耗量为 η,探测器的垂直高度为 h,探测器的速度为 v,探测器的质量为 m,制动发动机的推力方向与垂直方向夹角为 ψ,在以上假设条件下,我们对探测器进行受力分析,可以得到探测器的动力学模型[3]为

$$\begin{cases} \Delta h = -v\cos\psi \\ \Delta v = -\dfrac{\eta v_e}{m} + g\cos\psi \\ \Delta \psi = -\dfrac{g\sin\psi}{v} \\ \Delta m = -\eta \end{cases} \tag{14}$$

式(14)就是探测器在重力转弯制导法下的运动方程。然后，我们结合嫦娥三号的实际情况与已知数据(初、末态)对上述方程组进行改良，得到了嫦娥三号在重力转弯制导法下的运动方程如下：

$$\begin{cases} \Delta h = v_y + \dfrac{1}{2}\left(g - \dfrac{F\sin\psi}{m}\right) \\ \Delta v_x = -\dfrac{F\cos\psi}{m} \\ \Delta v_y = g - \dfrac{F\sin\psi}{m} \\ \Delta \psi = -\dfrac{g\sin\psi}{v} \\ \Delta m = \dfrac{F}{v_e} \end{cases} \tag{15}$$

其中，v_x、v_y 分别是嫦娥三号在水平方向和竖直方向上的分速度。

6.3.3　重力转弯制导模型的数据准备

继承主减速段的优化结果，查阅题目信息，给出嫦娥三号在快速调整阶段的初始状态(距月球表面 3 km)为：$v = 58$ m/s，$v_x = 40$ m/s，$v_y = 42$ m/s，$\psi = 46.4°$；末端状态(距月球表面 2.4 km)为：$v_x = 0$，$\psi = 0$。

6.3.4　重力转弯制导模型的求解

考虑到嫦娥三号在此阶段燃料消耗较少，所以我们假设嫦娥三号在这个阶段恒重，取前一阶段末嫦娥三号的质量 $m = 966.36$ kg。

最后，我们编写程序，F 以 1 N 为步长，从 0 开始，通过嫦娥三号的运动方程，对时间进行微分，然后不断迭代，搜索满足条件的 F 与 t。这里由于篇幅原因不再详细说明算法(具体程序见数字课程网站)。

运行程序后得到当 $F = 3200$ N，$t = 17$ s 时，垂直下落距离 $h = 600.642$ m，$v_x = 0$，$v_y = 35.9884$ m/s，而此时嫦娥三号主发动机推力方向与竖直方向的夹角 $\psi = -1.5108°$，可以认为嫦娥三号主发动机推力方向基本是竖直向下的。

6.3.5　结果分析与最优策略的提出

基于上述结果，我们提出嫦娥三号在第三阶段即快速调整阶段的最优策略为：基于重力转弯制导法，通过 16 台姿态调整发动机推力与垂直方向夹角变化式 $\Delta\psi = \dfrac{-g\sin\psi}{v}$，不断调整发动机推力的方向，并通过主发动机始终提供 3200 N 的推力，直至到达距离月球表面 2.4 km 处。

整个快速调整阶段耗时约 17 s，消耗燃料 18.5034 kg，到达距离月球表面 2.4 km 处时,嫦娥三号水平方向速度为 0,竖直方向速度为 35.9884 m/s,嫦娥三号主发动机推力方向与竖直方向夹角为 1.51°。

7 软着陆过程后三个阶段的最优控制策略

7.1 粗避障阶段的优化调整

在距离月面 2.4 km 处,对其正下方 2300 m×2300 m 的区域进行拍照,获得数字高程图,根据高程图分析待着陆区域的地形情况,通过水平和竖直方向运动状态的变化,在下降距月面 100 m 高度时位于较优的初步落月地点。

从 2.4 km 到 100 m,水平速度已减为零,发动机的推力方向向下,着陆器受到的反作用力方向向上,与万有引力的方向相反,其运动方程为

$$
\begin{cases}
\dot{\boldsymbol{r}} = \boldsymbol{v} \\
\dot{\boldsymbol{v}} = \boldsymbol{g} + \boldsymbol{a} \\
\boldsymbol{a} = \dfrac{\boldsymbol{T}}{m} \\
|\boldsymbol{T}| = -I_{\text{sp}} g_0 \dot{m} = \dot{m} c
\end{cases}
\tag{16}
$$

其中,$\boldsymbol{r}$ 表示探测器的位置矢量;$\boldsymbol{v}$ 表示探测器的速度矢量;$\boldsymbol{a}$ 表示发动机提供的加速度矢量;$\boldsymbol{T}$ 表示相应的力矩矢量;$\boldsymbol{g}$ 为月球表面的重力加速度矢量,在此阶段可近似认为是常值;I_{sp} 表示发动机的比冲;g_0 为地球的重力加速度值;c 对应发动机的质量排出系数。

根据相关文献的说明,发动机在启动后不能关闭,在实际的操作中发动机的推力受最大最小值的约束:

$$
0 < T_{\min} < T < T_{\max}
\tag{17}
$$

此外,着陆器在到达目标区域以前不能与月球发生碰撞,或者撞击到月球表面的其他障碍物,即

$$
r_h \geqslant 0
\tag{18}
$$

其中,r_h 为着陆器距离达月球表面的高度。

7.1.1 模型的准备

1) 图像的处理

利用 MATLAB 中的 imread 函数,可以读取图片获得区域的高程矩阵。由于矩阵很大,这里不再详细列出(详见数字课程网站)。

2) 坐标系的建立

为方便表示着陆器所在的位置矢量,我们以拍摄区域所在的平面为 xOy 平面,以过区域的中心且指向面外的方向为 z 轴,即在该阶段的开始时刻着陆器位于 z 轴上,由此可以得到着陆器在该阶段的初始状态:$r_0 = (0, 0, 2.4)$。因为着陆器在距月面 100 m 的位置实现悬停,可以确定部分的末状态:$v_f = 0$,$a_f = 0$。

7.1.2 落月地点的初步确定(小窗口搜索算法)

在得到区域中点的高程矩阵后,利用 MATLAB 得到其等高线图,如图 8 所示。

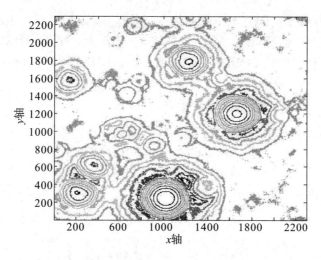

图 8　区域 1(2300 m×2300 m)等高线图

从图 8 中我们可以看出，区域中共有 6 个范围较大的陨石坑，集中在区域的左下部和中部偏上的位置。着陆器着陆点的选择要兼顾两个方面：① 要避开大的陨石坑，使着陆器可以安全地着陆和工作；② 在着陆点选择的过程中，要考虑与当前所在的位置临近的原则。考虑到在实现着陆的过程中受到多种因素的影响，我们需选择一片较优的待着陆区域。其算法如下所述。

Step1：创建一个目标区域大小的矩阵，作为选择和判断的窗口。

Step2：建立衡量区域优劣的目标函数，在问题中我们建立高程差函数，即窗口区域中最大高程和最小高程之间的差值。

Step3：在整个可视的区域进行遍历搜索，找到目标函数最小的区域所在的位置。

Step4：在备选区域中选择离当前位置最近的窗口区域。

Step5：考虑所选区域在整个可视区域的相对位置，并分析合理性，进行优化和调整。

利用 MATLAB 对上述算法进行编程(程序见数字课程网站)，求解得到最优的区域为
[1982:2082，1865:1965]点所在的区域，如图 9 所示。

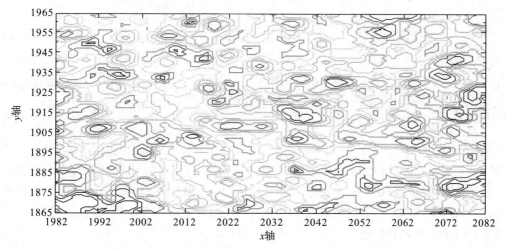

图 9　粗避障阶段较优区域(100 m×100 m)的搜索结果

从图 9 我们可以看出，该区域中没有较大的陨石坑，地形相对平坦。根据程序搜索结果，其最小高程差为 9 m，满足这一条件的区域共有 341 个，而图 9 所示区域为距离当前阶段初始点 $r_0 = (1150, 1150, 2400)$ 最近的区域。根据上述结果，可以得到当前阶段末时刻的位置矢量 $r_f = (2032, 1915, 100)$。

7.1.3　二次多项式障碍回避制导律设计

假设着陆器加速度为如下所示的二次多项式[5]：

$$a(t) = C_0 + C_1 t + C_2 t^2 \tag{19}$$

其中，C_0、C_1 和 C_2 分别为待定常矢量。

积分可得其速度和位置分别为

$$v(t) = C_0 t + C_1 \frac{t^2}{2} + C_2 \frac{t^3}{3} + v_0 \tag{20}$$

$$r(t) = C_0 \frac{t^2}{2} + C_1 \frac{t^3}{6} + C_2 \frac{t^4}{12} + v_0 t + r_0 \tag{21}$$

在给定着陆时间和初末端状态 r_0、v_0、r_f、v_f、a_f 的情况下，求解可得定常矢量的解为

$$\begin{cases} C_0 = a_f - 6 \dfrac{v_0 + v_f}{t_s} + 12 \dfrac{r_f - r_0}{t_s^2} \\[2mm] C_1 = -6 \dfrac{a_f}{t_s} + 6 \dfrac{3 v_0 + 5 v_f}{t_s^2} - 48 \dfrac{r_f - r_0}{t_s^3} \\[2mm] C_2 = 6 \dfrac{a_f}{t_s^2} - 12 \dfrac{v_0 + 2 v_f}{t_s^3} + 36 \dfrac{r_f - r_0}{t_s^4} \end{cases} \tag{22}$$

其中，$t_s = t_f - t$ 为整个着陆过程需要的时间与当前时刻的时间差。

在该阶段运动的过程中，可将运动分解到水平方向和竖直方向，由于力是连续的，为简化问题，方便求解，我们假设垂直方向的角速度是线性变化的，即 C_2 在垂直方向上的分量 C_{2h} 为零。由于后面还有阶段，即可保证 $t_s \neq 0$。将 C_{2h} 为零代入方程组式（22）中第三个方程，可得

$$6 a_{fh} t_s^2 - (12 v_{0h} + 2 v_{fh}) t_s + 36 (r_{fh} - r_{0h}) = 0 \tag{23}$$

解得

$$t_s = \begin{cases} \dfrac{2 v_{fh} + v_{0h}}{a_{fh}} + \left[\left(\dfrac{2 v_{fh} + v_{0h}}{a_{fh}} \right) - 6 \dfrac{r_{fh} - r_{0h}}{a_{fh}} \right]^{\frac{1}{2}} & a_{fh} \neq 0 \\[4mm] 3 \dfrac{r_{fh} - r_{0h}}{2 v_{fh} + v_{0h}} & a_{fh} = 0 \end{cases} \tag{24}$$

其中，r_{0h}、v_{0h}、y_{fh}、v_{fh}、a_{fh} 分别是初末端状态 r_0、v_0、r_f、v_f、a_f 在垂直方向上的分量值。
结合受力的情况：

$$F = m(a + g) \tag{25}$$

由制导律的计算方式可以看出，探测器当前的控制加速度综合考虑了当前状态、末端时刻 t_f、末端位置矢量 r_f 以及末端速度矢量 v_f，不过没有考虑发动机推力的约束和燃料消耗。由于该阶段移动的距离较小，燃料的消耗较少，为简化问题，我们假设在这个过程中质量的变化可以忽略。但是，在实际的任务中，我们需考虑到发动机的性能的影响，即推力上限的存在，所以我们还需对其结果作进一步的调整。

$$F_{out} = \operatorname*{sat}_{Tmax}(F) \tag{26}$$

7.1.4　结果讨论与分析

由于阶段四的末端时刻即为阶段五的初始时刻，着陆器要在距离月面 100 m 的高度悬停，即可得到以下状态值：$a_f=0$，$v_f=0$；初始时刻的相关状态值由上一阶段的末端时刻决定：$v_0=v_{0h}=35.9884$ m/s。始末的位置矢量分别为 $r_0=(1150，1150，2400)$，$r_f=(2032，1915，100)$。

求解得到

$$t_s=95.8642 \text{ s}, \quad C_0=\begin{bmatrix}1.15\\1.00\\-5.26\end{bmatrix}, \quad C_1=\begin{bmatrix}-4.60\\-4.00\\0.072\end{bmatrix}, \quad C_2=\begin{bmatrix}0.0004\\0.0003\\-0.0020\end{bmatrix}$$

即

$$\begin{bmatrix}a_x(t)\\a_y(t)\\a_z(t)\end{bmatrix}=\begin{bmatrix}1.15\\1.00\\-5.26\end{bmatrix}+\begin{bmatrix}-4.60\\-4.00\\0.072\end{bmatrix}t+\begin{bmatrix}0.0004\\0.0003\\-0.0020\end{bmatrix}t^2 \tag{27}$$

在前面阶段的计算中得到该阶段初始时刻 $m=947.86$ kg，所以，在这个阶段内：

$$\begin{bmatrix}F_x(t)\\F_y(t)\\F_z(t)\end{bmatrix}=947.86\begin{bmatrix}a_x(t)\\a_y(t)\\a_z(t)\end{bmatrix}+\begin{bmatrix}1516.58\\1516.58\\1516.58\end{bmatrix}$$

根据末端时刻的约束，可以得到在到达较优着陆位置 100 m 上空的前提下，粗略躲避障碍物阶段整个耗时 73 s，消耗燃料 124.1 kg。

7.2　精避障阶段的优化

7.2.1　模型的准备

利用 MATLAB 得到其等高线图，如图 10 所示(数据见题目附件)。

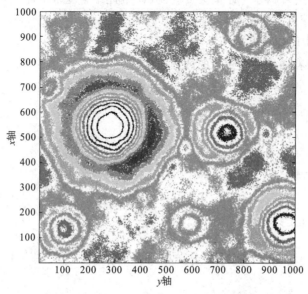

图 10　区域 2(100 m×100 m)等高线图

沿用上阶段的算法(程序见数字课程网站),找到最优区域为[538:638, 291:391]点所在的区域,如图 11 所示。从图中我们可以看出,该区域中没有较大的起伏,地形相对平坦。但该区域的平均高程非常小,在整个可视区域中即为左侧中部的位置,等高线相对稀疏。结合题中所给的预计着陆点的相关参数,即可发现该点的选择较为合理。根据程序搜索的结果,其最小高程差为 2 m,满足这一条件的区域共有 244 个,而图 11 所示区域为距离当前阶段初始点 $r_0 = (500, 500, 100)$ 最近的区域。根据上述结果,可以得到当前阶段末时刻的位置矢量 $r_f = (588, 341, 30)$。

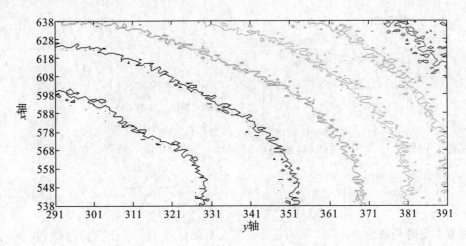

图 11   精避障阶段较优区域(10 m×10 m)的搜索结果

由于本阶段嫦娥三号初状态水平方向与竖直方向速度均为 0,而末状态的水平方向速度为 0,竖直方向速度未知,故我们在粗避障阶段所用的二次多项式障碍回避制导法并不能在这里得到合理的结果,所以我们考虑利用之前采用过的燃料最优制导法进行这一阶段着陆轨道的求解。

初始点 r_0 到终点 r_f 的水平距离为 21.24 m,因此结合题目条件,嫦娥三号在水平方向上应做先加速后减速的直线运动,而两点间的竖直距离为 70 m,嫦娥三号在竖直方向做直线运动,具体过程中的加速度变化未知。

7.2.2   基于燃料最优制导模型的建立与优化

下面我们将嫦娥三号在水平方向上的加速和减速分为两个阶段,建立如下规划模型对嫦娥三号在水平方向加速度 a_x、竖直方向加速度 a_y 进行规划求解。

目标函数为

$$\min z = \frac{m\sqrt{a_{x1}^2 + a_{y1}^2}}{v_e}t_1 + \frac{m\sqrt{a_{x2}^2 + a_{y2}^2}}{v_e}t_2 \tag{28}$$

约束条件为

$$\begin{cases} \dfrac{1}{2}a_{x1}t_1^2 + a_{x1}t_1\dfrac{a_{x1}t_1}{a_{x2}} + \dfrac{1}{2}a_{x2}\left(\dfrac{a_{x1}t_1}{a_{x2}}\right)^2 = d \\[2mm] \dfrac{1}{2}(g+a_{y1})t_1^2 + (g+a_{y1})t_1\dfrac{a_{x1}t_1}{a_{x2}} + \dfrac{1}{2}(g+a_{y2})\left(\dfrac{a_{x1}t_1}{a_{x2}}\right)^2 = h \\[2mm] a_{xi}^2 + a_{yi}^2 \leqslant \dfrac{F_{\max}^2}{m^2} \qquad i = 1, 2 \end{cases} \tag{29}$$

考虑到嫦娥三号主发动机短时间内提供的推力与飞行姿态不会有很大变化,同时也为了提高求解的速度,我们假设嫦娥三号在水平方向上加速阶段和减速阶段的加速度大小不变,只是方向改变,而在竖直方向上,嫦娥三号受推力和月球引力所得到的加速度不仅大小不变,而且方向也不变,从而我们可以得到如下规划模型。

目标函数为

$$\min z = \frac{m \sqrt{a_x^2 + a_y^2}}{v_e} t \tag{30}$$

约束条件为

$$\begin{cases} \dfrac{1}{4} a_x t^2 = d \\[2mm] \dfrac{1}{2}(g + a_y)t^2 = h \\[2mm] a_x^2 + a_y^2 \leqslant \dfrac{F_{\max}^2}{m^2} \end{cases} \tag{31}$$

对于上述规划,我们对 a_x 以 0.01 m/s² 为步长,从 0 开始进行搜索,编写程序(具体程序见数字课程网站)寻找符合约束条件的 a_x 与 a_y 的取值组合。最终得到 71 组 a_x 与 a_y 的取值组合(详细数据见数字课程网站),分别求得每一取值组合的燃料消耗量,画出图形,如图 12 所示。

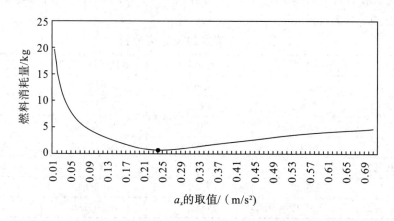

图 12　加速度水平方向的分量与燃料消耗的关系图

从图 12 中我们可以发现,随着嫦娥三号水平方向加速度 a_x 的增加,燃料消耗量先降后升,说明以燃料最优制导为目标,的确存在 a_x 与 a_y 的最优取值组合。当 $a_x = 0.24$ m/s², $a_y = 0.0181$ m/s² 时,燃料消耗量最小,为 0.6344 kg。

7.2.3　结果分析与最优控制策略的提出

通过上述结果,我们得到嫦娥三号在精避障阶段需要的推力为 47.7 N,因此只需要姿态发动机提供就好,同时推力方向与水平方向的夹角为 4.31°,直至到达距离月球表面 30 m 处。

整个精避障阶段耗时 9.407 s,消耗燃料 0.6344 kg,到达距离月球表面 30 m 处时嫦娥三号水平方向速度为 0,竖直方向速度为 14.88 m/s。

7.3　缓速下降阶段的优化

由于在缓速下降阶段嫦娥三号竖直下落,因此我们只需要合理减速即可,利用物理学匀减速运动计算公式 $\Delta v^2 = 2ax$,代入数据,$\Delta v = v = 14.88$ m/s,$x = 26$ m,求得 $a = 4.258$ m/s^2。

该阶段嫦娥三号的质量 $m = 823.116$ kg,我们可以得到嫦娥三号在此阶段发动机提供的推力为 4821.8 N,方向竖直向下,直至到达距离月面 4 m 处,嫦娥三号相对月面静止,之后关闭发动机,使嫦娥三号自由落体到精确着陆点,实现软着陆。

整个缓速下降阶段耗时 8.49 s,消耗燃料 5.73 kg,成功软着陆至预定着陆点。

8　模型参数的灵敏度分析

8.1　着陆准备阶段和主减速阶段模型参数的灵敏度分析

8.1.1　初速度的灵敏度分析

对于这一阶段,按计算,嫦娥三号在近月点的速度实际应为 1692.2 m/s,而我们在模型求解时,为方便计算,选择了 1700 m/s 的近似速度,因此我们首先对初速度这一参数进行了灵敏度分析,如表 1 所示。

表 1　初速度的灵敏度分析

初速度/(m/s)	下落距离/m	最优推力/N	最优角度/弧度	所耗时间/s
1700	12000	7481	0.515221	611.762
1700×(1+5%)	12000	7470	0.518363	643.907
1700×(1−5%)	12000	7487	0.51208	579.642
1700×(1+10%)	12000	7494	0.518363	673.369
1700×(1−10%)	12000	7487	0.508938	547.782
1700×(1+15%)	12000	7439	0.524646	711.582
1700×(1−15%)	12000	7482	0.505796	517.671

我们进一步计算可以发现,当初速度以 5% 加减变化时,求解结果中主发动机的最优推力平均变化了 0.107%,最优角度平均变化了 0.61%,所耗时间平均变化了 0.002%;而当初速度以 10%、15% 加减变化时,求解结果中主发动机最优推力变化最大值为 0.56%,最优角度变化最大值为 1.83%,所耗时间变化最大值为 16.3%,均出现在初速度增加 15% 时,其余变化比重均非常小。

由此可以说明,当初速度在 15% 范围内加减变化时,对于问题求解的结果影响并不是太大,从而证明了我们取近似速度简化计算的科学性与合理性。同时也说明,初速度的变化下限比上限空间要大得多,初速度增加 15% 时,就已经出现了结果的较大偏差。

8.1.2　下落距离的灵敏度分析

由于给出的近月点到月球表面的距离和主减速阶段末态位置到月球表面的距离都是约数,从而导致下落距离这一参数的值是不精确的,因此我们对此进行了灵敏度分析,如表 2 所示。

表 2　下落距离的灵敏度分析

初速度/(m/s)	下落距离/m	最优推力/N	最优角度/弧度	所耗时间/s
1700	12000×(1+15%)	7477	0.51208	612.9
1700	12000×(1+10%)	7491	0.51208	611.439
1700	12000×(1+5%)	7467	0.515221	613.276
1700	12000×(1−5%)	7495	0.515221	610.101
1700	12000×(1−10%)	7471	0.518363	611.956
1700	12000×(1−15%)	7485	0.518363	610.199

我们进一步计算可以发现，当下落距离以 5% 加减变化时，求解结果中主发动机的最优推力平均变化了 0.187%，最优角度没有变化，所耗时间平均变化了 0.012%。而下落距离以 10%、15% 加减变化时，求解结果中主发动机最优推力变化最大值为 0.187%，最优角度变化最大值为 0.61%，所耗时间变化最大值为 0.247%，变化比重均非常小。

由此可以说明，当下落距离在 15% 范围内加减变化时，对于问题求解的结果影响并不是太大，从而进一步证明了我们计算结果的科学性与合理性。同时也说明，下落距离的变化下限与变化上限空间均较大，对结果影响并不明显。

8.2　快速调整阶段模型参数的灵敏度分析

8.2.1　初始水平速度与垂直速度的灵敏度分析

由于在快速调整阶段的模型求解中，采用了对时间微元的思想，但是时间间隔为 1 s，导致在模型的参数取值时，也取了整数，从而产生误差。下面就针对速度参数的取值进行灵敏度分析，如表 3 所示。

表 3　水平初速度与垂直初速度的灵敏度分析

水平初速度/(m/s)	垂直初速度/(m/s)	初始角度/弧度	下落距离/m	所耗时间/s	最优推力/N
40	42	0.809	600	16	3200
40×(1−10%)	42	0.809	600	15	2934
40×(1−5%)	42	0.809	600	16	3056
40×(1+5%)	42	0.809	600	16	3200
40×(1+10%)	42	0.809	600	16	3348
40	42×(1−10%)	0.809	600	17	2870
40	42×(1−5%)	0.809	600	17	3030
40	42×(1+5%)	0.809	600	15	3278
40	42×(1+10%)	0.809	600	15	3520

我们进一步计算可以发现，在 10% 范围内加减改变初始速度的大小，对于求解结果中的所耗时间影响都较小，而对最优推力的影响，最大值达到了 10.3%，出现在垂直初速度加减 10% 时。

由此可以说明，无论是水平初速度还是垂直初速度，当初始速度在 10% 范围内加减变化时，对于问题求解的结果影响并不是太大，从而进一步证明了我们计算结果的科学性与合理性。同时也说明，水平初速度的灵敏度优于垂直初速度的灵敏度，即变化的上下限空间更大。

8.2.2 初始角度的灵敏度分析

同样的，我们对初始角度也进行了灵敏度分析，如表 4 所示。

表 4 初始角度的灵敏度分析

水平初速度/(m/s)	垂直初速度/(m/s)	初始角度/弧度	下落距离/m	所耗时间/s	最优推力/N
40	42	$0.809 \times (1-10\%)$	600	15	3115
40	42	$0.809 \times (1-5\%)$	600	15	3184
40	42	$0.809 \times (1+5\%)$	600	16	3120
40	42	$0.809 \times (1+10\%)$	600	17	3200

从表 4 中我们可以得到，初始角度在 10% 范围内加减变化时，对求解结果影响依然较小，灵敏度较优。

8.3 结果分析

我们对燃料最优制导模型和重力转弯显式制导模型参数的灵敏度分析证明了我们在模型求解时对于参数的简化与取值的合理性与可靠性，另外也为进一步研究提供了参考。

但是由于时间紧迫，我们对于之后如二次多项式障碍回避制导模型等计算过程中的参数并没有作进一步的灵敏度分析，这是下一步研究和讨论的方向。

9 模型改进与评价

本文将嫦娥三号软着陆过程的 6 个阶段分为 4 个部分，建立了 3 种模型，分别对嫦娥三号主减速阶段和精避障阶段、快速调整阶段、粗避障阶段进行了求解，在一定精度范围内得到了较满意的结果，并且经过模型检验和模型参数的灵敏度分析，各个模型均有一定的适用范围和实用性，下面对各个模型的特点进行简要的分析。

9.1 模型一——燃料最优制导模型

针对模型一，主要是以嫦娥三号着陆过程中所消耗燃料最少为目标，对发动机推力和角度大小进行规划，从而确定嫦娥三号着陆过程中的轨道。

本模型最大的特点是简单易行，符合实际，因为主减速阶段一般要消耗探测器所携带的 80% 以上的燃料，因此对于燃料消耗量的优化无疑是十分有效且科学的，并且经过简化后，我们的求解过程也十分迅速，算法效率很高，并且具有一定的精确度。在过程的初步估计阶段，这种精确度是可以接受的，因此对于无人探测器等小型探测器的着陆过程，本模型具有一定的适用性和实用性。

本模型的进一步改进就在于求解过程，事实上，如果我们将探测器的主减速阶段分得足够小，那么在每一段路程内，我们都可以将探测器的质量看成是不变的，将其中的每一段用前一种算法进行求解，理论上可以求出无限逼近最优解的解，也就是说，将阶段分得足够多可以进一步提高模型的精确性。

9.2　模型二——重力转弯制导模型

对于模型二，采用的是重力转弯制导的思想方法，能够保证探测器以正确的姿态降落到月面附近，同时降低了姿态控制系统的负担。不足之处是重力转弯制导法并不是燃耗最优制导法，而是燃耗次优的，因此重力转弯制导法在低成本的无人着陆任务中应用比较广泛。

9.3　模型三——二次多项式障碍回避制导律设计

由制导律的计算方式可以看出，探测器当前的控制加速度综合考虑了当前状态、末端时刻 t_f、末端位置矢量 r_f 以及末端速度矢量 v_f，不过没有考虑发动机推力的约束和燃料消耗。对于质量变化可以忽略的情况，用该种计算方法可以快速地得到结果。当然在实际的运作过程中，会受到多种影响因素的限制，就需要根据约束条件对其作进一步的调整。

参 考 文 献

[1]　梁东平，柴洪友，陈天智.月球着陆器软着陆动力学建模与分析综述[J].航天器工程，2011，20(6)：106-107.

[2]　栾恩杰.卫星轨道近地点和远地点能量平衡式[J].科技导报，2009，27(5)：28-30.

[3]　张仲满.月球软着陆的制导算法研究[D].哈尔滨：哈尔滨工业大学，2009.

[4]　刘卫国.MATLAB 程序设计与应用[M].北京：高等教育出版社，2009.

[5]　于彦波.火星探测器动力下降段制导律研究[D].哈尔滨：哈尔滨工业大学，2013.

论 文 点 评

该论文获得 2014 年"高教社杯"全国大学生数学建模竞赛 A 题的一等奖。

1. 论文采用的方法和步骤

论文研究嫦娥三号软着陆轨道设计与控制策略。

（1）对于问题一，关于近月点和远月点位置的确定，首先建立了月心坐标系、着陆轨道坐标系和嫦娥三号动力学方程，基于软着陆轨道高度到月球表面的时间比较短，将着陆准备轨道简化在平面直角坐标系中讨论。其次通过结合问题二对准备轨道和着陆轨道主减速阶段的要求，为了减少燃料消耗，给出主减速阶段发动机的最优推力，由此，依据近月点的速度和距离，可以近似计算出主减速阶段所需要的时间，进而可以反推出近月点和远月点的位置。最后由椭圆轨道的性质，近月点和远月点的曲率半径相同，根据万有引力公式，结合能量守恒定律，确定出了近月点和远月点的速度。

（2）对于问题二，确定出了嫦娥三号的着陆轨道和在 6 个阶段的最优控制策略。由问题对软着陆过程中 6 个阶段的要求，分析各个阶段嫦娥三号的受力情况，给出起止状态(速度和高度)、建立了以燃料消耗最少为目标的最佳控制策略(主发动机的推力大小和方向)，以满足各个阶段起止状态的要求。根据总体优化设计思想,在着陆准备阶段和主减速阶段,基于燃料最优制导法制定了两阶段的优化控制策略模型,对发动机推力方向与水平方向的夹角值进行拟全局搜索,得到了近似最优解;对于快速调整阶段,考虑到制导控制的安全性,采用基于重力转弯制导法的模型,给出了发动机推力与垂直方向夹角的最优策略结果;对于粗避障和精避障阶段,首先通过遍历搜索寻找较为平坦且较为容易到达的区域为目标区域,然后分别基于二次多项式障碍回避制导法和燃料最优制导法在两个阶段进行运行轨迹的求解,得到嫦娥三号在粗避障时的速度变化规律和精避障阶段所需要的推力和推力方向与水平方向的夹角,从而提出最优控制策略。对于缓速下降阶段,由于其是一个先匀减速运动后自由落体运动的过程,故利用物理学公式进行了最后数据的推算。最后综合得到嫦娥三号在 6 个阶段的优化控制策略下的总耗时与消耗燃料总质量。

(3)对于问题三,给出主减速阶段、快速调整阶段模型中重要参数的简单灵敏度分析。

2. 论文的优点

该论文能较好地将嫦娥三号软着陆轨道优化的空间问题转化为简单的平面问题,根据问题对软着陆过程中 6 个阶段的要求,能以燃料消耗最少为设计目标,分别建立较完整的优化模型,通过改变主发动机推力的大小和方向来实现对嫦娥三号的控制。论文思路清晰,每个阶段的分析、模型、算法、求解都比较完整。

3. 论文的缺点

该论文在对缓速下降阶段的最优控制策略上,目的性不强,没有给出明确的优化模型。对所设计的着陆轨道与控制策略的误差分析和敏感性分析讨论不足。

第8篇　太阳影子定位问题研究[①]

队员：吴鑫（信息工程），习晓丽（卓越经管），夏彰敏（自动化）

指导教师：数模组

摘　要

本文结合日地运动与地理理论研究了影子长度关于日期、时间和经纬度的变化规律及根据影长反向定位时空的方法，并进行了误差分析。

问题一要求建立影子长度变化的数学模型，并分析影子长度关于各个参数的变化规律。首先我们建立了日地运动坐标系，表示出时间参数——时差和真太阳时，太阳相对位置参数——太阳赤纬、时角、太阳高度角和太阳方位角，综合各个参数推导出了影长的变化模型。然后考虑到大气对太阳光的折射会使影长变短，用修改后的 Edlen 空气折射公式推导出修改后的太阳高度角，对原模型进行了修正。将题目所给数据代入模型，可作出影长变化曲线。最后在此基础上保持其他量不变，得出了影长关于经度、纬度、日期和时间的变化规律。

问题二要求根据影子顶点坐标变化趋势反求地理经纬。由于题目没有给出直杆长度，我们将所有影长除以第一个影子长度，以消除其影响。然后利用最小二乘法进行拟合，得出影长最短为 0.4931 m 且对应北京时间为 12:36，将当地时间视为正午，可求出当地经度，然后以影长的理论值与实际值的差的平方和最小作为目标函数，作出纬度的残差图，以 0 为界确定当地纬度的范围，适当扩大范围，取经度 ±10°、纬度 ±5° 进行遍历搜索，以消除误差影响，得到最优解为 (19.2°N, 108.5°E)，位置在北部湾。

问题三增加了一个未知量日期，需要在模型二的基础上增加限制条件，首先根据影长最小点与原点的连线为正南正北方向，以南北方向作为 y 轴，且以北为正建立新的坐标系，根据影子在新坐标轴的旋转方向可以判定其纬度的正负，得到题目附件 2 的结果为：5 月 22 日，39.4°N，78.6°E 和 7 月 21 日，39.9°N，81.4°E，均在中国新疆维吾尔自治区；题目附件 3 的结果为：1 月 16 日，29.8°N，112.6°E，位置在中国湖北省荆州市石首市。

针对问题四，首先以 1 分钟间隔得到 40 张彩图，将其转为灰度图像后，以 0.82 为阈值作二值化，测得各时刻影子顶点及直杆固定点坐标为 (870, 886)，并以该点为原点建立新的坐标系，然后根据直杆长度与图中长度的比值得出图例为 340:1，得出各个时刻的影长。将所得数据拟合，求出经度为 104.2°E，并将其用模型一求得纬度为 37.6°N。适当扩大范围遍历搜索，得出最优解为 (41.2°N, 112.5°E)，位置在中国内蒙古自治区乌兰察布市，验证得到误差最大为 0.93%，说明结果较为可靠。日期未知时，可直接应用模型三处理，

---

① 此题为 2015 年"高教社杯"全国大学生数学建模竞赛 A 题（CUMCM2015—A），此论文获该年全国一等奖。

得到结果为：6 月 18 日，41.7°N，115.0°E，位置在中国内蒙古自治区锡林郭勒盟太仆寺。

关键词： 日影定位；太阳高度角；最小二乘法；拟合；误差分析

1   问题的提出

如何确定视频的拍摄地点和拍摄日期是视频数据分析的重要方面，太阳影子定位技术就是通过分析视频中物体的太阳影子变化，确定视频拍摄地点和拍摄日期的一种方法。本文需要解决以下问题：

问题一，建立影子长度变化的数学模型，分析影子长度关于各个参数的变化规律，并应用所建模型画出 2015 年 10 月 22 日北京时间 9:00～15:00 之间天安门广场（北纬 39°54′26″，东经 116°23′29″）3 m 高直杆的太阳影子长度的变化曲线。

问题二，根据某固定直杆在水平地面上的太阳影子顶点坐标数据，建立数学模型确定直杆所处的地点。将所建模型应用于题目附件 1 的影子顶点坐标数据，给出若干个可能的地点。

问题三，根据某固定直杆在水平地面上的太阳影子顶点坐标数据，建立数学模型确定直杆所处的地点和日期。将所建模型分别应用于题目附件 2 和附件 3 的影子顶点坐标数据，给出若干个可能的地点和日期。

问题四，题目附件 4 为一根直杆在太阳下的影子变化的视频，并且已通过某种方式估计出直杆的高度为 2 m。请建立确定视频拍摄地点的数学模型，并应用所建模型给出若干个可能的拍摄地点。如果拍摄日期未知，问能否根据视频确定出拍摄地点与日期？

2   问题的分析

2.1   问题一的分析

题目要求我们建立影子长度变化的数学模型，并分析影长关于各参数的变化规律。首先，需要考虑地球与太阳的相对位置，而太阳相对地球上某点的位置是由日期、时间、地理经纬度三个因素决定的，故需建立日地运动坐标系；然后，分别确定时间参数和太阳位置，其中太阳位置以太阳高度角、方位角、赤纬角和时角来表示，再依据勾股定理求出影长；最后，根据题目中规定的参数，用 MATLAB 软件作出影长的变化曲线，并在保证其他变量一定的情况下，作出影长与各变量之间的关系示意图，得出影长关于各参数的变化规律。

2.2   问题二的分析

因为题目中没有给出直杆的长度，所以先用 MATLAB 软件进行图像的拟合，可以得出影长最短时的北京时间，将此时的当地时间视为正午，即可求出当地经度。与此同时，选取问题一中部分数据作出拟合效果分析图，可看出拟合存在一定的误差，经度需要进行调整。然后作出纬度的残差图，确定直杆所在的地理纬度范围。由于经度与纬度均存在误差，因此我们适当扩大经纬度的范围，用遍历算法进行搜索，得出最优解，最后将最优解代入问题一的模型中得出理论值，将其与题目中所给的实际值对比，进行误差分析。

2.3　问题三的分析

问题三要求我们建立数学模型确定直杆所处的地点和日期，考虑到该题涉及两个参数位置，故要增加限制条件，根据影子顶点坐标的变化规律，可以无限逼近得出最优的地理经纬及日期。与模型二相同，首先通过拟合求出当地的大致经度，又因为投影与正北方向的夹角可近似看作太阳方位角，故可根据此时影长及 x 和 y 的关系确定出南北方向，并以正北方为 y 轴正半轴建立新的坐标系，求出数据点在新坐标系中的位置，表示出方位角，最后通过影长与方位角两个指标确定最优的经纬度与日期，使影子顶点坐标最接近于题目所给数据。

2.4　问题四的分析

首先，我们需要对视频进行处理，先将彩图转化为灰度图像；然后，结合边缘检测作出二值图像，根据直杆实际长度与图中读出的长度的比值，即可得出图例，据此得出所有影子顶点的实际坐标；最后，求拍摄地理经纬，先进行拟合得出大致经度，再将日期、时间等所有已知量代入方程求出地理纬度。为减小误差，稍微扩大经纬度范围进行遍历搜索，即可求解出最优经纬度，再将结果代入模型中作误差分析。

3　模型假设与符号说明

3.1　模型假设

本文研究基于以下基本假设：
（1）地球是一个表面光滑的正球体。
（2）观测地点的地面是水平的，且在观测时间内直杆是时刻垂直于地面的。
（3）因为在极昼地区的极点上，太阳高度没有明显变化，日影长度也没有明显变化，故在此不予考虑。
（4）忽略海拔对影子长度的影响。
（5）测量时天气状况平稳，不会出现影响观测的恶劣天气状况。

3.2　符号说明

全文通用符号说明如表 1 所示，局部符号在正文中说明。

表 1　符号说明汇总表

符　号	说　明	单　位
J_g	观测点经度	度（°）
J_d	当地时区经度	度（°）
T	北京时	小时（h）
t	地方时	小时（h）
φ	当地纬度	度（°）

符 号	说 明	单 位
T_d	当地区时	小时(h)
δ	太阳赤纬角	度(°)
N	日期排序	
h	太阳高度角	度(°)
A	太阳方位角	度(°)
ω	时角	度(°)
E_q	时差	小时(h)
TT	真太阳时	小时(h)
H	竿的长度	米(m)
l	影子长度	米(m)
α	折射率	
p	影子顶点坐标	

4 关于影子长度变化规律的研究

4.1 不同时空影长变化模型

4.1.1 建立日地运动坐标系

首先，我们对地球建立空间直角坐标系，Oz 为假想的地轴，xOy 为假想的赤道平面，原点 O 为观测点，如图 1 所示。

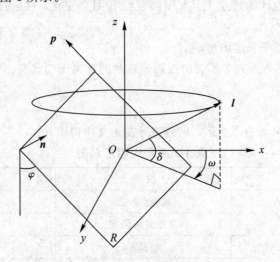

图 1 太阳视运动模型

以观测点所在位置作一个完全通过 Oy 轴的切面 R，即观测点所在的地平面，n 为该切面的单位法向量。Oz 轴与该平面的交角为 φ，即观测地点地理纬度。p 为 xOz 平面内指向正北方向的单位向量。过观测点作一太阳光直射的单位向量 l，l 与 xOy 平面的交角为 δ，即太阳赤纬角。

4.1.2　时间参数的确定

1）时差 E_q

时差是指真太阳时与地方平均太阳时之差，计算公式为

$$E_q = \frac{0.0028 - 1.9857\sin Q + 9.9059\sin 2Q - 7.0924\cos Q - 0.6882\cos 2Q}{60}$$

式中：Q 为积日值的角度数，$Q = 2\pi \times 57.3(N + n - N_0)/365.2422$（地球绕行太阳一周所需的实际时间为 365.2422 日），其中 N 为按天数排序的积日，1 月 1 日为 0，以此类推，12 月 31 日平年为 364，闰年为 365；n 为积日订正值，由观测点与格林尼治经度差产生的时间差订正值 L 和观测时刻与格林尼治时时间差订正值 W 两项组成，这两项分别为

$$\pm L = \frac{J_g + \dfrac{M}{60}}{15}$$

$$W = S + \frac{F}{60}$$

式中：J_g 为观测地点的经度；M 为分值；对于 L 值，东经取负，西经取正；S 为观测时刻的时值；F 为分值。

两项时值再合并化为日的小数，由于我国处于东经，L 取负，因此有

$$n = \frac{W - L}{24}$$

$$N_0 = 79.6764 + 0.2422(Y - 1985) - \text{INT}[0.25(Y - 1985)]$$

2）真太阳时 TT

$$\text{TT} = T_M + E_q = C_T + L_c + E_q$$

式中：T_M 为地方平均太阳时；C_T 为地方标准时，中国以 120°E 地方时为标准，称为北京时；L_c 为经度订正（4 min/(°)），如果地方子午圈在标准子午圈的东边，则 L_c 为正，反之为负。

4.1.3　确定太阳方位

1）太阳赤纬角 δ 的求解

$$\delta = 23.45\sin\left[\frac{2\pi(284 + N - 1)}{365}\right]$$

式中：N 为按天数排序的积日，1 月 1 日为 0。

2）时角 ω 的求解

$$\omega = (\text{TT} - 12) \times 15°$$

3）太阳高度角 h 的求解

我们参考了房森森[2]太阳高度角的求解过程，用向量 n 和向量 l 的夹角的余角表示观测点对太阳视运动高度角，示意图如图 2 所示。

得到如下方程组：

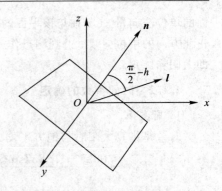

$$\begin{cases} x = -z \cdot \tan\varphi \\ \boldsymbol{n} = (\cos\varphi,\ 0,\ \sin\varphi) \\ \boldsymbol{l} = (\cos\omega\cos\delta,\ \sin\omega\sin\delta,\ \sin\delta) \\ \sin h = \cos\langle \boldsymbol{n},\ \boldsymbol{l}\rangle \\ \cos\langle \boldsymbol{n},\ \boldsymbol{l}\rangle = \dfrac{\boldsymbol{n} \cdot \boldsymbol{l}}{|\boldsymbol{n}| \cdot |\boldsymbol{l}|} \end{cases}$$

故太阳高度角的表达式为

$$\sin h = \cos\omega\cos\varphi\cos\delta + \sin\varphi\sin\delta$$

4) 太阳方位角

图 2　太阳高度示意图

根据房淼淼[2]的文献，我们得出太阳方位角的计算方法，示意图如图 3 所示，观测点对太阳视运动的方位角可由单位正北向量 $\boldsymbol{p}$ 所指线段 OP、光线向量 $\boldsymbol{l}$ 在平面 R 上的投影线段 OM 和有向线段 PL 代表的向量 $\boldsymbol{s}$ 在平面 R 上的投影线段 MP 构成的三角形确定，得到如下方程组：

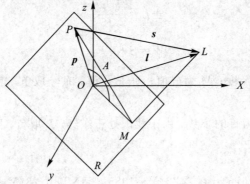

图 3　太阳方位角示意图

$$\begin{cases} \boldsymbol{s} = (\cos\omega\cos\delta + \sin\varphi,\ \sin\omega\sin\delta,\ \sin\delta - \cos\varphi) \\ MP = \sqrt{|\boldsymbol{s}|^2 - \sin^2 h} \\ OM = \cos h \end{cases}$$

通过余弦定理，化简后可求得太阳方位角的公式为

$$\cos A = \frac{\sin h\sin\varphi - \sin\delta}{\cos h\cos\varphi}$$

影子长度公式为

$$l = \frac{H}{\tan h}$$

4.2　模型的建立

综合上述方程，得到总的影子长度公式：

$$l = H\left[(\sin\delta\sin\varphi + \cos\delta\cos\varphi\cos(T - 0.08))^{-2} - 1\right]^{1/2}$$

$$= H\left\{\left[\sin\left(23.45\sin\frac{2\pi + 283 + N}{365}\right)\sin\varphi + \cos\left(23.45\sin\frac{2\pi + 283 + N}{365}\right)\cos\varphi\cos(T - 0.08)\right]^{-2} - 1\right\}^{1/2}$$

式中，φ 表示当地纬度，δ 表示太阳赤纬，H 表示竿的长度，N 表示日序，T 表示北京时。

4.3　模型的修正

4.3.1　空气折射率的修正

由于大气层中存在水蒸气、二氧化碳和尘埃等物质，其密度与真空并不相同，因此当太阳光穿透大气层时必将发生偏折，在计算太阳高度角时会产生一定误差。我们参考倪育才[4]的对空气折射率 Edlen 公式的修改，得出空气折射率计算公式为

$$(n-1)_s \times 10^8 = 8342.54 + \frac{2406147}{130 - \sigma^2} + \frac{15998}{38.9 - \sigma^2}$$

$$(n-1)_{tp} = \frac{P(n-1)_s}{96095.43} \times \frac{1 + 10^{-8}(0.601 - 0.00972 t_{90})P}{1 + 0.00361 t_{90}}$$

$$n_{tpf} - n_{tp} = -f(3.7345 - 0.0401\sigma^2) \times 10^{-10}$$

式中，$(n-1)_s$ 表示标准状态下的空气折射率；σ 表示真空中的波数，以 μm^{-1} 为单位；$(n-1)_{tp}$ 表示标准干燥空气在温度 t（以℃为单位）、压力 P（以 Pa 为单位）时的折射率；第三式表示含有水蒸汽分压力 f 的潮湿空气和总压力相同的干燥空气的折射率之差。将数据 $P = 1.02 \times 10^5$ Pa，$f = 1020$ Pa，波长为 600 nm 代入上式，可计算出修正后的含水汽的空气折射率为 $\alpha = 1 + n_{tpf} = 1.0001$。

4.3.2　高度角的修正

考虑到大气折射，作出示意图如图 4 所示。由几何关系可知，在大气折射影响下太阳高度角为

$$\begin{cases} \alpha = \dfrac{\sin i}{\sin r} \\ \sin \gamma = \dfrac{\sin i}{\alpha} \\ \gamma = \arcsin\left[\dfrac{\sin i}{\alpha}\right] \end{cases}$$

$$\Rightarrow h = 90° - \arcsin\left[\frac{\sin i}{\alpha}\right]$$

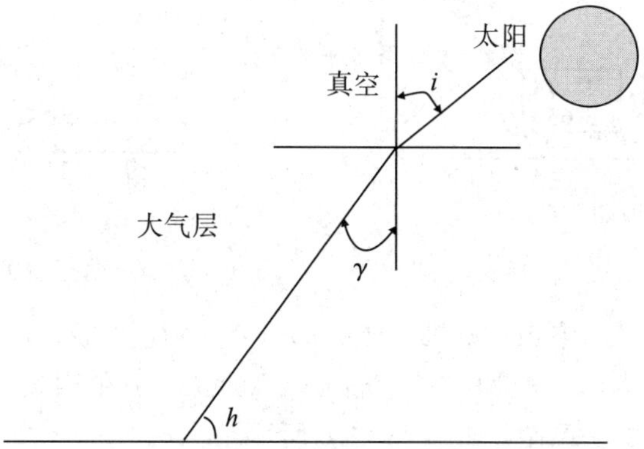

图 4　大气折射示意图

4.4　模型的求解与趋势分析

应用上述模型得出了 2015 年 10 月 22 日北京时间 9:00～15:00 之间天安门广场(北纬39°54′26″,东经 116°23′29″)3 m 高直杆的影子长度,如表 2 所示,变化曲线如图 5、图 6 所示。

表 2　3 米直杆的影子长度

时间	太阳高度角/(°)	修正后太阳高度角/(°)	影子长度/m	修正后影长/m
9:00	24.748	24.761	6.508	6.5043
9:30	28.897	28.907	5.4352	5.4329
10:00	32.517	32.526	4.706	4.7043
10:30	35.497	35.505	4.2063	4.2051
11:00	37.721	37.728	3.8786	3.8776
11:30	39.086	39.093	3.6933	3.6924
12:00	39.521	39.528	3.6366	3.6357
12:30	39.001	39.008	3.7046	3.7037
13:00	37.554	37.562	3.902	3.901
13:30	35.257	35.265	4.2438	4.2425
14:00	32.214	32.223	4.7613	4.7596
14:30	28.541	28.552	5.5159	5.5135
15:00	24.349	24.362	6.6292	6.6253

注:北京地方时与时区时差按 16′计算。

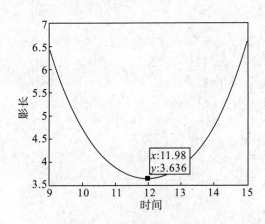

图 5　影子长度的变化曲线

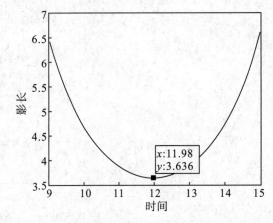

图 6　修正后影长的变化曲线

选定影子长度关于各个参数的标准:日期 2015 年 10 月 22 日,时间正午,北纬 39°54′26″,东经116°23′29″,竿长为 3 m。假设其中一个指标为自变量,其他因素不变,用 MATLAB 作出影子长度与该变量之间的关系图,如图 7、图 8 所示。

由图 7 可以看出,其他变量一定时,一天中影子长度的变化图像近似于一个开口向上的二次函数的抛物线,影子的长度在早上时最长且长度变化率最大,接着影长和变化率均慢慢递减,在中午时影长最短且变化率最小,之后影长和长度变化率又慢慢增长。

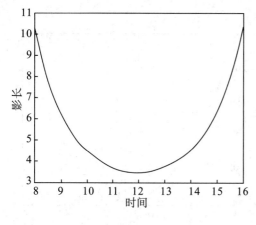

图 7　一天中影长的变化示意图

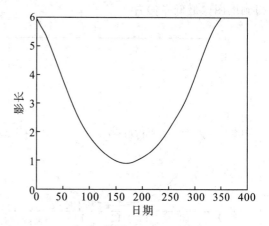

图 8　一年中每天正午影长的变化示意图

由图 8 可以看出,其他变量一定时,一年中影长的变化规律与图 7 类似:就北京而言,影长先变短,在 170 天左右(夏至日)达到最短,之后又逐渐变长,在冬至日达到最长。

其他变量一定时,正午影长与纬度的变化规律如图 9 所示,图中缺少部分为极昼、极夜区域,在此不予考虑。可看出在(−70,50)之间该图像是对称的,且在(0,70)上正午影长随着纬度的增大而增大。

其他变量一定时,正午影长与经度之间的关系类似抛物线,如图 10 所示,正午影长随着经度的变化先减小后增大。

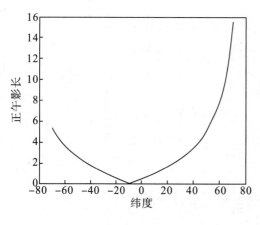

图 9　影长与纬度关系示意图

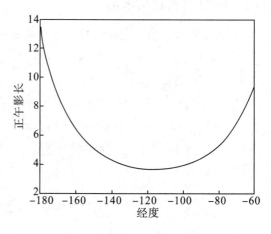

图 10　影长与经度关系示意图

5　根据影子坐标确定物体位置的研究

5.1　确定经纬度大致范围

首先我们对拟合图像进行分析,选取问题一结果中的部分数据,上午 10:00 到 11:00 和下午 13:00 到 14:00,分别利用最小二乘法原理作出拟合曲线,如图 11、图 12 所示。从图中可以看出,通过上午数据进行拟合,得到的图像最低点偏左;通过下午数据进行拟合,得到的图像最低点偏右。

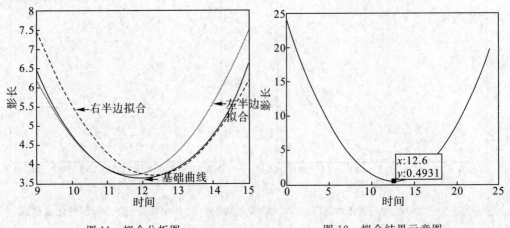

图 11 拟合分析图   图 12 拟合结果示意图

由图 12 可知影长最短时北京时间为 12:36,此时当地处于正午即 12:00(实际上不严格相等,处理方法见下文),也就是知道了两地的时差,此时即可计算测量地的经度:

测量地经度=120°E±|测量地地方时正午时刻的北京时间−12|/4

在南半球影子随时间逆时针旋转,在北半球影子随时间顺时针旋转,计算并取舍得出测量地经度大致为 111°E。

5.2 模型的建立与求解

根据影长理论值与实际值残差平方和最小,建立如下数学模型:

$$\min \sum (l - \hat{l})^2$$

$$\text{s. t.} \begin{cases} l = H/\tan h \\ \omega = (\text{TT} - 12) \times 15° \\ \sin h = \cos\omega\cos\varphi\cos\delta + \sin\varphi\sin\delta \\ \delta = 23.45\sin\left[\dfrac{2\pi(284+N-1)}{365}\right] \\ \text{TT} = T_M + E_q \\ E_q = \dfrac{0.0028 - 1.9857\sin Q + 9.9059\sin 2Q - 7.0924\cos Q - 0.6882\cos 2Q}{60} \end{cases}$$

式中,$\hat{l}$ 是根据实际的顶点坐标求得的影长。

求解算法如下:

(1) 根据所给的影长数据来进行拟合,求得最低点坐标,并根据此最低点坐标求得当地的经度。

(2) 根据该经度遍历纬度,由图像求得纬度的大致范围。

(3) 增大纬度和经度范围,并进行遍历,求得残差小于 10^{-7} 的对应经纬度。

(4) 将求得的点中经纬度相差很小的点相加求平均,并视作一个点。

将该经度、题目中所给的日期和时间数据带入,得到纬度的残差,如图 13 所示。

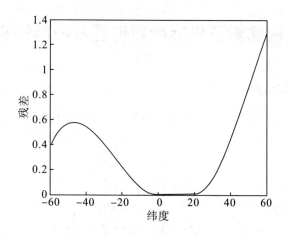

图 13　纬度的残差图

由图 13 可知，在纬度为 0°N 到 20°N 时残差为 0，即拟合效果最佳，故直杆所在位置应在该范围内。

5.3　求直杆所在具体位置

考虑到影长最短时不一定是当地的正午时刻且拟合存在一定误差，故扩大范围为经度 ±10°，纬度 ±5°，即在经度 [106°E，116°E]、纬度 [5°S，25°N] 范围内用 MATLAB 软件进行搜索，得出结果如表 3 所示。

表 3　残差较小的几个地理经纬

北纬/(°)	18.7	18.8	19.1	19.2	19.3	19.5	19.6
东经/(°)	−109.1	−109	−108.6	−108.5	−108.4	−108.1	−108
残差	$9.27×10^{-7}$	$8.20×10^{-7}$	$3.58×10^{-7}$	$5.33×10^{-8}$	$3.15×10^{-7}$	$5.15×10^{-7}$	$3.55×10^{-7}$

求得的最优解为（19.2°N，108.5°E），位置在北部湾。

5.4　模型检验

将北纬19.2°N、东经108.5°E 代入问题一所建的模型中，求出对应时刻影子的长度，与题目所给数据进行对比，求出误差百分比，如表 4 所示，发现误差百分比均在 10^{-5} 级及以下，可见得到的结果是很可靠的。

表 4　误差计算的部分数据

时间	实际值/m	理论值/m	误差百分比
14:42	1	1	0
14:51	1.086484857	1.0864	$−7.81028×10^{-5}$
15:00	1.177221335	1.1772	$−1.81229×10^{-5}$
15:09	1.272935785	1.2729	$−2.8112×10^{-5}$
15:18	1.374232624	1.3742	$−2.374×10^{-5}$
15:27	1.481604357	1.4816	$−2.94074×10^{-6}$
15:36	1.596183933	1.5962	$1.0066×10^{-5}$

6 根据影子坐标确定位置及日期的研究

6.1 确定经度大致范围

采用最小二乘法，用 MATLAB 软件进行拟合，可作出图像，如图 14、图 15 所示。

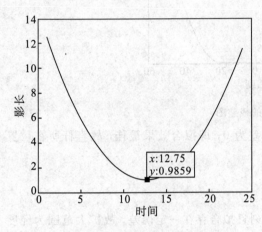

图 14 题目附件 2 拟合结果示意图   图 15 题目附件 3 拟合结果示意图

可知影长最小值与对应的北京时间：$(12.75, 0.9859)$、$(15.2, 0.499)$，同模型二，可分别求出固定直杆所在的大致经度为：$72°E$、$108.8°E$。

6.2 太阳方位角变化趋势

根据正午影长及 x 和 y 的关系，求出当地正午时刻影子顶点对应的坐标，即可得出正南正北方向，而直杆在阳光下的投影与正北方向的夹角可近似看作太阳方位角。以南北方向作为 y 轴，且以北为正建立新的坐标系，原坐标系中的点 (x_0, y_0) 在新坐标系中的转换关系为

$$\begin{cases} x = x_0 \cos\alpha - y_0 \sin\alpha \\ y = x_0 \sin\alpha + y_0 \cos\alpha \end{cases}$$

取正南方向的单位向量为 $\boldsymbol{b}$，原点到 (x, y) 的向量为 $\boldsymbol{a}$，由此可求出对应每一时刻的太阳方位角：

$$\cos A = \frac{\boldsymbol{a} \cdot \boldsymbol{b}}{|\boldsymbol{a}||\boldsymbol{b}|}$$

方位角以正北方向为零，由南向东向北为正，由南向西向北为负。

6.3 模型的建立

根据影长理论值与实际值的残差平方和最小为目标函数，用两个时刻影子之间夹角不变作为新增加的限制条件，建立如下数学模型：

$$\min \sum (l - \hat{l})^2$$

$$
\text{s. t.}
\begin{cases}
\arccos\left|\dfrac{x_i x_{i+1} + y_i y_{i+1}}{\sqrt{x_i^2 + y_i^2}\sqrt{x_{i+1}^2 + y_{i+1}^2}}\right| \leqslant \varepsilon \\[6pt]
l = H/\tan h \\[4pt]
\omega = (TT - 12) \times 15° \\[4pt]
\sin h = \cos\omega\cos\varphi\cos\delta + \sin\varphi\sin\delta \\[4pt]
\delta = 23.45\sin\left[\dfrac{2\pi(284 + N - 1)}{365}\right] \\[6pt]
TT = T_M + E_q \\[4pt]
E_q = \dfrac{0.0028 - 1.9857\sin Q + 9.9059\sin 2Q - 7.0924\cos Q - 0.6882\cos 2Q}{60}
\end{cases}
$$

6.4　求解及结果验证

求解算法如下：

（1）根据所给的影长数据来进行拟合，求得最低点坐标，并根据此最低点坐标求得当地的经度。

（2）根据该经度遍历纬度和日期，求得残差小于 10^{-6} 的对应经纬度及日期。

（3）增大纬度和经度范围，并进行遍历，求得残差小于 10^{-6} 的对应经纬度及日期。

（4）根据求得的经纬度反复调整遍历范围，直到确定残差小于 10^{-7} 的点，并记录其经纬度及日期。

（5）将按照原数据求得的方位角夹角和这些点比较，筛去差异过大的点。

（6）将求得的点中经纬度和日期相差很小的点相加求平均，并视作一个点。

直杆所在的地理纬度大约在 [29°N，35°N]、[27°N，39°N]。最终得到结果如表 5、表 6 所示。

表 5　题目附件 2 直杆地理经纬

纬度/(°N)	经度/(°E)	日期	位　　置
39.4	78.6	5 月 22 日	中国新疆维吾尔自治区喀什地区巴楚县
39.9	81.4	7 月 21 日	中国新疆维吾尔自治区阿克苏地区阿克苏市

表 6　题目附件 3 直杆地理经纬部分数据

纬度/(°N)	经度/(°E)	日期	位　　置
29.8	112.6	1 月 16 日	中国湖北省荆州市石首市 220 省道
30.7	107	11 月 23 日	中国四川省达州市渠县 604 乡道
31.4	113.4	1 月 27 日	中国湖北省孝感市安陆市安桃线
31.6	106.33	11 月 14 日	中国四川省南充市仪陇县油二路
32.2	113.6	2 月 5 日	中国湖北省随州市随县 212 省道
32.6	106	11 月 6 日	中国四川省广元市朝天区沙曾公路
33.4	113.8	2 月 9 日	中国河南省驻马店市西平县 022 县道
34.8	106	10 月 26 日	中国甘肃省天水市清水县 305 省道

　　运行问题一的程序得到 9 点到 10 点之间北京地区的 21 个影长数据,将这 21 个数据代入本题程序进行运算,得到北京地区的地理位置为东经 $116°24'$,北纬 $39°54'$,日期为 10 月 24 日。与北京地区的实际地理位置,即东经 $116°23'29''$,北纬 $39°54'26''$,以及日期 10 月 22 日相比,误差很小,其中经度误差为 0.02%,纬度误差为 0.008%,说明本题求解方法合理。

7　视频拍摄地点的确定

7.1　图像处理

7.1.6　彩色图像转为灰度图像

　　我们参考张健[9]的论文,将待处理的宽为 W、高为 H 的彩色图像通过颜色空间的灰度化转化公式转化为灰度图像 GRAY,对于 $x \in [1, W]$,$y \in [1, H]$,有

$$GRAY(x, y) = 0.2989R(I(x, y)) + 0.5870G(I(x, y)) + 0.1140B(I(x, y))$$

其中,$R(\cdot)$、$G(\cdot)$ 和 $B(\cdot)$ 分别为像素点的红色分量、绿色分量和蓝色分量。原彩图如图 16 所示,用 MATLAB 软件作出转化后生成的灰度图像如图 17 所示。

图 16　彩图　　　　　　　　　　　　　　　　　　图 17　灰度图

7.1.2　结合边缘检测的二值化处理

　　算法步骤如下:

　　(1) 首先确定一个阈值 T,这个阈值根据图像效果确定。

　　(2) 根据 T 将图像分为两个部分,图像数据中凡是超过 $255T$ 的都变为 255,否则都变为 0。

　　(3) 根据求得的二值图的影子部分的效果来决定是否修改阈值。

　　依据此算法,用 MATLAB 软件编程作出二值图,如图 18 所示。

　　根据二值图可对应读出影子顶点对应数据,直杆在平面上固定点的坐标为 $(870, 886)$,又杆长图中表示为 680,实际为 2,可求出图例为 340:1。故将所有读取数据减去固定点坐标,再除以图例,即可得出实际的坐标。表 7 列出了部分数据,将数据导入 MATLAB 中,采用最小二乘法进行拟合,得到的拟合图像如图 19 所示。

图 18　二值图

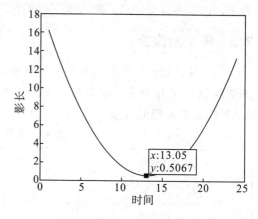

图 19　拟合结果示意图

表 7　部分读取数据

序号	x 轴/m	y 轴/m	序号	x 轴/m	y 轴/m
1	2.370588235	−0.05	11	2.223529412	−0.038235294
2	2.358823529	−0.05	12	2.217647059	−0.035294118
3	2.35	−0.05	13	2.202941176	−0.032352941
4	2.335294118	−0.047058824	14	2.194117647	−0.032352941
5	2.311764706	−0.044117647	15	2.173529412	−0.032352941
6	2.294117647	−0.044117647	16	2.155882353	−0.029411765
7	2.288235294	−0.044117647	17	2.141176471	−0.026470588
8	2.273529412	−0.041176471	18	2.132352941	−0.026470588
9	2.264705882	−0.044117647	19	2.117647059	−0.023529412
10	2.238235294	−0.038235294	20	2.105882353	−0.023529412

7.2　建立求解拍摄地位置的模型

由拟合图可知,影长最小为 0.5067 m 时的北京时间为 13:03,求得大致经度为 104.2°E,代入下列方程组求解纬度:

$$\begin{cases} \cos A = \dfrac{\sin h \sin \varphi - \sin \delta}{\cos h \cos \varphi} \\ \omega = (\mathrm{TT} - 12) \times 15° \\ \sin h = \cos \omega \cos \varphi \cos \delta + \sin \varphi \sin \delta \\ \sin h = \dfrac{H}{\sqrt{l^2 + H^2}} \end{cases}$$

$$\Rightarrow l = H \left[(\sin \delta \sin \varphi + \cos \delta \cos \varphi \cos (T - 0.08))^{-2} - 1 \right]^{1/2}$$

将已知数据代入可得,拍摄地点的纬度为 37.6°N。为减小误差,将经度±10°、纬度±5°,即适当扩大经纬度范围进行遍历搜索,得出经纬度为(41.2°N,112.5°E),具体位置为中国内蒙古自治区乌兰察布市察哈尔右翼中旗 020 乡道。

7.3 模型的检验

将上述所得经纬度代入模型中进行检验，求出各时刻影长的理论值，与图形处理得到的实际数据进行对比，部分数据如表 8 所示，可看出误差相当小，最大误差百分比为 0.93%(表中未列出)，证明求得的结果是很可靠的。

表 8 误差分析的部分数据

影长实际值/m	影长理论值/m	误差百分比
2.371115472	2.3777	0.28%
2.359353395	2.362	0.11%
2.350531855	2.3464	−0.18%
2.335768214	2.331	−0.20%
2.312185637	2.3156	0.15%
2.294541816	2.3004	0.26%
2.288660553	2.2853	−0.15%
2.27390226	2.2703	−0.16%
2.265135559	2.2554	−0.43%
2.238561853	2.2406	0.09%
2.22385813	2.226	0.10%

7.4 日期未知时经纬度与日期的确定

采用问题三的模型，将图像处理得到的数据代入，可得出如下结果：6 月 18 日，41.7°N，115.0°E，位置为中国内蒙古自治区锡林郭勒盟太仆寺旗 S27 锡张高速。

8 模 型 评 价

8.1 模型的优点

(1)问题一考虑到了大气折射对太阳高度角的影响，进行了修正，提高了精度。

(2)问题二、问题三先将影长转化为比值，消除了杆长对结果的影响，又使用残差来确定目标地点，结果比较精确。

8.2 模型的缺点

(1)在对数据进行拟合时可能产生一定的误差。

(2)视频按一分钟一帧抓取，可能太少，导致产生误差。

8.3　模型的优化

视频是由摄影机拍摄得到的,因此和实际存在误差。为此,我们可以对于一个由圆形组成的靶标,使用摄影机进行拍照,确定出照片中每一个圆的圆心位置,然后和现实的坐标进行比较,从而得到实物和相片之间的几组点的对应关系;再根据这种对应关系,对影子的端点进行修正;最后将修正后的端点代入模型,就能求得更准确的经纬度。

参 考 文 献

［1］　刘浩,韩晶.MATLAB R2012a 完全自学一本通［M］.北京:电子工业出版社,2013.
［2］　房淼淼,李少华.一种太阳视运动轨迹建模方法及其应用［J］.城市勘测,2015(1):109 – 112.
［3］　贺晓雷.太阳方位角的公式求解及其应用［J］.太阳能学报,2008,29(1):69 – 73.
［4］　倪育才.空气折射率艾德琳公式的修改［J］.计量技术,1998(3):22 – 27.
［5］　苏金明,张莲花,刘波,等.MATLAB 工具箱应用［M］.北京:电子工业出版社,2004.
［6］　张文华,司德亮,徐淑通,等.太阳影子倍率的计算方法及其对光伏阵列布局的影响［J］.太阳能,2011(9):28 – 31.
［7］　林根石.利用太阳视坐标的计算进行物高测量与定位［J］.南京林业大学学报,1991(9):89 – 93.
［8］　张琪.结合边缘检测的图像二值化算法［D］.长春:吉林大学,2011.
［9］　Kolivand H, Sunar M S, Altameem A, et al. New coherent technique for real-time shadow generation with respect to the sun's position［J］. Life Science Journal, 2012,9(4):1039 – 1044.
［10］　孙玉巍,石新春,王丹,等.基于经纬度计算的太阳自动跟踪系统［J］.中国电力系统,2011(10):63 – 64.
［11］　曹俊茹,李奎,宋振柏,等.大地纬度计算日影高度角方法［J］.测绘通报,2012(8):58 – 59.
［12］　陈晓勇,郑科科.对建筑日照计算中太阳赤纬角公式的探讨［J］.浙江建筑,2011,28(9):6 – 12.

论 文 点 评

该论文获得 2015 年"高教社杯"全国大学生数学建模竞赛 A 题的一等奖。

1. 论文采用的方法和步骤

论文研究太阳影子的定位问题。

(1)对于问题一,建立影子长度变化的数学模型,并分析影子长度关于各个参数的变化规律。首先建立了日地运动坐标系,然后通过时差和真太阳时确定时间参数,通过太阳赤纬角、时角、太阳高度角和太阳方位角确定太阳相对位置参数,其次再依据勾股定理求出影长,给出了影子长度关于各参数的变化规律。最后,进一步考虑到大气折射,得到了影子长度关于各参数修正的变化规律。

(2) 对于问题二,在已知日期、北京时间的情况下,确立当地时间和位置的问题。首先已知各个时间点,可以理论计算出直杆影子长度,它与太阳高度角有关(赤纬角、纬度和时角,实际上只知道赤纬角)。再根据影长理论值与实际长度值相比较,利用最小二乘法反推未知参数,即建立确定地点的反演模型。然后将所有影长除以第一个影子长度,以消除其影响,利用最小二乘法进行拟合,得出影长最短及对应北京时间(视为正午当地时),确定当地经度大致范围。其次用遍历算法进行搜索,确定可能地点。最后采用问题一的检验模型进行求解。

(3) 对于问题三,如果日期未知,仅知道北京时间,那么确定日期、当地时间和位置时,问题变为同时确定日期和地点的反演模型。仍采用问题二的影长理论值与实际值的残差平方和最小为目标模型,但同时用两个时刻影子之间夹角不变作为新增加的限制条件,与模型二不同的是,在日期已知的情况下,赤纬角可确定;而在日期未知的情况下,就会增加一个未知参数(日期),在用遍历算法进行搜索时,注意到这个参数是整型变量,用同样方法确定可能的时间和地点。

(4) 对于问题四,在给出视频数据的情况下,确定日期、当地时间和位置问题。先对视频进行处理,将彩图转化为灰度图像,然后结合边缘检测作出二值图像,根据直杆实际长度与图中读出的长度作比值,据此得出所有影子顶点的实际坐标,再通过问题三的方法,确定可能的时间和地点。

2. 论文的优点

该论文针对太阳影子实现目标的定位问题,通过建立日地运动坐标系,能较完整地考虑时间参数和太阳位置、大气折射等因素对影子长度的影响,建立了影子长度变化的数学模型,分析了影子长度关于各个参数的变化规律。基于此基础,在已知日期或北京时间的情况下,较好地建立了以影长理论值与实际值的残差平方和最小为目标、同时考虑用两个时刻影子之间夹角不变作为信息的确定日期或地点的反演模型,用遍历算法思想,得到目标可能的时间和地点,并作了模型方法的检验。论文思路清楚,表达清晰,层次分明。

3. 论文的缺点

该论文对问题四的考虑存在明显不足,应该根据镜像原理和几何投影关系对视频数据进行处理,将二维数据还原成三维数据。

第 9 篇　基于非线性多目标规划的系泊系统设计问题[①]

队员：程晓君（数学与应用数学（金融方向）），吴志伟（数学与应用数学（金融方向）），
　　　朱晨睿（应用物理学）

指导教师：数模组

摘　　要

系泊系统设计问题是通过确定锚链型号、锚链长度和重物球的质量，使水声通讯系统的工作状态达到最佳，同时浮标的吃水深度和游动区域尽可能小。本文建立非线性多目标规划模型，利用系泊系统的受力平衡等规划约束条件求解单点系泊系统的优化设计问题。

针对问题一，在给定系泊系统中各个参数的情况下，利用二分法求解系泊系统的相关临界状态，并采用遍历法来提高浮标实际吃水深度的计算精度。当风速分别为 12 m/s、24 m/s 时，钢桶与海平面夹角分别为 88.9924° 和 86.1527°，其锚链形状均为悬链线，浮标吃水深度分别为 0.7347 m 和 0.7489 m，其游动区域分别为半径 14.3036 m 与 17.4239 m 的圆形区域，且计算出了第 1～4 节钢管与海平面的相关夹角。另外，获得了给定吃水深度下的理论海深 H 值。

针对问题二，在问题一假设的前提下，风速为 36 m/s 时系泊系统处于张紧状态，对此时张紧状态下的系泊系统进行受力分析，求解模型的结果为：当风速为 36 m/s 时，第 1～4 节钢管以及钢桶与海平面夹角减小到了 82.1592°、82.1171°、82.0745°、82.0314°、81.9340°，浮标吃水深度增大到 0.7670 m，浮标游动区域半径增大为 18.7149 m。但此时钢桶的倾斜角度和锚链末端切线方向与海床的夹角都不符合实际要求，故需要改变重物球质量。利用这两个角度随重物球质量的变化而单调变化的特性，采用二分法获得重物球的临界质量为 1783 kg，当重物球质量大于这个值时满足题设条件，本文对其进行了灵敏度分析。

针对问题三，考虑潮汐等因素后，本文根据建立的非线性多目标规划模型，并采用基于最短距离的理想点法确立评价指标。然后本文确定在最恶劣的情形下，分析模型中各个参数的取值范围，并针对锚链的每种型号，对锚链长度和重物球质量进行遍历，找出其各型号下的最优系统设计，并给出此时各指标的范围。对 5 个不同型号的最优系统设计，本文再进行比较，得出最优系泊系统设计为选取型号为 IV 的锚链 148 节，重物球质量为 4510 kg。另外，比较了在 4 种组合条件的情况下，钢桶、钢管的倾斜角度、锚链形状和浮标吃水深度及其游动区域半径。

综上，本文对建立的模型进行客观评价，总结出二分法具有精度高、速度快、便于实

[①] 此题为 2016 年"高教社杯"全国大学生数学建模竞赛 A 题（CUMCM2016—A），此论文获该年全国一等奖。

现、推广性强的优点。

关键词：非线性多目标规划；二分法；系泊系统；最短距离的理想点法

1　问题重述

1.1　问题的背景

近浅海观测网的传输节点由浮标系统、系泊系统和水声通讯系统组成(如图 1 所示)。在某型传输节点中，浮标系统可简化为底面直径 2 m、高 2 m 的圆柱体，浮标的质量为 1000 kg；系泊系统由每节长度为 1 m、直径为 50 mm、质量为 10 kg 的 4 节钢管及钢桶、重物球、电焊锚链和特制质量为 600 kg 的抗拖移锚组成；水声通讯系统安装在一个长 1 m、外径 30 cm 的密封圆柱形钢桶内，设备和钢桶总质量为 100 kg。

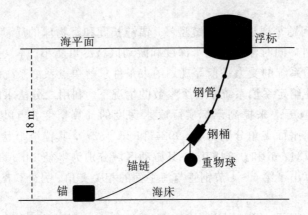

1　传输节点示意图(仅为结构模块示意图，未考虑尺寸比例)

锚链选用无挡普通链环，近浅海观测网的常用型号及其参数在题目附表中列出。要求锚链末端与锚的链接处的切线方向与海床的夹角不超过 16°，否则锚会被拖行，致使节点移位丢失。钢桶竖直时，水声通讯设备的工作效果最佳。若钢桶倾斜，则影响设备的工作效果。钢桶的倾斜角度(钢桶与竖直线的夹角)超过 5°时，设备的工作效果较差。钢桶与电焊锚链链接处可悬挂重物球以控制钢桶的倾斜角度。

1.2　问题的提出

系泊系统的设计问题是研究锚链的型号、长度及重物球的质量，使得浮标的吃水深度和游动区域及钢桶的倾斜角度尽可能小，从而使近浅海观测网的工作效果更佳。本文主要建立模型解决下列问题：

问题一，某型传输节点选用 II 型电焊锚链 22.05 m，选用的重物球的质量为 1200 kg。现将该型传输节点布放在水深 18 m、海床平坦、海水密度为 1.025×10^3 kg/m³ 的海域。若海水静止，分别计算海面风速为 12 m/s 和 24 m/s 时钢桶和各节钢管的倾斜角度、锚链形状、浮标的吃水深度和游动区域。

问题二，在问题一的假设下，计算海面风速为 36 m/s 时钢桶和各节钢管的倾斜角度、锚链形状和浮标的游动区域。请调节重物球的质量，使得钢桶的倾斜角度不超过 5°，锚链在锚点与海床的夹角不超过 16°。

问题三，由于潮汐等因素的影响，布放海域的实测水深介于 16~20 m 之间。布放点的海水速度最大可达到 1.5 m/s，风速最大可达到 36 m/s。请给出考虑风力、水流力和水深情况下的系泊系统设计，分析不同情况下钢桶、钢管的倾斜角度及锚链形状、浮标的吃水深度和游动区域。

2　问题的分析

本文研究的问题是：通过确定锚链的型号、长度和重物球的质量，达到浮标的吃水深度、游动区域和钢桶的倾斜角度尽可能小的目的，从而使近浅海观测网的工作效果更佳。针对这个问题，本文考虑首先建立一个整体的模型，再针对每个问题进行求解，最后对求解结果进行分析及检验。

2.1　模型的分析

本文拟建立一个多目标规划模型，首先确定模型的目标函数是浮标的吃水深度和游动区域及钢桶的倾斜角度尽可能小，分析影响目标函数的因素，从而得到相关约束条件；然后分析系统中各个物体的受力情况，得到受力平衡的一系列方程，作为其余约束条件；最后考虑模型是否适用三个问题，完善模型。

2.2　问题一的分析

问题一是要计算在两种风速下钢桶和各节钢管的倾斜角度、锚链形状、浮标的吃水深度和游动区域，在选定锚链型号以及重物球质量并且已知海域状态的情况下，我们首先需要判断不同风速下的锚链状态，然后分析系统中物体的受力情况，再对模型进行求解，本文拟采用二分法求出模型数值解，最后对得到的结果进行检验。

2.3　问题二的分析

问题二可分为两小问，第一小问在确定锚链状态后，与问题一求解步骤类似；对于第二小问，要求调节重物球的质量使钢桶的倾斜角度、锚链在锚点与海床的夹角符合题目条件。所以，首先需要确定不同重物球质量下锚链的状态；然后针对不同状态分别讨论，对模型求解，从而得到符合夹角范围的重物球质量范围；最后对结果进行灵敏度分析，考虑实际情况，给出重物球的推荐范围。

2.4　问题三的分析

问题三需要在各因素影响下，通过确定锚链的型号和长度及重物球的质量，设计一个系泊系统，使浮标的吃水深度和游动区域半径及钢桶的倾斜角度尽可能小，使系统工作效果最佳。该问题是一个非线性多目标规划问题，其中海水深度、风速、水流速度、锚链型号、锚链长度和重物球质量都是该非线性多目标规划问题的自变量，而浮标的吃水深度、游动区域半径、钢桶与竖直方向的夹角为因变量。首先我们需要制定一个合理的综合指标来评定系统的优劣；然后再确定相关参量的取值范围，在该范围内根据模型求得指标最优的系统作为所求系统；最后对不同情况下钢桶、钢管的倾斜角度及锚链形状、浮标的吃水深度和游动区域进行分析。

3　模型假设与符号说明

3.1　模型假设

本文研究基于以下基本假设：

(1) 将重物球看作质点，不考虑体积。

(2) 假设不考虑锚链体积，锚链不受浮力。

(3) 在问题一与问题二中，由于海水静止，故不考虑水流力。

(4) 风力方向与海平面平行。

3.2　符号说明

本文通用符号如下所述：

h——浮标吃水深度；

T_i——第 $i-1$ 个对象与第 i 个对象之间相互作用力的大小（$i=1, 2, \cdots, 7$）；

α_i——力 T_i 与海平面的夹角（$i=1, 2, \cdots, 7$）；

θ_i——第 i 个对象与海平面的夹角（$i=1, 2, \cdots, 5$）；

β——钢桶与竖直线的夹角；

F_i——第 i 个对象受到的浮力（$i=0, 1, \cdots, 7$）；

l_i——第 i 个对象（$i=0, 1, \cdots, 7$）的长度；

H——吃水深度 h 对应的理论海深；

H_0——实际水深，单位为 m；

l——锚链离开海床部分的长度；

L_t——锚链在水平面的投影长度；

w——锚链单位长度的质量；

v——海面风速；

r——浮标游动区域的半径；

L——锚链总长度。

4　模型的准备与建立

4.1　模型的准备

为便于问题求解与阅读，本文对某型传输节点中的浮标、各节钢管、钢桶、锚链和锚按照图 1 中从上到下的顺序依次编号为 0，1，$\cdots$，7，将编号为 i 的物体记为第 i 个对象，例如浮标为第 0 个对象。

由于锚链处于不同形状时，受力情况不同，状态不同，因此在建立模型前需要对锚链形状以及状态进行分析，同时对模型需要解决的问题稍作分析。

4.1.1　悬链线方程

悬链线指的是一种曲线，其形状像悬在两端的绳子因均匀引力作用而掉下来的曲线。悬链线的标准方程为

$$y = \frac{a}{2}(e^{\frac{x}{a}} + e^{-\frac{x}{a}}) - a \tag{1}$$

在文献[1]中，推导了不考虑弹性的系泊线悬链线方程的横、纵坐标与两端倾斜角度及单位长度湿重之间的关系表达式，根据推导结果，得到本问题悬链线方程横、纵坐标的表达式如下：

$$\begin{cases} x = \left(\dfrac{T_7}{w}\right)[\operatorname{arsinh}(\tan\alpha_6) - \operatorname{arsinh}(\tan\alpha_7)] \\ y = \left(\dfrac{T_7}{w}\right)(\sqrt{\tan^2\alpha_6 + 1} - \sqrt{\tan^2\alpha_7 + 1}) \end{cases} \tag{2}$$

当选定锚链型号，确定 T_7、α_6 及 α_7 的值后，悬链线方程就可以唯一确定。

4.1.2　锚链状态的分析

通过查阅文献[2]可知，锚链的状态分为三种，即松弛状态、临界状态和张紧状态。书中解释，松弛状态是指锚链与海床的切点和锚之间有一段平躺在海床上的锚链；临界状态是指锚链与海床的切点和锚重叠；张紧状态是指锚链与海床之间没有切点，在锚点处锚链与海床呈一定角度。在本题中要求锚链末端与锚的链接处的切线方向与海床的夹角不超过 16°。接下来对锚链处于不同状态时进行分析。

1）松弛状态

本文采用微元法分析锚链松弛状态时的受力情况。当锚链处于松弛状态时，对于锚链与海床的切点的一段微元，它受重力、浮力以及右侧锚链对它的作用力，如图 2 所示。图中，T_m 为微元与微元上方锚链的相互作用力，$F_内$ 是海床与锚链之间的相互作用力，ΔG_m 是微元所受重力，$\Delta F_支$ 是海床对微元的支持力。

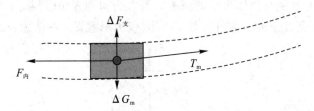

图 2　微元受力分析示意图

对于这个极小的微元，重力与浮力都很小，小到可以忽略不计，若 $T_m\sin\alpha_m > 0$，那么这段微元受力就不平衡，从而会向上运动，这与锚链的稳定状态相矛盾，所以可以得到当锚链处于松弛状态时，有

$$T_m\sin\alpha_m = 0$$

从而可以得到 $\sin\alpha_m = 0$，也就是说 T_m 是水平方向的力。极小微元所受离开海床的锚链的拉力沿水平方向，那么锚链在海床上的部分与离开海床部分之间的相互作用力必然也是沿水平方向的，所以锚与锚链之间的相互作用力是水平方向的，有

$$T_7 \sin \alpha_7 = 0 \qquad\qquad\qquad (3)$$

2）张紧状态

当锚链处于张紧状态时，锚链与海床不相切，锚链除锚点外全部离开海床。锚链受重力、钢桶对它的拉力及锚对它的拉力，可以得到

$$T_7 \sin \alpha_7 + G_6 = T_6 \sin \alpha_6, \quad T_7 \cos \alpha_7 = T_6 \cos \alpha_6 \qquad\qquad (4)$$

3）临界状态

锚链的临界状态与锚链自身的长度及质量、风速的大小、重物球的质量均有关，当选定一定长度某种型号的锚链，并已知重物球质量时，存在某一确定的风速使锚链处在临界状态。风速大于这个值时，锚链处于张紧状态；风速小于这个值时，锚链处于松弛状态。

4.1.3 浮标游动区域

在文献[3]中，提到在风、浪、流方向不固定的条件下，航标在"以锚点在水中的投影为圆心"的圆形范围内移动，圆的半径就是航标距锚点的水平距离。

在本文中，虽然假设风的方向始终平行于海平面，但风的方向仍然是无法确定的，所以可以认为浮标的游动区域是半径为 r 的圆形区域。当浮标与锚点的相对位置确定后，r 是第 1～6 个对象在水平面的投影之和，即

$$r = L_t + \sum_{i=1}^{5} l_i \cos \theta_i \qquad\qquad\qquad (5)$$

4.2 模型的建立

4.2.1 受力分析

在进行受力分析时，我们将浮标认为是竖直状态，暂不考虑浮标力矩，在本文后面将给出合理性证明。

对除锚在外的 6 个对象分别进行受力分析。由于 4 节钢管的受力类似，故本文在此只给出第 1 节钢管(对象 1)的受力分析图。对于锚链，是对其整体进行受力分析，不考虑链环之间的具体受力。为方便对物体力矩的研究，图中力对对象 0(浮标)、1(第 1 节钢管)、5(钢桶)、6(锚链)的受力分析示意图如图 3 所述(仅为示意图，不考虑力的大小)。

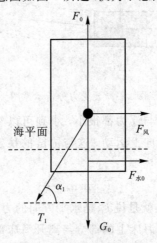

图 3 浮标受力分析图

当系泊系统稳定时，浮标水平方向、竖直方向受力均平衡，从而可以得到下列两个方程。

在竖直方向，F_0 与 $T_1 \sin \alpha_1 + G_0$ 平衡，即

$$T_1 \sin \alpha_1 + G_0 = F_0 \tag{6}$$

在水平方向，$T_1 \cos \alpha_1$ 与 $F_风 + F_{水0}$ 平衡，即

$$T_1 \cos \alpha_1 = F_风 + F_{水0} \tag{7}$$

对于第一节钢管，如图 4 所示，在竖直方向，$T_2 \sin \alpha_2 + G_1$ 与 $F_1 + T_1 \sin \alpha_1$ 平衡，即

$$T_2 \sin \alpha_2 + G_1 = F_1 + T_1 \sin \alpha_1 \tag{8}$$

在水平方向，$T_2 \cos \alpha_2$ 与 $T_1 \cos \alpha_1 + F_{水1}$ 平衡，即

$$T_2 \cos \alpha_2 = T_1 \cos \alpha_1 + F_{水1} \tag{9}$$

钢管的力矩分析如图 5 所示，从图中可以看出：

$$\angle CAD = \angle AEF = \alpha_2, \quad \angle OAD = \theta_1$$

从而有

$$\angle OAC = \theta_1 - \alpha_2$$

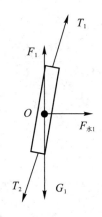

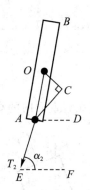

图 4　钢管受力分析图　　　　图 5　钢管力矩分析图

故力 T_2 的力矩为

$$T_2 \frac{l_1}{2} \sin (\theta_1 - \alpha_2)$$

同理可得，力 T_1 的力矩为

$$T_1 \frac{l_1}{2} \sin (\alpha_1 - \theta_1)$$

由于钢管力矩平衡，因此有

$$T_2 \frac{l_1}{2} \sin (\theta_1 - \alpha_2) = T_1 \frac{l_1}{2} \sin (\alpha_1 - \theta_1)$$

化简可以得到

$$T_2 \sin (\theta_1 - \alpha_2) = T_1 \sin (\alpha_1 - \theta_1) \tag{10}$$

对第 2、3、4 节钢管的分析与对第 1 节钢管的分析类似，本文在此不再赘述，最终可以得到下列方程：

$$T_3 \sin \alpha_3 + G_2 = F_2 + T_2 \sin \alpha_2 \tag{11}$$

$$T_3 \cos \alpha_3 = T_2 \cos \alpha_2 + F_{水2} \tag{12}$$

$$T_3 \sin (\theta_2 - \alpha_3) = T_2 \sin (\alpha_2 - \theta_2) \tag{13}$$

$$T_4 \sin \alpha_4 + G_3 = F_3 + T_3 \sin \alpha_3 \tag{14}$$

$$T_4 \cos \alpha_4 = T_3 \cos \alpha_3 + F_{水3} \tag{15}$$

$$T_4 \sin (\theta_3 - \alpha_4) = T_3 \sin (\alpha_3 - \theta_3) \tag{16}$$

$$T_5 \sin \alpha_5 + G_4 = F_4 + T_4 \sin \alpha_4 \tag{17}$$

$$T_5 \cos \alpha_5 = T_4 \cos \alpha_4 + F_{水4} \tag{18}$$

$$T_5 \sin (\theta_4 - \alpha_5) = T_4 \sin (\alpha_4 - \theta_4) \tag{19}$$

钢桶的受力分析如图 6 所示,当其受力平衡时,有

$$T_6 \sin \alpha_6 + G_5 + G_球 = F_5 + T_5 \sin \alpha_5 \tag{20}$$

$$T_6 \cos \alpha_6 = T_5 \cos \alpha_5 + F_{水5} \tag{21}$$

$$T_6 \sin(\theta_5 - \alpha_6) = T_5 \sin(\alpha_5 - \theta_5) + G_球 \cos \theta_5 \tag{22}$$

锚链的受力分析如图 7 所示,当其受力平衡时,在竖直方向,$T_7 \sin \alpha_7 + G_6$ 与 $T_6 \sin \alpha_6$ 平衡,即

$$T_7 \sin \alpha_7 + G_6 = T_6 \sin \alpha_6 \tag{23}$$

在水平方向,$T_7 \cos \alpha_7$ 与 $T_6 \cos \alpha_6$ 平衡,即

$$T_7 \cos \alpha_7 = T_6 \cos \alpha_6 \tag{24}$$

$$y + \sum_{i=1}^{5} l_i \sin \theta_i + h = H \tag{25}$$

其中 y 为锚链悬链线在竖直方向的高度。

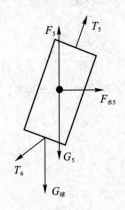

图 6　钢桶受力分析图

图 7　锚链受力分析图

4.2.2　数学模型

由于存在 5 种锚链型号,所以考虑添加一个 0-1 变量 x_i,有

$$x_i = \begin{cases} 0 & \text{不选取第 } i \text{ 种型号的锚链,} i=1,2,\cdots,5 \\ 1 & \text{选取第 } i \text{ 种型号的锚链,} i=1,2,\cdots,5 \end{cases}$$

目标函数为

$$\min(h, r, \theta_5)^{\mathrm{T}} = \min[f_1(n, G_球, x_i), f_2(n, G_球, x_i), f_3(n, G_球, x_i)]^{\mathrm{T}}$$

$$
\text{s. t.}
\begin{cases}
T_1 \sin \alpha_1 + G_0 = F_0 \\
T_1 \cos \alpha_1 = F_{风} + F_{水0} \\
T_i \sin \alpha_i + G_{i-1} = F_{i-1} + T_{i-1} \sin \alpha_{i-1} \qquad i = 2, 3, \cdots, 5 \\
T_i \cos \alpha_i = T_{i-1} \cos \alpha_{i-1} + F_{水i-1} \qquad i = 2, 3, \cdots, 6 \\
T_i \sin(\theta_{i-1} - \alpha_i) = T_{i-1} \sin(\alpha_{i-1} - \theta_{i-1}) \qquad i = 2, 3, \cdots, 5 \\
T_6 \sin \alpha_6 + G_5 + G_{球} = F_5 + T_5 \sin \alpha_5 \\
T_6 \sin(\theta_5 - \alpha_6) = T_5 \sin(\alpha_5 - \theta_5) + G_{球} \cos \theta_5 \\
T_7 \sin \alpha_7 + G_6 = T_6 \sin \alpha_6 \\
G_6 = n(0.078 x_1 + 0.105 x_2 + 0.12 x_3 + 0.15 x_4 + 0.18 x_5)(3.2 x_1 \\
\qquad + 7 x_2 + 12.5 x_3 + 19.5 x_4 + 28.12 x_5) \\
T_7 \cos \alpha_7 = T_6 \cos \alpha_6 \\
y + \sum_{i=1}^{5} l_i \sin \theta_i + h = H \\
r = L_t + \sum_{i=1}^{5} l_i \cos \theta_i \\
\alpha_7 \leqslant 16; \\
\theta_5 \leqslant 5; \\
h \leqslant 2 \\
\alpha_i, T_i \geqslant 0 \qquad i = 1, 2, \cdots, 7 \\
\theta_i \geqslant 0 \qquad i = 1, 2, \cdots, 5 \\
r, h \geqslant 0
\end{cases}
$$

其中 y 为悬链线在竖直方向的高度。

5　基于二分法对问题一的求解

5.1　确定锚链状态

5.1.1　计算锚链临界状态时的风速值

在问题一中，已知锚链的型号长度、重物球的质量，根据上文所述，可以知道锚链的状态就由风速决定。所以本文首先确定了锚链临界状态时的风速值，再比较实际风速与这个值之间的大小，从而确定锚链状态。

根据临界状态的性质可知，当风速从 0 增加到某个值 v_0 时，锚链末端切线方向与海床的夹角大于 $0°$；当风速超过或等于 v_0 时，锚链末端切线方向与海床的夹角始终等于 $0°$。所以，本文同样考虑采用二分法，求解该 v_0 值。

用 MATLAB 实现该算法可以得到临界状态的风速值为 $v = 24.5244$ m/s，本题所提供的实际风速（12 m/s 和 24 m/s）均小于这个值，所以在两种风速下，锚链都呈松弛状态。

5.2　对模型的求解

考虑到本文所建立模型的解析解不易求得,而且在工程实际中,为节约时间和提高精度,往往使用数值解,一般不使用解析解,所以本文对所建立模型进行数值求解。

5.2.1　确定 h 与 H 之间的关系

当前锚链处于松弛状态,锚链的前一部分还在海床上平躺,后一部分已离开海床。锚和锚链的前一部分除重力与浮力以外,只受水平方向的力,将这两部分看作一个整体,将系统的剩余部分看作另一个整体,并记为整体 J。整体 J 受重力、浮力、水平拉力和风力,在水平与竖直这两个方向上受力都是平衡的,所以能够推出下式:

$$F_总 = G_总 \Rightarrow \rho g V_排 = m_总 g \Rightarrow \rho V_排 = m_总$$

代入数值,化简得到

$$\rho \pi (0.025 + h) = 2340 + 7l$$

即

$$l = \frac{1}{7}\left[\rho \pi (0.025 + h) - 2340\right] \tag{26}$$

从式(26)中可以看出,对每一个 h 都对应着一个唯一的 l,且两者呈线性关系。由题目可知,l 表示锚链离开海床部分的长度,最大应不大于锚链长度,所以定义域为 $0 \sim 22.05$ m,从而可以得到 h 的范围为 0.7017 m $\leqslant h \leqslant 0.75$ m。

根据模型我们知道,对于每个高度 H 的值,若存在一个 h_0,使得此时的 H 等于水深,则方程组有解;否则无解。若将 h 作为自变量,H 作为因变量,则能够得到一个 H 关于 h 的函数,但考虑在本题中只需要得到数值解,所以将 h 在定义域内遍历,计算对应 H 的数值,针对不同风速,分别作出 $h - H$ 图,如图 8 所示。

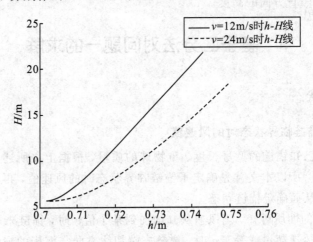

图 8　风速分别为 12 m/s 与 24 m/s 时的 $h - H$ 图

由图 8 可知,每一个 h 都对应着一个唯一的 H,H 随 h 单调递增,而且风速为 12 m/s 时 H 的增长速度比 h 快。当 $H = H_0 = 18$ m 时,对应的各参数值即为所求。为了找到当 $H = 18$ m 时精确的 h 值,本文采用二分法对问题一的模型进行求解,以提高 h 的精确度。

5.2.2　基于二分法对问题一进行数值求解

在前文分析中可以知道，由于 H 随 h 单调递增，所以考虑采用二分法对 h 求解。

通过 MATLAB 编程，求得风速为 12 m/s 时，$h=0.734\ 777\ 491\ 600\ 571$ m，风速为 24 m/s 时，$h=0.748\ 913\ 728\ 8$ m，同时得到钢桶和各节钢管的倾斜角度、浮标的吃水深度和游动区域，如表 1 所示。表中，h 为浮标吃水深度，θ_i 为第 i 个对象与海平面的夹角（$i=1，2，\cdots，5$），r 为浮标游动区域的半径。

表 1　不同风速下各参数数值表

$v/(\text{m/s})$	12	24
$\theta_1/(°)$	89.0232	86.2664
$\theta_2/(°)$	89.0175	86.2452
$\theta_3/(°)$	89.0116	86.2237
$\theta_4/(°)$	89.0057	86.2020
$\theta_5/(°)$	88.9924	86.1527
h/m	0.7348	0.7489
r/m	14.3036	17.4239

从表 1 中可以看出，当锚链处于松弛状态时，风速越大，钢桶和各节钢管与海平面的夹角越小，浮标吃水深度越深，游动范围越大，那么相应系统的工作效果就会越差。

另外，锚链的形状是悬链线。根据得到的参数值与式（1）、式（2），可以得到不同风速下的悬链线方程。当风速为 12 m/s 时，锚链的悬链线方程为

$$y=\begin{cases}0 & 0\leqslant x\leqslant 6.824 \\ 1.659\left(\text{e}^{\frac{x-6.824}{3.318}}+\text{e}^{-\frac{x-6.824}{3.318}}\right)-3.318 & 6.824<x\leqslant 14.217\end{cases}$$

当风速为 24 m/s 时，锚链的悬链线方程为

$$y=\begin{cases}0 & 0\leqslant x\leqslant 0.321 \\ 6.561\left(\text{e}^{\frac{x-0.321}{13.122}}+\text{e}^{-\frac{x-0.321}{13.122}}\right)-13.122 & 0.321<x\leqslant 17.094\end{cases}$$

具体图形如图 9 及图 10 所示（图中第一个点表示锚链与海床的切点，曲线终点表示锚链与钢桶的连接点）。

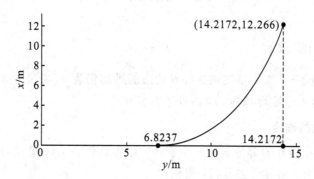

图 9　风速为 12 m/s 时锚链图像

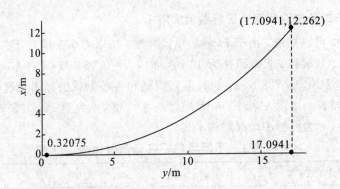

图 10　风速为 24 m/s 时锚链图像

从图 9、图 10 中可以看出，当风速增大时，锚链平躺在海床上的长度逐渐减小；当风速增大到临界风速时，减小为 0。

5.2.3　浮标竖直的合理性证明

在 12 m/s 和 24 m/s 两种风速中，24 m/s 时的浮标倾斜肯定较大，所以考虑浮标最大倾斜时的倾斜角即可。

由于水平方向上的力只有 900 N，而浮力却有 13843 N，所以可以认为浮标只需要倾斜一个微小角度 $\Delta\theta$，产生一个微小的浮力力臂 Δl，即可达到力矩平衡，即

$$900.78\times1+\left(\frac{2-0.74}{2}-0.5\right)900.78=\Delta l\times13843$$

可以得出此时

$$\Delta l=0.0735 \text{ m}$$

所以

$$\Delta\theta\approx\tan\Delta\theta=\frac{0.0735}{1}=0.0735°$$

由此可见，浮标只会倾斜一个 $0.0735°$ 的角度，即达到新的平衡位置，所以，本文认为浮标作竖直状态处理是十分合理的。

6　对问题二的求解

6.1　对第一小问的求解

在问题一的假设下，如果系统锚链临界状态的风速仍为 24.524 443 m/s，那么当风速为 36 m/s 时，显然大于临界风速，锚链处于张紧状态。

6.1.1　h 范围的确定

将传输节点中除锚外的部分看作一个整体，记为整体 K，K 受风力、重力、浮力和与锚之间的相互作用力，通过受力分析，得到

$$F_{总}=G_{总}+T_{总}\sin\alpha_7\Rightarrow F_{总}>G_{总}\Rightarrow\rho g V_{排}>m_{总}g\Rightarrow\rho V_{排}>m_{总}$$

代入数值得到

$$h > \frac{2340 + 7 \times 22.05}{1025\pi} - 0.025 = 0.75 \ \text{m}$$

又因为浮标的吃水深度不可能大于自身高度，所以 $0.75 \ \text{m} < h \leqslant 2 \ \text{m}$。

6.1.2　确定 h 与 H 之间的关系

在模型中，有 20 个方程 20 个未知量，对每个确定的 h 值有唯一的 H 与之对应，可以将 h 作为自变量，H 作为因变量，将 h 在定义域内遍历，计算 H，作出 $h\text{-}H$ 图，如图 11 所示。

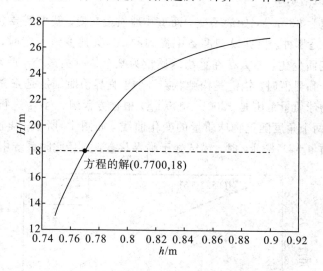

图 11　风速为 36 m/s 时 $h\text{-}H$ 图

同问题一类似，当 $H = H_0 = 18 \ \text{m}$ 时，对应的各参数值即为所求，采用二分法对模型求解。

6.1.3　基于二分法求解模型

求解方法与问题一相同，通过求解可得，当 $h = 0.769\ 999\ 010\ 695 \ \text{m}$ 时，$H = H_0 = 18 \ \text{m}$，其他参数见表 2。

表 2　风速为 36 m/s 时各参数值

h/m	$\theta_1/(°)$	$\theta_2/(°)$	$\theta_3/(°)$	$\theta_4/(°)$	$\theta_5/(°)$	r/m
0.7700	82.1592	82.1171	82.0745	82.0314	81.9340	18.7149

锚链的形状是悬链线，如图 12 所示，悬链线方程为

$$y = 14.514(\text{e}^{\frac{x+9.223}{29.027}} + \text{e}^{-\frac{x+9.223}{29.027}}) - 29.027 \qquad 0 \leqslant x \leqslant 18.025$$

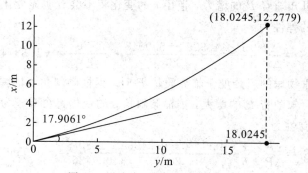

图 12　风速为 36 m/s 时锚链形状

同时可以得到锚链末端与锚的链接处的切线方向与海床的夹角 $\alpha_7 = 17.9061°$，这个角度大于题中提到的 16°，此时锚会被拖行，致使节点移位丢失。钢桶与竖直方向的夹角 $\beta = 90 - \theta_5 = 8.066012° > 5°$，此时水声通讯设备的工作效果较差。

6.2 对第二小问的求解

6.2.1 临界值的求解

第二小问风速为 36 m/s，始终不变，而重物球质量在变。我们需要判断重物球质量改变时，锚链的状态是哪种。根据模型准备中提到的，当其他变量一定时，锚链状态会根据重物球质量的改变而变化，那么存在重物球质量为某个值时锚链处于临界状态。显然当重物球质量大于这个临界值时，锚链是松弛状态，小于临界值时锚链是张紧状态。

本文选定重物球质量范围是 1200~3000 kg，根据方程组，对 $G_{球}$ 进行遍历分别得到 α_7、β 的数值，画出这两个角度随重物球质量的变化曲线，如图 13 所示，再次采用二分法，得出重物球的临界质量为 1783 kg 时，锚链处于临界状态，并且此时系统中 $\alpha_7 = 16°$，$\beta = 5°$。

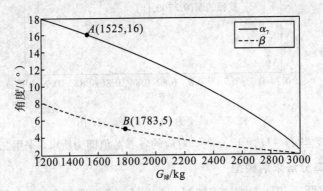

图 13　角度 α_7 与钢桶倾角 β 随重物球质量的变化

当重物球质量大于 1783 kg 时，α_7、β 的值均符合题中要求。

6.2.2 灵敏度分析

浮标游动区域半径 r 的弹性为

$$S_r = \frac{\Delta r}{\Delta P} \cdot \frac{P}{r} = \frac{18.4790 - 18.4795}{20} \cdot \frac{1780}{18.4795} = -0.0024$$

可以看出，当重物球的质量处于临界质量时，游动区域半径 r 的弹性为负值，但已经跟 0 相差不大，故可知随着 P 的增大，半径 r 的变化将不会有明显变化。

钢桶倾斜角 β 的弹性为

$$S_\beta = \frac{\Delta \beta}{\Delta P} \cdot \frac{P}{\beta} = \frac{4.9293 - 5.0045}{20} \cdot \frac{1780}{5.0045} = -1.3374$$

可以看出，当重物球的质量处于临界质量 P 时，钢桶倾斜角 β 的弹性为负值，且此时跟 0 相差很大，故可知随着 P 的增大，钢桶倾斜角 β 的变化将会有较为可观的降低。

吃水深度 h 的弹性为

$$S_h = \frac{\Delta h}{\Delta P} \cdot \frac{P}{h} = \frac{0.9430 - 0.9436}{20} \cdot \frac{1780}{0.9436} = -0.05659$$

可以看出，当重物球的质量处于临界质量 P 时，吃水深度 h 的弹性为负值，此时与 0

相差一点，故可知随着 P 的增大，吃水深度 h 的变化将会有一定程度的增加。

系统总弹性为

$$-1.3374-0.05659-0.0024=-1.39639$$

由此可见，系统总弹性小于 0，当 P 增大时，系统的总期望还是会有所降低，即牺牲小部分的吃水深度，可以换来钢桶倾斜角度的大幅降低和游动半径的降低，故此时临界质量并不是较为合理的推荐质量。一个合理的推荐质量应该在系统总弹性为 0 处。

7　对问题三的求解

7.1　评价指标

针对一个多目标规划问题，确定一个综合评价指标是十分重要的。由于本文考虑采用理想点法来求解该非线性多目标规划问题，故针对每一个所得出的参数 r、β、α_7，进行归一化处理，得到 $(r'，\beta'，\alpha_7')$，考虑将点 $(r'，\beta'，\alpha_7')$ 与理想点 $(0,0,0)$ 的距离作为该问题的评价指标。

7.2　确定相关参数的取值范围

7.2.1　风速和海水速度

由于题中给出风速最大可达到 36 m/s，海水速度最大可达到 1.5 m/s，因此，在设计系泊系统时，应该考虑在其他因素不变的情况下，使用使系泊系统处于最恶劣条件下的风速和海水速度，使得 $\alpha_7\leqslant16°$，$\beta\leqslant5°$。显然，当风速和海水速度都达到最大且在同一方向时，系泊系统处于最恶劣条件，最有可能不满足 $\alpha_7\leqslant16°$，$\beta\leqslant5°$。所以，本文考虑在风速为 36 m/s，海水速度为 1.5 m/s 下，求解模型，设计系泊系统。

7.2.2　锚链型号

题目提供了 5 种型号的锚链及其参数，所以，可以考虑在选取任一种型号的锚链前提下，设计一个最佳的系泊系统，得到 5 个系泊系统，最终对这 5 个系泊系统进行分析比较，选取其中最佳的系泊系统作为该题所需设计的系泊系统，并针对这个系泊系统分析在不同情况下，钢桶、钢管的倾斜角度及锚链形状、浮标的吃水深度和游动区域。

7.3　对非线性多目标规划模型的求解

对于锚链长度和重物球质量，这是该问题剩下来的最后两个自变量，所以可以考虑对一定范围内的长度和一定范围内的重物球质量进行遍历，针对每个长度和重物球质量，都可以根据受力平衡方程组，求解出目标所需的 3 个参数，即 r、β、α_7，针对这 3 个参数，可以求出综合评价指标，评价该系泊系统设计的优劣，如表 3 所示。

表 3　针对每种型号的最优系统

锚链型号	Ⅰ	Ⅱ	Ⅲ	Ⅳ	Ⅴ
重物球质量/kg	5140	4680	4800	4510	4700
锚链节数	440	276	208	148	112

将表中每种型号的最优系统设计方案作计算比较可知,第Ⅳ种型号下,距离范数为 0.7566,为 5 个距离范数中的最小值,且在游动区域半径 r 的范围中可以看出,第Ⅳ种型号的游动区域半径 r 最大值是第二小,这是较为可观的;从吃水深度 h 分析,其最大值也处于第二小,最大为 1.8980 m,远比其他三个 1.99 m 的更为优异;从钢桶倾斜角 β 分析,其最大值同样处于第二小的位置,为 4.0534°。故综上所述,本文认为第Ⅳ种型号所对应的系泊系统设计是最为优异的。

7.4　对钢桶、钢管的倾斜角度及锚链形状、浮标的吃水深度和游动区域的分析

由于在实际生活中,风速与水流速度是系统中最不可预知的,同时也很难防范,因此本文在水深为 18 m 的前提下,共分析了 4 种不同情况的钢桶、钢管的倾斜角度及锚链形状、浮标的吃水深度和游动区域。4 种不同情况如表 4 所示。

表 4　4 种不同情况

情 况	风速/(m/s)	水流速度/(m/s)
1	36	1.5
2	18	1.5
3	36	0.75
4	18	0.75

求解模型可以得到不同情况下的相关参数值,钢桶、钢管的倾斜角度及浮标的吃水深度和游动区域的具体结果见表 5。锚链形状见图 14～图 17。

表 5　不同情况下得出的相关参数值

不同情况	1	2	3	4
$\theta_1/(°)$	86.1126	86.2683	88.7990	88.9944
$\theta_2/(°)$	86.0582	86.2141	88.7479	88.9437
$\theta_3/(°)$	86.0037	86.1598	88.6966	88.8928
$\theta_4/(°)$	85.9491	86.1052	88.6452	88.8417
$\theta_5/(°)$	85.7649	85.9214	88.4670	88.6643
h/m	1.8869	1.8847	1.8629	1.8640
r/m	16.1136	15.9522	9.7849	8.5686

从表 5 中可以发现,无论哪种情况,浮标吃水深度均大于 1.8 m,这是因为在保障最恶劣的情况下,水声通讯系统能够较好工作而选用重物球的质量为 4510 kg,从而牺牲了 h,这在现实生活中也是合理的。所以我们认为所设计的系泊系统最优。

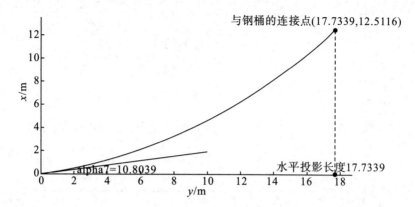

图 14　第 1 种情况锚链形状(风速 36 m/s，海水速度 1.5 m/s，水深 18 m)

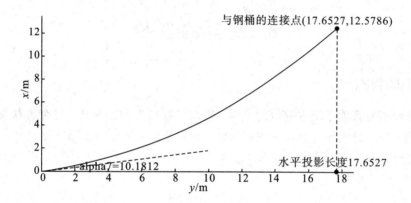

图 15　第 2 种情况锚链形状(风速 18 m/s，海水速度 1.5 m/s，水深 18 m)

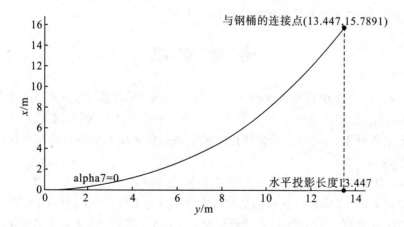

图 16　第 3 种情况锚链形状(风速 36 m/s，海水速度 0.75 m/s，水深 18 m)

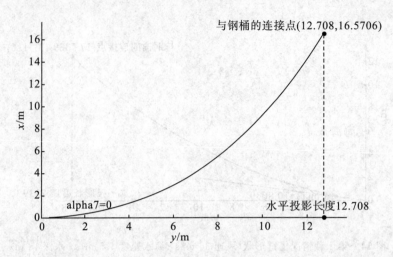

图 17   第 4 种情况锚链形状(风速 18 m/s,海水速度 0.75 m/s,水深 18 m)

8   模型的评价

8.1   模型的优点

(1)该模型对系泊系统方程组的求解,采取了最简单的二分法,这种方法简单易懂并且精确度高,也十分便于计算机的编程求解,较好地解决了题目所给问题。

(2)对于各种条件,给出了钢管、钢桶的倾斜角及锚链的方程,并画出了锚链的图像,严谨而直观。

8.2   模型的缺点

问题三没有考虑海水速度方向与风速度方向不同时的复杂情况,只是对海水速度方向与风速度方向一致时这种最恶劣的情况进行了求解。

参 考 文 献

[1]   罗勇.浮式结构定位系统设计与分析[M].哈尔滨:哈尔滨工程大学出版社,2014.

[2]   陈建民,娄敏.海洋石油平台设计[M].北京:石油工业出版社,2012.

[3]   邢佩旭,程万里,张继明.缅甸周边深水海域航标锚泊系统的计算与设计[J].水运工程,2014(5):90-93.

[4]   温宝贵.悬链线特性分析[J].中国海上油气(工程),1993(2):19-21.

[5]   夏运强,唐筱宁.防风单点系泊系统试验研究[J].工程力学,2011,28(6):182-188.

[6]   李学文,李炳照,王宏洲.数学建模优秀论文[M].北京:清华大学出版社,2011.

论 文 点 评

该论文获得 2016 年"高教社杯"全国大学生数学建模竞赛 A 题的一等奖。

1. 论文采用的方法和步骤

论文研究近浅海海底观测网传输节点中系泊系统的设计问题。

（1）对于问题一、二，在不考虑海水流速的情况下，首先考虑不同风速下的锚链状态，分析系统中组件的受力情况。将锚链简化为悬链线，分别考虑锚链在松弛状态、临界状态和张紧状态下的受力分析；对钢桶和钢管分别作力和力矩的平衡分析；对浮标作静力分析。综合给出各种参数离散的递推关系，以浮标的吃水深度和游动区域及钢桶的倾斜角度尽可能小为目标，建立多目标优化模型。在给定系泊系统中各个参数的情况下，对吃水深度利用二分法求解系泊系统的相关临界状态，并采用遍历法来提高浮标实际吃水深度的计算精度，分别给出不同海面风速时钢桶和各节钢管的倾斜角度、锚链形状、浮标的吃水深度和游动区域。进一步，对风速为 36 m/s、重物球质量为 1200 kg 的情况进行讨论，由模型给出是否满足对系泊系统的要求，如不满足，需要增加重物球的质量来进行调节。根据锚链处于临界状态，求增加的重物球质量。由模型，结合锚链处于临界状态，对重物球的质量进行遍历求解，得出满足设计要求、锚链处于临界状态时重物球的临界质量。

（2）对于问题三，考虑海水流速对系统造成的影响，将风速和海水速度都达到最大且在同一方向时产生的合力作为系统所受外力。首先基于问题一的多目标优化模型，不同水深情况下讨论不同型号锚链的系泊系统优化设计，然后采用最短距离的理想点法综合评价指标，进行比较，最后确定某型号下的最优系统设计，并给出此时各指标的范围。

2. 论文的优点

该论文针对近浅海海底观测网的系泊系统设计问题，能较准确地将下部的锚链简化为悬链线，将上面的钢桶和钢管分别作为刚体来处理，由力和力矩的平衡条件分析，建立以浮标的吃水深度和游动区域及钢桶的倾斜角度尽可能小为目标的优化模型。在考虑风力、水流力的作用下，研究了系泊系统的优化设计问题。论文分析到位，思路清楚，表达清晰，层次分明。

3. 论文的缺点

该论文在建模过程中虽然注意到了某些组件浮力的影响，但没有考虑重物球的浮力，这导致了计算结果存在较大的误差；虽然考虑了钢管力矩的平衡，但没有明确分析钢桶力矩的平衡。

第 10 篇　基于复杂网络的小区开放策略模型[①]

队员：王逸飞(自动化)，陈瑞(计算机科学与技术)，高鹏飞(计算机科学与技术)
指导教师：数模组

摘　要

目前道路通行问题已经成为中国社会广泛关注的问题。就如何解决和缓解道路交通拥堵，有国内专家综合比较欧美等西方国家大城市与中国北京上空的鸟瞰图，提出了开放封闭式小区的方案。以此为背景，针对题目中给出的四个问题，我们构建了小区周边道路的复杂网络模型，结合实际某小区和其周边道路的实时监测数据，并运用模拟实验的方法，最后成功地提出了解决方案。

　　针对问题一，经过对问题的剖析，我们主要从静态和动态两个方面分析小区开放对周边道路通行的影响。首先，通过复杂网络模型对城市路网进行拓扑化，在静态方面，分析了小区开放对网络节点度、网络节点介数、网络度方差等参数的影响；在动态方面，主要分析了小区开放后网络节点瞬时车当量的变化，并引入了网络最大流概念，将其作为评价指标之一；然后，以杭州下城区十五家园小区为例，对之前选择的评价指标进行了检验。

　　针对问题二，我们主要从动态的角度具体分析了小区开放对城市路网的影响。首先，通过较为简单的小区拓扑图及 Floyd 算法，对小区开放导致的两节点间最短路长的变化进行了简单的分析；然后将小区开放前后的动态评价指标(路网节点和边的车当量)分别进行定性计算，得到"小区开放后，小区外部节点车当量变为原来的 $(M_i - M_i')/M_i$ 倍，小区内部节点车当量变为原来的 M_i'/α_i 倍"的结论；最后，用同样的方法，我们又定性分析了路网边的交通流量的变化，并对其进行了说明。

　　针对问题三，我们首先在考虑小区结构变化对小区开放产生不同效果的基础上，根据监测模拟出的车速数据映射出不同道路的车流量变化，通过问题二所建立的模型，从动态的角度，确定了一个反映小区周边具有代表性路口通行能力的指标参数，得出了"格网模式小区的开放对舒缓与小区周边直接或间接相连道路交通更具影响力"的结论；然后利用 MATLAB 软件对影响小区开放效果的三个因素(即小区的开放程度、地理位置和规模)进行了模拟实验，建立了无标度网络模型，得到了 200 个节点的网络结构图，从静态的角度，以数据和折线图的形式展示了三种情况对系统度方差指标的影响。

　　针对问题四，我们在前三个问题结论的基础上，对小区开放提出了个人的建议，政府

---

① 此题为 2016 年"高教社杯"全国大学生数学建模竞赛 B 题(CUMCM2016—B)，此论文获该年全国一等奖。

可对格网模式、规模较大、偏远地区、与周边道路联系密切的小区优先开放，同时要结合实际，考虑小区所在的不同城市等多方面因素。

最后，我们合理地评价了模型的优缺点，并对发现的缺点进行了改进，增加了对小区大块化、小区周边道路资源的合理分配、交叉路口的种类的考虑，使模型更加完善。

关键词：复杂网络；拓扑图；网络最大流；可行最短路径；交通量

1　问　题　重　述

1.1　问题的背景

今年国务院发布了关于"推广街区制""原则上不再建设封闭住宅小区""已建成的住宅小区和单位大院要逐步开放"的规定，在社会上引起了广泛的关注和讨论。

民众关注的焦点在于：开放小区可能引发安保等问题；开放小区能否达到优化路网结构，提高道路通行能力的目的；开放小区后，改善交通状况的效果如何等。一种观点认为封闭式小区破坏了城市路网结构，堵塞了城市"毛细血管"，而实行小区开放后，路网密度和道路面积增加，通行能力会提升。也有观点主张这与小区面积、位置、外部及内部道路状况等诸多因素有关，不能一概而论。还有观点认为小区开放后，虽然可通行道路增多了，相应地，小区周边主路上进出小区的交叉路口的车辆也会增多，这可能会影响主路的通行速度。

1.2　问题的提出

在此背景下，本题希望就小区开放对周边道路通行的影响建立数学模型并进行研究，为科学决策提供定量依据。为此提出以下相关问题：

问题一，请选取合适的评价指标体系，用以评价小区开放对周边道路通行的影响。

问题二，请建立关于车辆通行的数学模型，用以研究小区开放对周边道路通行的影响。

问题三，小区开放产生的效果，可能会与小区结构及周边道路结构、车流量有关。请选取或构建不同类型的小区，应用所建立的模型，定量比较各类型小区开放前后对道路通行的影响。

问题四，根据所研究的结果，从交通通行的角度，向城市规划和交通管理部门提出关于小区开放的合理化建议。

2　问　题　假　设

本文研究基于以下基本假设：

（1）在每条道路上行驶的车辆都会选择到达目的地的最短路径。

（2）小区开放前后，周边道路都为单向单车道。

（3）不考虑小区入口处设置的交通灯及其他位置的交通灯。

3　符　号　说　明

n——节点总数(个);

v_i——第 i 个节点;

k_i——节点 v_i 的邻边数目,即 v_i 的度;

k——目标区域内的平均度;

B_i——节点 v_i 的介数;

$D(k)$——目标区域内的节点度方差;

d_{ab}——节点 v_a 到 v_b 的最短路径长度(m);

N_{ab}——节点 v_a 与 v_b 之间的最短路径数(条);

$N_{ab}(i)$——节点 v_a 与 v_b 之间经过 v_i 的最短路径数(条);

$C_B(v_i)$——节点 v_i 的介数中心性;

M_{ab}——节点 v_a 与 v_b 之间最短路径的总车当量;

u_{ab}——v_a 到 v_b 的最短路径的车速(m/s);

u_{abf}——v_a 到 v_b 的最短路径的自由流车速(m/s)。

4　问题一的分析与求解

4.1　问题一的分析

　　小区的开放对城市道路的通行能力有着比较大的影响。一方面,小区的开放会增大城市道路的复杂程度;另一方面,不同地区、不同位置、不同规模、不同开放程度的小区对城市道路通行能力的影响有一定的差异性。

　　因此,对于不同条件的小区,我们选取了道路通行能力评价指标来说明小区的开放对城市道路交通的影响。另外,城市道路与小区内外部道路纵横交错,形成了一张复杂的网络图,在城市的主要地带网络密集,而在城市的边缘位置网络稀疏,故我们选择复杂网络模型对问题进行求解。

4.2　问题一的求解

4.2.1　城市道路网络模型的构建

　　城市道路网络是一个较为复杂的系统,具有无标度、自组织和分形结构的特点,因此我们可以构建一个城市网络图 $G=(V,E)$,其中 $V=\{v_1,v_2,\cdots,v_n\}$ 为节点集,$E=\{e_{ij}\}$ 为边集,$e_{ij}=(v_i,v_j)$ 表示连接节点 v_i 和 v_j 的边,且这两个节点与该边相关联。由于城市道路一般是双向通行的,因此该网络图为无向图。

　　在将城市道路地图转化为拓扑网络的过程中,我们有两种不同的转化方式,分别是原始法和对偶法。原始法是指将道路的交叉路口作为节点,以各条道路为边的转化方式;而对偶法则是将道路作为节点,将道路的交叉路口作为边。图1为这两种转化方式的示意图。

　　在下文中,我们主要采用了原始法对实际城市道路地图进行处理。

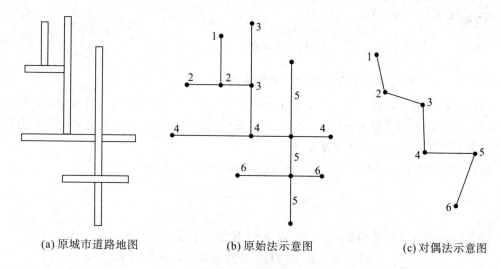

(a) 原城市道路地图　　　(b) 原始法示意图　　　(c) 对偶法示意图

图 1　城市道路地图的拓扑结构转化

4.2.2　城市道路通行能力评价指标的确定

若每条道路通行车当量近似相同，则以原始法来看，由于城市道路的交通路口有很多，每个路口又有不同的支路数量，显然支路多的路口交通通行能力较好，但也会因为不同的路口间有其不同的最短路径，而且在各最短路径间往往会存在一些公共的路口，故经过 v_i 节点的最短路径越多，相对来说，v_i 节点的通行能力也就越差。

在这里，我们引入介数的概念。介数分为节点介数和边介数两种。节点介数是指目标网络中所有最短路径里经过目标节点的路径数占全部最短路径的比例；边介数是指目标网络中所有最短路径里经过目标边的路径数占全部最短路径的比例。

因此，体现城市道路通行能力的参数有节点的度、节点介数、边介数、介数中心性以及节点度方差[1]。

节点的度用于表示路口支路的数量，支路的数量越多，度也就越大，而对于区域内（n 个节点）的交通通行能力，我们可以使用平均度（该区域内全部的度取平均值）来表示，即目标区域内的平均度为

$$k = \frac{1}{n} \sum_{i=1}^{n} k_i \tag{1}$$

对于目标节点或者目标边来说，介数的计算方式相同[2]。以 v_i 节点为例，其节点介数的计算公式为

$$B_i = \sum_{i,\,a,\,b \in V(a \neq b)} \frac{N_{ab}(i)}{N_{ab}} \tag{2}$$

将介数归一化，我们即可得到目标节点的介数中心性[1]：

$$C_B(v_i) = \frac{2B_i}{(n-2)(n-1)} \tag{3}$$

在实际城市道路中，我们也会遇到一些特殊情况，比如在某些路口，支路较少，车辆汇集；而在其他一些路口，支路很多，但车辆较少，非常空旷。因此，只考虑目标区域内的平均度就会使结果有偏差。可以看出，在平均度一定的情况下，节点度方差越小，道路利用率就越高，该区域内的道路通行能力也就越好。由此我们可以得到目标区域内的节点度

方差 $D(k)$ 为[2]

$$D(k) = \frac{1}{n} \sum_{i=1}^{n} (k_i - k)^2 \qquad (4)$$

4.2.3 小区开放与否对道路通行状况的影响

道路通行能力可通过以上几个参数来表示,但是在实际道路的车辆通行中,道路是否拥堵并不完全取决于道路通行能力,也与道路通行实际车当量有关,在道路通行能力较好的路口若车当量过大,也会产生交通堵塞。

因此,可以得到,在不同路径中的车辆占车辆总数的比例为

$$P(v_a, v_b) = \frac{M_{ab}}{\sum\limits_{i, j \in V(i \neq j)} M_{ij}} \qquad (5)$$

为得到每个节点的车当量,我们引入 $0-1$ 规划来表示:

$$x_{ab}(i) = \begin{cases} 1 & \text{节点 } v_a \text{ 与 } v_b \text{ 之间的最短路径经过节点 } v_i \\ 0 & \text{其他} \end{cases}$$

由此可得同一时刻经过 v_i 节点的车当量为

$$M_i = \sum_{a, b \in V(a \neq b)} x_{ab}(i) \frac{M_{ab}}{d_{ab}} \qquad (6)$$

其中,$\dfrac{M_{ab}}{d_{ab}}$ 表示在节点 v_a 到 v_b 的最短路径中单位长度路段的车当量,该比值可用于大致表示在该路径行驶的车辆中,处于每个节点的平均车当量。

在小区开放以后,小区内原车辆通行不变,但增加了外来车辆的经过,使得小区内部节点的车当量增大,而对于外部车辆来说,小区开放后,其到达目的地的最短路径可能发生变化。

因此,在主要考虑外来车辆的整个网络系统时,相当于系统增加了节点以及边数,对小区外部节点的道路交通状况势必具有改善效果,但增加了小区内部及交接处的交通压力。若小区开放使得小区内部节点的瞬时车当量超过其控制限度,则小区不应该开放;若不会产生太大影响,则可以考虑开放小区。

4.2.4 网络最大流指标

之前的指标中已经得到,在小区开放以后,每个节点的车流量都会发生变化,而整个网络的任意两个节点之间都有其流量限度,即最大流量,因此我们可以将小区开放前后的整个网络最大流的变化也作为评价指标之一。

假设出发点 s 的集合为 $S(S \subset V)$,目的地 t 的集合为 $T(T \subset V)$,由最大流的最小割定理,即网络最大流的流量与其最小割的容量相等,若对于流 y,其存在增广路径 L,则可对 y 进行 L 的增广[3],即

$$\Delta = \min \{ \min_{(a, b) \in L^+} (q_{ab} - y_{ab}), \min_{(a, b) \in L^-} (y_{ab}) \} > 0$$

$$y'_{ab} = \begin{cases} y_{ab} + \Delta & (a, b) \in L^+ \\ y_{ab} - \Delta & (a, b) \in L^- \\ y_{ab} & (a, b) \notin L \end{cases}$$

式中:L^+ 表示向前边(边的方向与路的方向一致)的全体;L^- 表示向后边(边的方向与路的

方向相反)的全体；y_{ab} 表示 (a, b) 上的流量；q_{ab} 表示边 (a, b) 上的容量。

若可行流 y 不存在增广路径，也就是说从出发点 s 出发可到达集合 S，那么令 $T = V|S$，得到 $s-t$ 的割为 (S, T)[3]，公式如下：

$$v(y) = \sum_{a \in S} \sum_{b \in T} (y_{ab} - y_{ba}) = \sum_{a \in S} \sum_{y \in T} q_{ab} = U(S, T)$$

因此，此时 (S, T) 为最小割。

接着我们举例说明网络图最小割定理。由图 2 中的网络图(图中数字表示该路径车流量)可以得到其最小割集为

$$(S, T) = \{(v_s, v_1), (v_2, v_3), (v_2, v_4)\}$$

那么其网络最大流等于最小割，即

$$v(x) = U(S, T) = 7 + 2 + 1 = 10$$

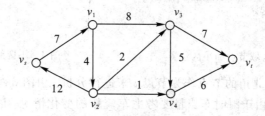

图 2 简单网络流示意图

综上，我们可以得到小区开放对周边道路通行的影响的评价指标如下：

$$
\begin{cases}
(1)\ \text{区域节点平均度：} k = \dfrac{1}{n} \sum_{i=1}^{n} k_i \\[2mm]
(2)\ \text{节点介数：} B_i = \sum_{i, a, b \in V(a \neq b)} \dfrac{N_{ab}(i)}{N_{ab}} \\[2mm]
(3)\ \text{节点介数中心性：} C_B(v_i) = \dfrac{2B_i}{(n-2)(n-1)} \\[2mm]
(4)\ \text{节点度方差：} D(k) = \dfrac{1}{n} \sum_{i=1}^{n} (k_i - k)^2 \\[2mm]
(5)\ \text{节点瞬时车当量：} M_i = \sum_{a, b \in V(a \neq b)} x_{ab}(i) \dfrac{M_{ab}}{d_{ab}} \\[2mm]
(6)\ \text{网络最大流：} v(y) = U(S, T)
\end{cases}
$$

4.2.5 结合实例使用指标进行判断检验

利用以上提出的指标，以杭州市下城区十五家园社区为例，对其开放后的结果进行判断检验。十五家园社区是一个杭州市中心封闭的较老的小区，该小区位于中河北路和凤起路的交叉口往东 100 m 处。取北至健康路，南至凤起路，西至西健康路，东至新华路这一范围，作为十五家园社区开放后的目标影响区域。小区开放前，区域节点分布和小区位置情况如图 3(不含虚线)所示。小区开放后，这一区域中的所有的节点已经在图 3(含虚线)中标识出。

除此之外，为了方便研究节点，我们还将原来的实际地图进行了拓扑化，如图 4 所示。

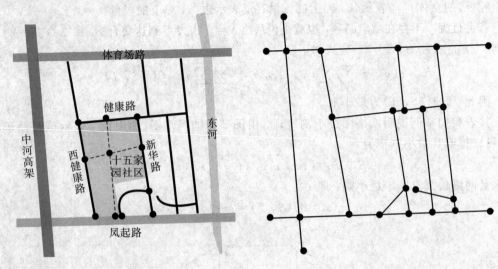

图 3 开放前后的区域节点和小区位置　　图 4 小区的拓扑图

取十五家园社区西北角的节点作为节点 i 来进行分析。由图 3 和图 4 可以计算出之前提出的几个指标,其中由于瞬时车当量要考虑车流量的变化情况,因此这里暂不计算。计算结果如表 1 所示。

表 1 小区开放前后四个指标的变化情况

小区状态	区域节点的平均度	节点介数	节点介数中心性	节点度方差
小区开放前	3	0.4	0.04	0
小区开放后	3.09	0.2	0.02	0.09

根据表 1,我们可以知道,随着小区的开放,西北角节点的介数减小了,介数中心性也降低了,说明其在整个小区网络中的重要性有所降低。虽然随着节点度方差的增大,网络的均匀性有所下降,但是从区域节点的平均度来看,平均度提高了,整个目标区域内网络的通行能力相应地有所提高。

由此可以得出:十五家园社区在开放后,新形成的节点分摊了周边道路上节点的一部分重要性,并且让周边道路和小区内部道路组成的整个网络的通行能力得以提高。总体上来说,在不考虑瞬时车当量的情况下,开放该小区是利大于弊的。

5　问题二的分析与求解

5.1　问题二的分析

对于问题二,由于是对道路车辆通行的动态分析,因此我们选择将路口节点瞬时车当量作为主要的城市道路拥堵评价指标。通过分析小区开放前后外部节点之间的最短路径变化,建立一个动态的数学模型,再通过求解该数学模型,即可对小区开放后周边道路的通行变化进行定性分析。

5.2　问题二求解前的分析

5.2.1　小区开放前后车辆走向变化的理论分析

在问题的背景中曾提到，小区开放或部分开放后，城市中会多出很多支路，相当于给城市增添了许多"毛细血管"，从而疏导交通。以下从车流量方面来分析小区开放后对周边道路通行能力的影响。

以一块矩形面积的阴影区域代表一个小区，其四条边上的四个点代表小区不同方位的四扇门。在小区尚未开放的时候，四扇门之间是互不相通的。假设有一门 A，经过门 A 但不进门的车流量数为 x，从门 A 进入小区的车辆数为 y，如图 5 所示。

在小区开放之后，因为有的小区较小，可能少于四扇门，有的小区较大，可能不止有四扇门，且有专家曾经提出"开放式小区，尺度控制在 200 m 之内较适宜"[4]，因此我们按四扇门的假设，连接 AC、BD，将 AC、BD 作为开放式小区接入城市公路的支路，如图 6 所示。这样，在能分担城市交通的前提下，又能尽量减小对小区居民生活的影响。

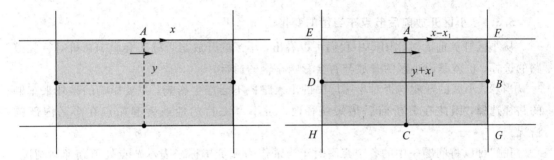

图 5　小区开放前车辆走向　　　　　　　图 6　小区开放后车辆走向

由图 6 易知，AC、BD 之间的连接不会对 E、F、G、H 四点到任何一点的最短路径造成影响，且只会影响 $A \to C$、$C \to A$、$B \to D$、$D \to B$ 四条路的最短路径。因此只需要对 A、B、C、D 四个点进行分析即可，我们这里继续以 A 点为例。

$A \to C$ 的路径比原先 $A \to F \to B \to G \to C$ 或者 $A \to E \to D \to H \to C$ 的路径短了许多。假设比原先分流进小区的车流量多了 x_1，此时经过门 A 但不进门的车流量数为 $x - x_1$，从门 A 进入小区的车流量数为 $y + x_1$，则从门 A 一点来看，小区的车流量为原来的 $\left(1 + \dfrac{x_1}{y}\right)$ 倍，其他三个点同理。

综上可得，小区开放会使周边道路的车流量在一定程度上被分流，拥堵状况也可以得到一定的缓解，但是这样也有可能会造成小区内车流量加大，使小区内形成拥堵。

5.2.2　基于 Floyd 算法的最短路径变化分析

将图 6 中所示的原始图向外界增大一个单位，如图 7(a) 所示，图中阴影区域表示小区，内部加深直线表示小区内道路。

通过 Floyd 算法简单的运算，不难得出，当小区不对外开放时，节点 11 到节点 15 的最短路径为 $11 \to 12 \to 17 \to 18 \to 19 \to 14 \to 15$，如图 7(b) 中虚线所示；而当小区对外开放时，同样通过 Floyd 算法，可以得到节点 11 到节点 15 的最短路径为 $11 \to 12 \to 13 \to 14 \to 15$，如

图 7(c)中虚线所示。

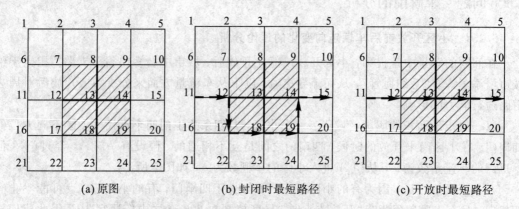

(a) 原图　　　　　(b) 封闭时最短路径　　　　(c) 开放时最短路径

图 7　模拟小区及周边道路关系网络图

5.3　车辆通行的数学模型的建立

5.3.1　小区开放前后节点车当量的变化

从小区开放前后对比图 6 中我们可以看出,小区的开放与否确实会影响司机对行驶道路的选择,也就是说小区的开放与否会影响车辆的通行。

当然,小区的开放与否对小区居民的出入路径不会产生影响,主要影响的是外来车辆的路径选择。因此在分析前后最短路径时,可不考虑目的地或者起始点在小区内部的情况。

我们可以将问题一中的各节点瞬时车当量作为评价指标来表示节点处道路拥堵情况,而对于各个路段的道路拥堵情况,可以通过道路车流量或者车速来表示。

由于不考虑目的地或者起始点在小区内部的情况,因此在小区开放前,可设小区外部节点的瞬时车当量为

$$M_i = \sum_{a,\, b \in V(a \neq b)} x_{ab}(i) \frac{M_{ab}}{d_{ab}}$$

小区内部节点的瞬时车当量为 α_i。

而当小区开放后,小区外部节点的瞬时车当量为

$$M'_i = \sum_{a,\, b \in V(a \neq b)} x'_{ab}(i) \frac{M_{ab}}{d'_{ab}}$$

小区内部节点的瞬时车当量为

$$M''_i = \sum_{a,\, b \in V(a \neq b)} x'_{ab}(i) \frac{M_{ab}}{d'_{ab}} + \alpha_i$$

其中: M_{ab} 表示小区开放前 v_a 到 v_b 的最短路径的车当量; d'_{ab} 表示小区开放后 v_a 到 v_b 的最短路径长度; $x'_{ab}(i)$ 表示小区开放后 v_a 到 v_b 的最短路径是否经过 v_i。

而在问题一中,我们也得到结论,小区开放对周边地区的交通有改善作用,但会增大小区内部的交通压力(包括交界点)。

综上,可近似认为小区外部节点瞬时车当量减少,且小区开放使小区外部节点车当量变为原来的 $(M_i - M'_i)/M_i$ 倍,而小区内部节点车当量变为原来的 M'_i/α_i 倍。

5.3.2　小区开放前后道路交通流量的变化

城市路段内小汽车的平均速度是反映该路段交通拥堵情况较为明显的指标，若汽车的平均速度较大，则说明该路段的交通较为通畅；若汽车的平均速度过小，则说明该路段的交通比较拥堵。

从车当量公式与汽车车速之间的关系式，可以得到当交通流达到稳态时的关系式[5]为

$$u_{ab} = \frac{u_{abf}}{1+\delta\,(M_{ab}/C)^{\theta}} \tag{7}$$

其中：δ 和 θ 为修正系数；C 为通行能力。

假设节点 v_i 与节点 v_j 相邻，那么在小区开放前，v_i 到 v_j 路段的车速为

$$u_{ij} = \frac{u_{ijf}}{1+\delta\,(M_i/C_{ij})^{\theta}} = \frac{u_{ijf}C_{ij}^{\theta}}{C_{ij}^{\theta} + \delta\left(\displaystyle\sum_{a,\,b\in V(a\neq b)} x_{ab}(i,j)\,\frac{M_{ab}d_{ij}}{d_{ab}}\right)^{\theta}} \tag{8}$$

其中，$x_{ab}(i,j)$ 表示 v_a 到 v_b 的最短路径是否同时经过 v_i 与 v_j 点。

当小区开放后，v_i 到 v_j 路段的车速为

$$u'_{ij} = \frac{u_{ijf}}{1+\delta\,(M'_i/C_{ij})^{\theta}} = \frac{u_{ijf}C_{ij}^{\theta}}{C_{ij}^{\theta} + \delta\left(\displaystyle\sum_{a,\,b\in V(a\neq b)} x'_{ab}(i,j)\,\frac{M_{ab}d_{ij}}{d'_{ab}}\right)^{\theta}} \tag{9}$$

由于该路段自由流车速以及道路通行能力不会发生变化，因此在小区开放前后交通流量不会发生变化。

5.3.3　模型的综合说明

综上，我们发现不论是道路路口的车流量变化，还是各个路段的车速变化，都与小区开放导致的汽车走向直接相关，为方便起见，可以选择以小区开放前后节点车当量变化情况作为该问题的数学参考模型。

6　问题三的分析与求解

6.1　问题三的分析

小区开放产生的效果会受到很多因素的影响，如小区的内部结构、小区的地理位置、小区的规模、小区的开放程度等，其中小区的开放程度可以反映在小区与周边区域网络连接的密切程度上。

在分析问题时，我们可以把以上提到的四点影响要素分为两大类：一类是从小区本身来看，包括了其结构、位置、规模；另一类是从周边道路来看，包括了周边道路和小区连接的密切程度，也就是小区的开放程度。

在解决问题时，我们把小区的结构单独进行讨论，而其他三个影响因素可以用模拟实验的方式，通过设置实验参数，得出三者对效果影响的图表。

6.2　内部结构不同的小区开放后对周边道路的不同影响

6.2.1　选取不同道路系统的小区

居住小区级道路中车行道一般为 $7\sim9$ m，道路宽度一般为 12 m，人行道宽度一般为

1.5～2 m。一般地，对于小区内的一条道路来讲，其布局形式从形态方面来看，基本呈现三种形态：贯通式、环通式、尽端式[6]，如图 8 所示。

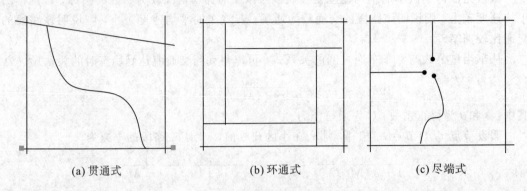

(a) 贯通式　　　　　　　(b) 环通式　　　　　　　(c) 尽端式

图 8　小区道路的三种不同形态

对于小区内的整个道路系统来讲，通过对以上不同种道路的组合，可形成三种基本的道路模式：格网模式、内环模式、外环模式，如图 9 所示。

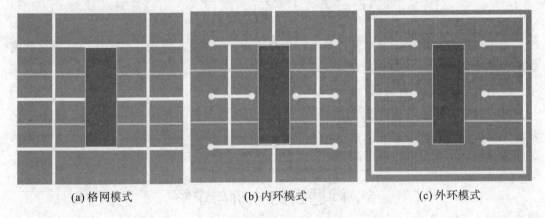

(a) 格网模式　　　　　　(b) 内环模式　　　　　　(c) 外环模式

图 9　小区的三种道路模式

格网模式：由若干条贯通式的道路纵横交错组成。此种道路形成的居住小区通常有多个出入口。

内环模式：由一条环通式和若干条尽端式道路组成，环通式的主干道穿过居住小区中部，尽端式道路分布在环通式道路周边。此种道路形成的居住小区通常有两个出入口。

外环模式：由一条环通式和若干条尽端式道路组成，环通式的主干道分布在居住小区边缘，尽端式道路分布在环通式道路的一侧。此种道路形成的居住小区通常有两个出入口。

6.2.2　建立模拟小区模型

经探测地图中小区内部道路布局的特点，以三种交通布局模式为基础，分别选取杭州市十五家园格网模式小区、苏州市姑苏雅苑内环模式小区、兰州市黄河家园外环模式小区来模拟内部道路结构图。因为十五家园小区处于杭州市区中心的轻度拥堵段，外部交通道路级别明显，所以考虑到小区结构变化对周边交通的影响，此小区外部交通环境具有代表性。

以内部道路系统为格网模式的封闭型小区为例，其与外部道路交通连接的实际模型图如图 10 所示。

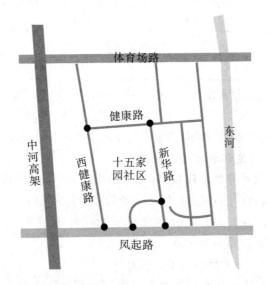

图 10　格网模式的封闭型小区与外部道路交通连接的实际模型图

由于实际小区道路交通错综复杂，给定量计算造成不便，因此我们决定在保持小区外部硬件道路设施不变的条件下，将三种规模较大的小区开放后的内部实际道路结构进行模拟简化，如图 11 所示。

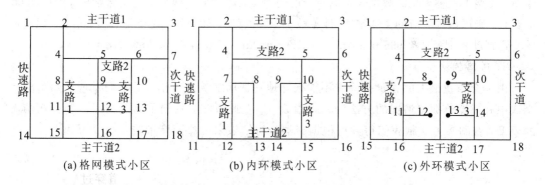

(a) 格网模式小区　　　　　(b) 内环模式小区　　　　　(c) 外环模式小区

图 11　三种规模较大的小区开放后的模拟简化图

6.2.3　模拟小区的外部道路基本通行能力参数的计算

杭州市十五家园小区地处西湖区交通较为拥堵的路段，南部和北部是较为拥堵的主干道，西部是中河高架快速路，东部和中部是道路较为狭窄的支路，在研究小区内部交通结构变化时，以此小区为例研究小区开放对周边道路通行的影响。决定道路通行能力指标的参数共有四个，下面逐一讨论这四个参数。

1）不同级别道路的平均车速

根据杭州市综合交通拥堵指数实时监测平台，我们可以监测此小区外部中河高架快速路、体育场路和凤起路从上午十点到下午五点的实时监测数据，如表 2 所示。

表 2　中河高架快速路、体育场路和凤起路主干道的实时监测数据　　km/h

路段	10 时匀速	11 时匀速	12 时匀速	13 时匀速	14 时匀速	15 时匀速	16 时匀速	17 时匀速
中河高架	40.3	42.1	51.9	49.2	44.4	45	44.1	31.3
体育场路	27.2	37.7	31.5	30.9	29.5	31.7	30.8	31.5
凤起路	27.8	30.6	31.9	30.8	31.2	29.2	25.3	27

　　根据这些数据可以近似得出中河高架快速路和体育场路、凤起路的实际平均车速分别为 43.54 km/h、31.24 km/h、29.23 km/h。因为次干道、支路、封闭小区内支路的数据无从考察，所以根据实际生活经验我们假设其实际平均车速依次为 25 km/h、20 km/h、20 km/h。

　　2）各级道路的最大速度和最大交通密度

　　根据实时监测的不同道路的车速数据，假设在此时间段内检测到的数据为该道路一天内的最大车速，再根据我们对小区出行的实际经验，可得快速路、主干道、次干道、支路一天中行驶的最大车速 u_{f1}、u_{f2}、u_{f3}、u_{f4} 分别为 51.9 km/h、36.7 km/h、32 km/h、28 km/h。

　　国道网统计中规定了城市道路中的三类 11 种车型，我们以小轿车/面包车、货车/大客车、电瓶车/摩托车作为三种类型的代表。在查阅了相关资料知道三种车型的车长和标准车当量后[7]，我们结合生活实际假设了在每日晚高峰时城市快速路、主干道、次干道、支路中三种车型的比例（详见数字课程网站）。

　　为求出最大的交通密度，我们假设晚高峰时期，在 1 km 的城市道路上，车辆现处于完全拥堵状态，车与车之间的平均间距为 0.5 m，在此条件下，分别求出城市快速路、主干道、次干道、支路中三种车型的数量与它们对应的交通量，然后将三种车型的交通量相加除以 1 km 的路长，则可得到对应的交通密度（详见数字课程网站）。快速路、主干道、次干道、支路对应的交通密度分别为 251.635 pcu/km、254.25 pcu/km、254.615 pcu/km、238.095 pcu/km。

　　3）道路拥堵指数

　　由于交通量最大的评价指标并不能很好地对拥堵情况进行描述，我们发现杭州市综合交通中心[8]评价拥堵情况的方法为拥堵指数，借鉴此方法，我们重新建立了评判拥堵情况的模型，查阅参考文献我们得到可根据聚类分析结果来计算拥堵指数 TPI 的模型[9]：

$$a_i = \frac{u_f - u}{u_f} F_i \qquad i = 1, 2, 3, 4, 5, 6$$

$$\text{TPI} = \begin{cases} \dfrac{2a_1}{x} & 0 \leqslant a_1 \leqslant x \\[2mm] 2 + \dfrac{2(a_2 - x)}{y - x} & x < a_2 \leqslant y \\[2mm] 4 + \dfrac{2(a_3 - y)}{z - y} & y < a_3 \leqslant z \\[2mm] 6 + \dfrac{2(a_4 - z)}{p - z} & z < a_4 \leqslant p \\[2mm] 8 + \dfrac{2(a_5 - p)}{k - p} & p < a_5 \leqslant k \\[2mm] 10 & a_6 > k \end{cases} \qquad (10)$$

式中：a 为分段函数的自变量，由于在每一个范围内 F 不相同，因此可设为 $a_1 \sim a_6$；F，x，

y，z，p，k 为可变参数。

最终得到杭州市各类道路的拥堵判别标准，如表 3 所示。

表 3　各类道路拥堵判别标准

运行等级	畅通(km/h)	基本畅通(km/h)	轻度拥堵(km/h)	中度拥堵(km/h)	严重拥堵(km/h)
快速路	$u \geqslant 50$	$50 > u \geqslant 36$	$36 > u \geqslant 26$	$26 > u \geqslant 17$	$u < 17$
主干道	$u \geqslant 35$	$35 > u \geqslant 25$	$25 > u \geqslant 18$	$18 > u \geqslant 12$	$u < 12$
次干道、支路	$u \geqslant 25$	$25 > u \geqslant 18$	$18 > u \geqslant 13$	$13 > u \geqslant 8.4$	$u < 8.4$

4）各级道路每小时车当量

通过参考文献可知，交通流量 Q、车速 u 与车辆密度 K 的关系式[10] 为

$$Q = u \times K$$

而车速与交通密度之间的关系[10] 如下：

（1）当密度适中，交通基本畅通或轻度拥堵时，二者呈直线关系，有

$$u = u_f - \left(\frac{u_f}{K_m}\right) K = u_f \left(1 - \frac{K}{K_m}\right)$$

（2）当密度较大、交通中度或严重拥堵时，二者呈对数关系，有

$$u = u_m \ln\left(\frac{K_m}{K}\right)$$

（3）当密度较小、交通畅通时，二者呈指数关系，有

$$u = u_f e^{-(K/K_m)}$$

其中，u_f 表示畅行速度，K_m 表示最佳密度，u_m 表示临界速度。

实际行驶道路中存在多种类型车辆，将实际的各种机动车和非机动车交通量按一定的折算系数换算成标准车型的当量交通量后，车辆密度转变成交通密度，交通流量转变成不同级别道路每小时的车当量，而且以上公式仍可使用。最终得到快速路、两个主干道、次干道和支路每小时的车当量，如表 4 所示。

表 4　不同级别道路每小时的车当量

道路级别	平均车速/(km/h)	指定道路每小时车当量/(pcu/h)
快速路	43.54	1752.9
主干道 1	31.24	1427.8
主干道 2	29.23	1486.34
次干道	25	1400.3
支路 1、2、3	20	1380.5
封闭小区内支路	20	1350.3

根据城市不同级别道路车速与每小时车当量数据显示，道路行驶速度与对应每小时车当量均能体现道路通行能力[11]，所以近似将其模拟为每条车道每千米的瞬时车当量（单位为 pcu/(km·1n)），以体现道路通行能力。应用此模拟的数据来计算路口通行能力指标。

6.2.4　综述小区内部结构对小区开放前后周边道路通行的影响

为了讨论小区开放前后对周边道路通行的影响，在这里我们选用快速路当前时刻车当

量、主干道 2 中路口节点 16、次干道中路口节点 18、支路中路口节点 10 的瞬时车当量作为反映通行能力好坏的指标。

小区开放前后假设某出行者的起始点为 14，终止点为 7，那么当小区封闭时，影响驾驶员选择路线的指标是距离的长短和每段路当前时刻的车当量情况。

根据现有道路网络，有 5 条路线可供出行者选择。

路线 1：主干道 2—次干道；

路线 2：主干道 2—支路 3—支路 2；

路线 3：主干道 2—支路 1—支路 2；

路线 4：快速路—主干道 1—次干道；

路线 5：快速路—主干道 1—支路 1—支路 2。

结合实际情况，虽然后两条相似路线长度明显要比前三条相似路线长度长，但是考虑到其通行能力较强，所以也需将其纳入考虑范畴之内。

在计算反映小区周边道路通行能力的代表性节点的指标(瞬时车当量)时，涉及以下几个有关概念。

(1) 路口节点的通行能力指标：用不同级别道路的每小时的平均车当量乘以该道路不同节点可能通行的概率，得到路口节点的通行能力。

(2) 每个路口节点通行概率：从起始点至终止点，所有经过该路口节点的路线概率之和。

(3) 每条可通行路线概率：根据不同车速模拟出的每千米瞬时车当量值和实际交通道路长度，计算出所选择路线的平均交通密度，再以选择路线的平均交通密度为指标，某路线平均交通密度占所有可选路线交通密度之和的比例。

以杭州市十五家园小区的格网模式为例，该模拟小区封闭时，因为小区结构的变化不影响周边交通道路环境，所以此时对出行车路径的选取是没有影响的。根据不同车速道路每千米的瞬时车当量数据和小区周边道路的实际距离，按照路程比例计算得出小区开放后行驶路线的平均交通密度，如表 5 所示。

表 5 小区开放后行驶路线的平均交通密度

通行能力/(pcu/(km·1n))	路线 1	路线 2	路线 3	路线 4	路线 5
开放后	1506.2	1472.5	1444.6	2300.9	2271.9

同理，模拟小区开放后，假设出行者起始点和终止点不变，那么该小区将新增加 8 条路线，苏州市某内环模式模拟小区增加 2 条路，兰州市某外环模式模拟小区无道路增加。同理可得出小区开放后新增加的行驶路线的平均交通密度，如表 6 所示。

表 6 小区开放后新增加的行驶路线的平均交通密度

通行能力/(pcu/(km·1n))	路线 6	路线 7	路线 8	路线 9	路线 10	路线 11	路线 12	路线 13
开放后新增路(格网)	1404.79	1401.49	1398.19	1387.41	1384.11	1380.8	1380.8	1380.8
开放后新增路(内环)	1364.37	1218.37	无					
开放后新增路(外环)	无							

计算得出的交通密度代表着该条道路的通行能力,数值越大,通行能力越强,所以以通行能力数值大小为依据,求解杭州市模拟小区开放前 5 条道路和小区开放后 13 条道路中每条道路适宜选取的概率,得出概率结果依次为 0.167、0.159、0.161、0.256、0.255 和 0.075、0.073、0.072、0.114、0.113、0.070、0.070、0.070、0.070、0.069、0.069、0.069、0.069;苏州市模拟小区 1 至 7 的概率结果依次为 0.13、0.127、0.125、0.199、0.196、0.118、0.105;兰州市无新增添道路。

因此可求出每个节点的通行从节点 14 至节点 17 行驶过程中,经过快速路当前时刻车当量、主干道 2 中路口节点 16、次干道中路口节点 18、支路中路口节点 10 的基本通行能力。

其他三种模式的小区同理,最终求得小区开放前后反映周边道路的交通能力具有代表性节点的指标(瞬时车当量),如表 7 所示。

表 7　较能反映小区开放对周边道路交通能力影响的节点的瞬时车当量　　　PCU

模拟小区及其状态		快速路中路口节点 1	主干道 2 路口节点 15	次干道路口节点 18	支路路口节点 10
杭州市十五家园模拟小区 (格网模式)	开放前	769.67	717.11	251.53	219.50
	开放后	397.91	1148.55	105.43	496.98
苏州市姑苏雅苑模拟小区 (内环模式)	开放前	769.67	717.11	251.53	219.50
	开放后	692.40	899.24	182.04	417.68
兰州市黄河家园小区 (外环模式)	开放前	769.67	717.11	251.53	219.50
	开放后				

6.2.5　分析小区开放对周边道路的影响

小区周边的外部交通环境是根据杭州市十五家园小区模拟而来的,除最东部次干道为增路外,其他道路较接近实际情况。下面分析不同结构小区的开放对周边道路的影响。

(1)选取与小区周边直接相连的主干道 2 路口节点 15 数据作参考,可发现格网、内环模式小区数据比开放前数据大幅增大,而格网模式小区开放后该路口瞬时车当量最大,内环模式小区其次,外环模式小区不变。这说明该路口通行能力增强,而格网模式小区开放后更能增强直接与小区相连道路的通行能力。

(2)选取与小区周边间接相连的次干道路口节点 18 数据作参考,可发现格网、内环模式小区数据比开放前数据减小,外环模式小区数据不变。而格网模式小区开放后该路口通行能力数据最小,内环模式小区其次,外环模式小区不变。这说明具有明确目的地的行驶车辆数在此路口减少,意味着为外环道路交通减轻压力,而三者相比,格网模式更能舒缓与周边间接相连快速路、主干道的交通压力。

(3)综合三个小区结构变化对周边道路的比较,无论是与小区直接相连路口瞬时车当量增加量,还是间接相连的减少量均为最大,这说明格网模式小区的开放,对舒缓与小区直接或间接相连道路的交通压力更具影响力。

6.3　三个影响因素的模拟实验

下面对影响道路通行能力的三个主要因素进行分析。

(1) 小区的开放程度。小区连入城市路网的节点个数有差异,小区完全开放则连入原网络的节点个数较多,而不完全开放则连入原网络的节点个数较少。

(2) 小区的地理位置。处于城市中心的小区与处于城市边缘的小区的开放对城市路网产生的效果影响也不同,处于城市中心的小区有较多节点可连入原网络,而偏远地带小区则不然。

(3) 小区的规模。小区内部道路网络结构不同,以及小区的占地面积不同,则开放带来的影响也不尽相同。

6.3.1　对三个影响因素的参数设置和模拟实验

对于前两个因素,虽然前提不同,但是其最终原因还是相同的,都属于连入原网络节点个数的差异性。因此,可以对这两个因素做统一参数设置,来进行模拟实验。根据资料中的方法[2],首先我们通过建立数学模型得到 200 个节点的无标度网络图。模型建立如下所述。

Step1:初始化网络图,构建只包含 2 个节点的散点图,即 $V_0 = 2$。

Step2:向网络中增加 1 个节点,并将该节点随机与 2 个节点相连,形成 200 个节点、396 条边的无标度网络图。

Step3:研究杭州小区内部的节点及道路情况,进行数据收集。

Step4:对该小区位置、规模及开放程度(对外开放节点个数)进行确定。

Step5:对多种情况进行模拟,研究小区开放后网络系统参数变化。

由上述模型,我们可以绘制出 200 个节点、396 条边的无标度网络图,如图 12 所示。

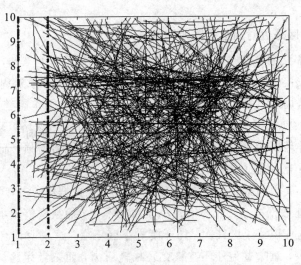

图 12　200 个节点的无标度网络图

然后我们将前两种因素综合考虑,选择一块包含 30 个节点的小区,且其平均度为 4.5,即 $G = (30, 4.5)$,对其开放节点个数进行变化,取值为 $V = 3, 4, 5, 6, 7, 8, 9$;对其开放后加入节点的度分别取最小值(min)、最大值(max)和随机值(random),得到 21 组数据。

对第三种因素，我们取不同规模的三个小区进行对比，对其开放节点个数进行变化，取值为 $V=3，4，5，6，7，8，9$；而其加入节点的度取随机值(random)。

具体参数设置如表 8 所示。

表 8　不同影响因素的小区开放模拟实验参数设置

影响因素	参数名	参数设置
小区开放程度及地理位置	加入节点个数	$V=3，4，5，6，7，8，9$
	加入节点的度	$K=(min)or(max)$ $or(random)$
	小区内部规模	$G=(30，4.5)$
小区规模	加入节点个数	$V=3，4，5，6，7，8，9$
	加入节点的度	$K=min$
	小区内部规模	$G1=(30，4.5)，G2=(40，3.9)$ $G3=(50，4.0)$

6.3.2　小区开放、节点度增加后三个因素影响效果的图表

最后，我们得到在不同的设置参数下，小区开放程度、地理位置、小区规模对城市道路网络的影响，如表 9、表 10 所示。

表 9　不同小区开放程度或地理位置对系统度方差的影响

节点个数 V	$K=min$	$K=max$	$K=random$
3	$G=(33，4.3)，D=7.02$	$G=(33，5.1)，D=11.08$	$G=(33，4.7)，D=7.77$
4	$G=(34，3.9)，D=6.92$	$G=(34，5.2)，D=11.43$	$G=(34，4.6)，D=7.57$
5	$G=(35，3.8)，D=6.83$	$G=(35，5.4)，D=11.73$	$G=(35，4.6)，D=7.38$
6	$G=(36，3.7)，D=6.76$	$G=(36，5.5)，D=11.97$	$G=(36，4.5)，D=7.21$
7	$G=(37，3.6)，D=6.69$	$G=(37，5.6)，D=11.97$	$G=(37，4.4)，D=7.64$
8	$G=(38，3.5)，D=6.64$	$G=(38，5.7)，D=11.94$	$G=(38，4.5)，D=7.58$
9	$G=(39，3.4)，D=6.59$	$G=(39，5.8)，D=11.91$	$G=(39，4.4)，D=7.55$

表 10　不同小区规模对系统度方差的影响

节点个数 V	$G1=(30，4.5)$	$G2=(40，3.9)$	$G3=(50，4.0)$
3	$G=(33，4.3)，D=7.02$	$G=(43，3.74)，D=3.46$	$G=(53，3.87)，D=4.68$
4	$G=(34，3.9)，D=6.92$	$G=(44，3.70)，D=3.40$	$G=(54，3.83)，D=4.61$
5	$G=(35，3.8)，D=6.83$	$G=(45，3.67)D=3.34$	$G=(55，3.8)，D=4.54$
6	$G=(36，3.7)，D=6.76$	$G=(46，3.63)，D=3.29$	$G=(56，3.77)，D=4.48$
7	$G=(37，3.6)，D=6.69$	$G=(47，3.59)，D=3.23$	$G=(57，3.74)，D=4.42$
8	$G=(38，3.5)，D=6.64$	$G=(48，3.56)，D=3.18$	$G=(58，3.71)，D=4.36$
9	$G=(39，3.4)，D=6.59$	$G=(49，3.53)，D=3.14$	$G=(59，3.68)，D=4.30$

根据表9、表10中的数据,我们可绘制如图13(a)、(b)所示的折线图,该图更直观地表现了小区开放后不同因素的影响效果。

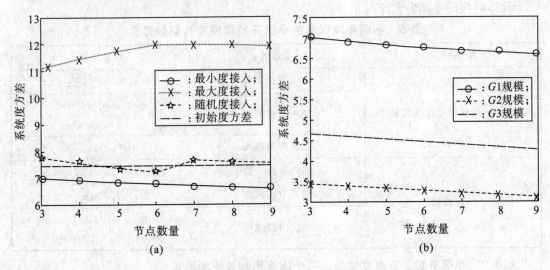

图 13　系统度方差随接入节点数量而变化的折线图

6.3.3　综述三个因素的影响效果

由上述分析可得出以下结论:

(1) 从小区的开放程度上看,小区开放程度越高,即小区与周边道路连接的密切程度越高,小区开放后对周边道路的影响效果越好,更能缓解整个路网交通。

(2) 从小区的地理位置上看,小区的地理位置越靠近城市中心,小区开放后对周边道路的影响效果越差。因为小区越靠近城市中心,开放后虽然小区四周道路的交通得以缓解,但是小区内部会造成比原先程度更高的拥堵,城市中心的小区又相对集中,因此小区开放后,一个小区周边的道路若在其他小区内,开放的影响会很差。所以,相反地,越靠近城市边缘的小区开放后对周边道路的影响效果越好。

(3) 从小区的规模上看,若几个小区周边的道路连接程度差不多,规模越大的小区开放之后对周边道路的影响越好。

6.4　总结各类型小区开放后对道路交通的影响

各类型小区开放后对道路交通的影响如表 11 所示。

表 11　各类型小区开放后对道路交通的影响

小区类型		开放后对周边道路交通的影响效果	
		较好	较差
小区结构	格网模式	√	
	内环模式		√
	外环模式		√

续表

小区类型		开放后对周边道路的影响效果	
		较好	较差
小区规模	大	√	
	小		√
小区地理位置	距城市中心近		√
	距城市中心远	√	
小区开放程度（与周边道路的连接密切程度）	高	√	
	低		√

7　问题四的分析与求解

7.1　问题四的分析

问题四主要是在问题三结论的基础上，找到如何开放小区，开放何种小区能对周边道路交通产生正面影响，以此为原则给出关于合理化开放小区的建议。但在给出建议时还得结合实际，考虑不同城市的规模、小区治安等方面。

7.2　问题四的求解

在问题三中我们已经得出了以下结论：小区开放后对周边道路交通的影响效果与小区的结构、规模、地理位置、开放程度这四个因素有关，并且从表 11 中可以很直观地看出哪种类型的小区适合开放。

下面是就这四个因素总结出的哪种类型的小区适合开放，可以根据这四点给政府提出建议：

（1）从小区的结构上看，应该首选格网模式的小区进行开放。

（2）从小区的规模上看，尽量挑选规模稍大的小区进行开放。

（3）从小区的地理位置上看，要开放的小区不应太靠近城市中心。

（4）从小区的开放程度（与周边道路的连接密切程度）上看，开放程度越高的小区可作为开放小区的首选。

除此之外，小区的开放效果还与交通网络资源环境、不同城市中心的拥堵程度等有关。小区逐渐开放政策的实施主要是为了解决城市中心道路的拥堵问题，减轻现存交通道路网络承载压力，如北京、杭州、广州等城市。但是小区开放的同时会带来一定的风险，开放前后较为明显的变化就是内部车流量大幅度提高，而这可能造成小区内部路面等级与使用条件不符、居民生活质量下降、安全系数降低等一系列影响。如果在一些交通网络结构能满足城市内车流量需求或路基在建设实施时没有特殊处理的城市地区进行小区的开放，有可能会使小区开放的效果远低于所带来的风险。

因此我们给出了第五个关于小区开放的建议：

（5）小区的开放应逐步进行，不能一蹴而就，对车流量较大且地基质量较优的道路进行小区试点开放；对交通承载力不足、地基质量较差的城市路段进行放弃或加固。

所以并非所有小区均适合开放，应结合不同城市道路拥堵等级等其他因素来综合考虑。

8 模型的评价与改进

8.1 模型的评价

8.1.1 模型的优点

（1）我们的模型考虑得较为全面，既包含了城市交通网络的特征，又考虑了道路的实际交通量，从动、静两个角度建立模型，使模型更具代表性。

（2）在研究小区开放对道路影响的过程中利用了网络这个维度，成功地避免了数据缺失的尴尬。同时在问题三的模型实际运用中，利用为数不多的数据完善了模型，使模型更具说服力。

（3）问题三使用了模拟实验和真实数据相结合的方法来分析影响因素，使得到的数据结果、图表更准确，结论更令人信服。

8.1.2 模型的缺点

（1）为了便于将复杂问题简单化，我们在模型建立之前假设了不考虑城市的交通信号灯、车道等，这与实际生活中的道路交通情况相差较大。

（2）模型在建立过程中多采用的是一个小区周边的道路车流量数据，对于小区和小区之间内外部道路相互联系的考虑有所欠缺。

（3）建立的基于道路复杂网络的模型并没有考虑到小区开放对道路资源优化配置的影响。如一个小区可能在不同的门附近的道路车流量差距很大，要对这些资源合理化利用和配置，这也是我们的模型需要改进的方面之一。

8.2 模型的改进

针对上述提到模型缺点中的（2）、（3）两个方面，我们给出以下两个改进方案。

8.2.1 大块化的居住区开放后对周边道路的影响的改进

在考虑多个居住区开放后对周边道路的影响时，由于小区与小区之间的联系错综复杂，很难在两两分离的情况下讨论整体的联系，因此我们可以先将周围多个小区看作一个大居住区，将原来的小区与小区之间的支路看作小区内部路，再用之前分析单独小区的方法，分析一个居住区开放后对周边道路的影响。

8.2.2 对资源合理化配置和利用的改进

实际中，小区周边道路的资源分配不同，这导致小区开放产生的效果有差异。小区周边道路的资源分配主要包括交通信号灯的设立、小区各个方向出入车辆的差异或各个出入口外交通发达程度的差异等。

首先可以将小区各个出入口外的交通量作为一个变量，通过对比开放不同外交通的出入口，来得出对开放节点的要求。

如图 14 所示，若小区外节点 D、F 的原交通量为 $M_D = M_F = M_1$，E 处交通量为 M_E，小区内部的总交通量为 M_2，若只开放 A、B 两个节点，则对于 A、B 节点或者小区内部来说，可能会有外部车辆进入。下面以外部车辆有 1/3 进入小区来考虑，那么小区内部的总交通量会变为

$$M_2' = M_2 + \frac{2}{3} M_1$$

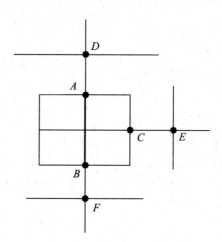

图 14　小区和其周边道路示意图

节点 D、F 的现交通量会增加为

$$M_D' = M_F' = M_1 + \frac{1}{2} M_2' = \frac{4}{3} M_1 + \frac{1}{2} M_2$$

节点 A、B 的现交通量会增加为

$$M_A' = M_B' = \frac{1}{2} M_2' + \frac{1}{3} M_1 = \frac{1}{2} M_2 + \frac{2}{3} M_1$$

现开放节点 C，则小区内部的总交通量会变为

$$M_2'' = M_2 + \frac{2}{3} M_1 + \frac{1}{3} M_E$$

节点 D、F 的交通量会变为

$$M_D'' = M_F'' = M_1 + \frac{1}{3} M_2'' = \frac{1}{3} M_2 + \frac{11}{9} M_1 + \frac{1}{9} M_E$$

节点 A、B 的交通量会变为

$$M_A'' = M_B'' = \frac{1}{3} M_2'' + \frac{1}{3} M_1 = \frac{1}{3} M_2 + \frac{5}{9} M_1 + \frac{1}{9} M_E$$

综上所述，我们发现增加出入口，会增大小区内部的交通压力，但若增加的出入口的原交通流量远大于小区内部原交通流量，则增加出口会对该出口外的交通压力适当减小，

但可能会增大其他出口的交通压力；而若增加的出入口的原交通流量远小于小区内部原交通流量，则增加出口会对该出口外的交通压力适当增大，但可能会减小其他出口的交通压力。总体来看，增加出入口在经过较长时间后，能使交通道路资源分配趋于平均化。

若以小区居民的利益作为前提，在各个出口处车流量差距不大时，增加出入口虽然会增加小区内部总车流量，但在出入口的交通压力会明显减轻。因此在这种条件下，增加小区出入口是可行的。

其次，需考虑当开放不同交通发达程度的出入口时，对开放后小区的影响。

如图 15 所示，在图 15(a)中，节点 C 开放后只有一条连通路，而图 15(b)中，节点 C 开放后有三条连通路，假设垂直于 $C-E$ 的竖直路径的原交通量为 M_1，小区内部总交通量为 M_2，则当图 15(a)所示节点 C 开放后，小区内部和 $C-E$ 路径交通量均变为

$$M_2' = M_1 + \frac{1}{3}M_2$$

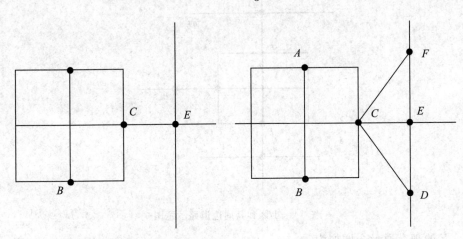

(a) 开放节点外交通不发达   (b) 开放节点外交通发达

图 15   开放不同交通发达程度的出入口

对于竖直路径，交通量变为

$$M_1' = M_1 + M_2$$

当图 15(b)所示节点 C 开放后，小区内部交通量也为

$$M_2' = M_1 + \frac{1}{3}M_2$$

但 $C-E$ 路径交通量变为

$$M_{CE}' = \frac{1}{3}M_2'$$

由此可见，在外交通量相同的情况下，当开放节点外交通网络越复杂时，开放后对小区内部交通影响不大，但小区外交通会越畅通。

最后，还需要考虑对小区出入口不同的交叉路类型作更深层次分析。交叉路类型主要可分为"十"字型、"T"字型、环岛型三种，如图 16 所示。

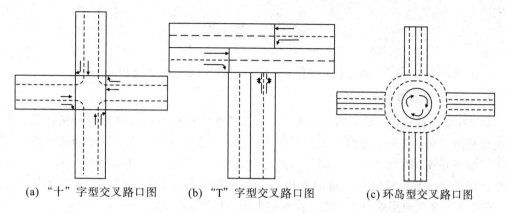

(a)"十"字型交叉路口图　　　(b)"T"字型交叉路口图　　　(c)环岛型交叉路口图

图 16　小区出入口不同的交叉路类型

参 考 文 献

［1］　胡一竑，吴勤旻，朱道立.城市道路网络的拓扑性质和脆弱性分析［J］.复杂系统与复杂性科学，2009，6(3)：69－76.

［2］　詹斌，蔡瑞东，胡远程，等.基于城市道路网络脆弱性的小区开放策略研究［J］.物流技术，2016，35(7)：99.

［3］　百度文库.最大流问题［EB/OL］.http：//wenku.baidu.com/link?url＝OaqZrzNIY MkKT-NKD3MPQG5jO92EFvqlFf2n_axhvFdEjVwXjwnZcEcROrMvdZnza1I3XEya SMqx4Tbgr5tDO 26JH03UnK4E9aujkWWBFyja，2012－11－16/2016－09－11.

［4］　种卿.专家谈开放式小区：尺度控制在 200 米之内较适宜［EB/OL］.http：//www.chinanews.com/cj/2016/02－24/7771324.shtml，2016－02－24/2016－9－11.

［5］　王炜.公路交通流车速-流量实用关系模型［J］.东南大学学报，2003，33(4)：489.

［6］　百度文库.居住区道路布局形式［EB/OL］.http：//wenku.baidu.com/view/f2b9972365ce050877321351.html，2015-09-06/2016-09-11.

［7］　Wikipedia. Passenger car equivalent. http：//en.wikipedia.org/wiki/Passenger_car_equivalent，2016－9－11.

［8］　杭州市综合交通研究中心［DB/OL］等.http：//www.hzjtydzs.com/web/current2.aspx，2016－7－27.

［9］　宋志洪，江金凤，尹少东，等.基于地点车速的路段交通拥堵指数计算方法［J］.现代工业经济和信息化，2015(15)：64－66.

［10］　百度文库.交通流量、速度和密度之间的关系［EB/OL］.http：//wenku.baidu.com/view/6937270516fc700abb68fc10.html?from＝search，2012－10－09/2016－09－11.

［11］　李向朋.城市交通拥堵对策：封闭型小区交通开放研究［D］.长沙：长沙理工大学，2014.

论 文 点 评

该论文获得 2016 年"高教社杯"全国大学生数学建模竞赛 B 题的一等奖。

1. 论文采用的方法和步骤

(1) 在建立评价指标体系时,首先引入了交通网络模型对城市路网进行拓扑化,并分层次地提出了在静态和动态两个大的框架下建立评价指标体系。其中,在静态方面,主要分析了小区开放对网络节点度、网络节点介数、网络度方差等参数的影响;在动态方面,主要分析了网络节点瞬时车当量的变化,并引入网络最大流作为指标之一。应用以上指标,选取当下受交通影响较大、热度较高的小区进行分析检验。

(2) 主要从动态的角度,通过小区开放前后外部节点之间的最短路径变化,选择路口节点瞬时车当量作为主要的城市道路拥堵评价指标,建立了一个动态的数学模型。通过分析小区拓扑图,采用 Floyd 算法分析了小区开放导致两节点间最短路长的变化,并将小区开放前后的动态指标分别进行了定性计算。

(3) 在已建立模型的基础上解决问题时,首先以杭州市十五家园小区内部道路布局为基础,建立模拟小区模型;其次,通过检测不同级别道路的平均车速、各级道路的最大速度参数和最大交通密度参数,并建立杭州市道路拥堵指标体系,计算了外部道路基本通行能力参数;最后,针对小区开放对周边道路的影响,对位置、规模、开放程度(和周边路的密切程度)三个影响因素进行了模拟实验。

2. 论文的优点

该论文能较好地将小区路网进行拓扑化,并能从静、动态提出网络节点度、网络节点介数、网络度方差及网络节点瞬时车当量(网络最大流)等作为评价小区开放对周边道路通行影响的指标,建立了小区开放前后车辆行驶的仿真模型。以杭州市十五家园小区内部道路布局为例,能通过上述评价指标的计算,较好地定量评价小区开放后带来的影响。论文表达清晰,层次分明,能较好地结合自己建立的指标体系,根据具体小区来说明问题。

3. 论文的缺点

该论文对小区开放后带来的道路便捷性方面讨论不够。